LC/MS
LC/MS/MS의
기초와 응용

나카무라 히로시 감수 ㅣ 사단법인 일본분석화학회 편저 ㅣ 오승호 옮김

BM (주)도서출판 **성안당**

日本 옴사 · 성안당 공동 출간

LC/MS, LC/MS/MS의
기초와 응용

Original Japanese edition

LC/MS, LC/MS/MS no Kiso to Ouyou

Supervised by Hiroshi Nakamura

Edited by The Japan Society for Analytical Chemistry

Copyright © 2014 by The Japan Society for Analytical Chemistry

Published by Ohmsha, Ltd.

This Korean Language edition co-published by Ohmsha, Ltd. and Sung An Dang, Inc.

Copyright © 2021

All rights reserved.

이번에 (사)일본 분석화학회(JSAC) 액체 크로마토그래피 연구 간담회 이하(LC 연구 간담회)의 창립 40주년을 기념해 본서를 JSAC 편으로 출판하는 단계에 이르렀다. LC 연구 간담회는 1974년에 창립되었으며 그 주된 설립 목적은 1969년 미국의 커클랜드 (J. J. Kirkland) 등에 의해 창시된 HPLC의 이론과 기술을 현장 기술자에게 소개·해설하고, 일본에 HPLC 및 관련 기술을 널리 보급시켜 한층 더 기술을 향상시키는 것이다. 그 후 현장 기술자에게 유익한 정보를 제공하는 것에 주안을 두는 방침 아래 활동을 서서히 확대해 왔다. 최근에는 연간 12회의 정례회(토론 주제를 결정하기 위한 강연회)와 더불어 LC 테크노 플라자(2일 간의 연구 발표회), LC-DAYs (1박 2일의 연수회), 특별 강연회 견학회 등을 정례적으로 개최하고 있다. 21세기에 접어든 후에는 Q&A 방식에 의한 「액체 크로마토그래피 지침서」 시리즈(6권), 「액체 크로마토그래피의 요령」 시리즈(4권), 「액체 크로마토그래피 실험 How to 시리즈」(2권) 등의 실무서를 발행해 초심자의 연구를 북돋웠다. 기타 JSAC가 2010년도부터 실시하고 있는 분석사 인증제도에 수반하는 LC 분석사 인증시험과 LC/MS 분석사 인증시험에 관한 각종 해설서의 집필·편집·작성에도 전면적인 지원을 실시하고 있는 중이다. 본서 「LC/MS, LC/MS/MS의 기초와 응용」은 LC 연구 간담회로서는 질량분석(mass spectrometry)과 질량분석계(mass spectrometer)를 주제로 하는 최초의 입문 해설서이다. 또 LC/MS/MS를 사용하는 초심자 전용의 일본어 문장 전문서로서도 처음이다. 이하 본서를 간행하기까지의 경위를 소개한다.

HPLC가 나오기 전인 필자의 석사과정 1년(1968년)차의 가을 무렵쯤 은사이신 다무라 젠조(田村 善藏) 연구실에 연구생으로 재적하고 있던 개인병원의 원장 선생님(내과 의사)으로부터 어떤 상담을 의뢰받았다. 선생님의 환자로 스기나미구(杉並區)에서 요리집을 경영하고 있는 남편의 가슴이 부풀어 올라 유두를 누르면 흰 젖과 같은 체액이 나오는 증세였는데 그 체액에 젖당이 포함되어 있는지 어떤지 조사했으면 좋겠다는 취지였다. 당시 필자는 이당류의 GC에 의한 일제 분석법을 개발 중이었다. 환원 말단계를 NaBH₄로 처리해 이당의 당 알코올로 바꾸어 이것을 트리메틸시릴(TMS)화 또는 몇 자릿수의 감도를 기대할 수 있는 트리플루오로아세틸(TFA)화하여 칼럼 분리 후에 각각 수소 불꽃 이온화 검출기(HFID) 또는 전자 포획 검출기(ECD)로 검출·정량하는 것이다. 당시, 다무라(田村) 연구실을 포함해 일반 연구실에서의 GC에 의한 물질 동정법(同定法)은 칼럼이나 유도체의 종류를 바꾸어 어느 쪽의 경우도 머무름 시간이 표준품과 일치하는 것으로 행해지고 있었다. 원장으로부터 맡은 한 방울의 시료에 개발 중인 분석법을 적용했는데 젖당이라고 생각되는 물질이 미량 검출되었다. 슬픈 것은 질량분석계를 구비하지 못한 입장에서는 이 결론을 내는 것이 고작이고 후일 가스 크로마토그래프 질량분석계(GC-MS)를 소유하고 있던 경주마 이화학 연구소로부터 의뢰한 시료 중에 젖당이 확인되었다는 소식과 원장으로부터 임산부와 출산부에서 고농도가 되는 혈중 프로락틴(젖자극 호르몬)이 남성 환자의 혈 중에서도 높아지고 있다는 소식을 듣게 되었다.

이와 같이 질량분석계가 갖는 고도의 정보 해석능력은 GC의 높은 이론단 분리능력과 최적으로 결합하여 가스 크로마토그래피 질량분석(GC/MS)이 미량 유기화합물에 대한 최고의 동정(同定 : 분류, 확인) 수단으로서 인식되는 시대가 이어지게 되었다. 그러나 원래 큰 시료 적용성을 가진 HPLC는 1980년대 중반 무렵에 GC와 어깨를 나란히 하는 분리 분석수단으로서 성장을 이루고 있었다. LC/MS는 1980년대에 개발되고는 있었지만 대기압 이온화법, 특히 일렉트로 스프레이 이온화법의 개발(1988년)을 계기로 1990년대 후반부터 급격하게 보급되었다. 게다가 일본에서는 2010년대부터 본격적인 LC/MS/MS 시대에 돌입해 지금은 LC/MS 혹은 LC/MS/MS가 유기화합물 해석의 제1선택 수단이라고 해도 과언이 아니다. 여기서 LC 연구 간담회로서는 자신이 처한 위치에 비추어 현대의 HPLC 기술자의 필수 아이템이 된 LC/MS와 LC/MS/MS의 해설에 전력하기로 했다.

그런데 LC/MS도 LC/MS/MS도 성장기의 기법이며, 장치 면이나 기술 면에서도 일진월보가 현저하다. 그 때문에, 새로운 소프트웨어나 하드웨어에 대응한 용어의 창출이 필수이며 급성장 분야의 특징이라 할 수 있는 "용어의 혼란"이 많이 발생하고 있다. 이러한 상황을 근거로 해 본서는 현 상황에서 가장 정확하고, 적어도 타당하다고 생각되는 용어를 이용해 초심자에게 LC/MS와 LC/MS/MS의 요점과 노하우를 해설하고자 했다. 또 현재 몇 개의 방식으로 기술되고 있는 이동상 조성이나 칼럼 사이즈의 일본어에 의한 표현 방법에 대해서도 본서에서는 통일을 꾀하도록 노력했다. 그러나 기념 축하회까지 출판한다고 하는 시간적인 제약도 있어 원고를 충분히 다듬을 수 없었다. 오류 등이 있으면 독자의 지적·질타를 받아 개정판에 반영시키는 것으로 용서(허락)하길 바란다. 최근의 분석기기는 컴퓨터의 보급 및 발달에 따라 더욱 더 고감도·고선택적으로 된 반면, 블랙 박스화도 한층 진행되고 있다. 이 점에 대해서는 LC-MS나 LC-MS/MS도 예외는 아니지만 실제로는 머리나 손을 사용하지 않을 수 없는 경우가 가끔 있다. 예를 들면 질량분석에 있어서의 아킬레스건이었던 "분석종의 이온화"를 순조롭게 실시하려면 전처리나 칼럼 분리로 방해 성분을 제거하지 않으면 안 되어 생화학적·물리화학적인 소양이 필요하다. 또 이온원의 오염을 제거하는 작업도 빠뜨릴 수 없다. 그와 같은 경우에 본서가 도움이 될 수 있으면 다행이다.

본서는 기획부터 약 반년이라고 하는 초스피드로 간행하는 행운을 얻었다. LC 연구 간담회의 임원을 중심으로 한 집필자·심사 협력자 분들의 커다란 협력에 감사하는 바이다. 마지막으로, 본서 간행의 기회를 주신 옴사 및 정교한 편집 작업으로 심혈을 기울여 준 출판국 분들에게 진심으로 감사의 말씀을 드린다.

(공사) 일본 분석화학회 액체 크로마토그래피 연구 간담회 위원장
(공사) 일본 분석화학회 분석사회 회장
감수자 **나카무라 히로시(中村 洋)**

Chapter **3** LC/MS. LC/MS/MS 분석을 위한 전처리

Chapter 1

LC/MS, LC/MS/MS 개론

1.1 처음에

    1969년 미국 듀퐁사의 연구원이었던 커클랜드(J. J. Kirkland)가 미소입자 충전제와 고압 송액 펌프를 이용해 창시한 고속 액체 크로마토그래피(high performance liquid chromatography; HPLC)는 지금까지의 분석기기에서는 볼 수 없던 속도로 순식간에 보급되었다. 당시의 분리 분석법으로서는 가스 크로마토그래피(gas chromatography; GC), 오픈 컬럼 액체 크로마토그래피(open-column liquid chromatography), 박층 크로마토그래피(thin layer chromatography; TLC), 페이퍼 전기영동(paper electrophoresis), 젤 전기영동(gel electrophoresis) 등이 목적에 따라 사용되고 있었지만 물질의 분리와 정량을 온라인으로 단번에 가능하게 하는 방법은 오로지 GC에 한정되었다. 그런데 GC를 적용하려면 분석종은 약 300 ℃ 이하에서 기체가 될 필요가 있다. 그러나 만일 유도체화(derivatization)를 실시해도 단백질, 다당, 핵산 등의 고분자는 기체로 되지 못하고, 또 열에 불안정한 물질에는 적용하기 어려운 등의 사정 때문에 GC는 유기화합물의 15% 정도밖에 적용할 수 없다고 알려져 있었다. 이러한 시대 배경으로 출현한 HPLC는 종래의 칼럼 액체 크로마토그래피(column liquid chromatography; CLC)를 고속화했던 것에 머물지 않고 액체에 용해할 수 있기만 하면 분석 대상으로 할 수 있는 CLC의 특장을 계승하고 있었기 때문에 그 시료 적용성의 범위도 더불어 폭발적인 발전을 이루었다.

    HPLC 시대의 초기부터 중기(~1980년대)에는 자외가시 흡광광도 검출기, 시차(示差) 굴절률 검출기, 형광 검출기, 전기화학 검출기. 전기전도도 검출기, 화학발광 검출기, 적외 검출기, 질량분석계(mass spectrometer; MS),[주1] 핵자기 공명(nuclear magnetic resonance; NMR) 장치 등 여러 가지 원리에 근거하는 검출기가 사용되고 LC-MS, LC-NMR 등으로 대표되는 주로 대형 장치를 검출기로 이용하는 하이퍼네이티드 기술(hyphenated technique)이 등장했다. 1990년대 이후는 분석 신뢰성을 중시하는 사회적인 요청과 어울리는 고속 액체 크로마토그래피 질량 분석(high performance liquid chromatography/mass spectrometry; LC/MS)이 점차 HPLC 분석의 주역 자리를 차지하기에 이르렀다. LC/MS를 실시하는 장치는 고속 액체 크로마토그래프 질량분석계(high performance liquid chromatograph-mass spectrometer; LC-MS)로 표기된다.[주2] LC-MS는 고속 액체 크로마토그래프의 칼럼 출구에 질량분석계를 직결한 시스템이다(그림 1.1).

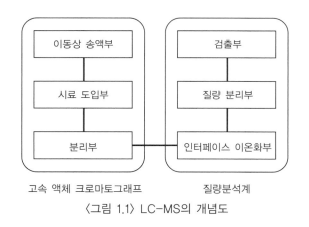

〈그림 1.1〉 LC-MS의 개념도

2000년대에 들어설 무렵부터 질량분석을 2회 실시하는 탠덤 질량분석(tandem mass spectrometry; MS/MS)을 HPLC의 정밀한 용질 해석에 적용하는 LC/MS/MS 시대가 열렸다. 탠덤 질량분석에는 2대의 질량분석계를 연결한 공간적 탠덤 질량분석(tandem mass spectrometry in space)과 1대의 질량분석계로 프로덕트 이온 스펙트럼을 취득하는 시간적 탠덤 질량분석(tandem mass spectrometry in time)의 2개의 방식이 있지만 모두 질량분석의 정밀도를 LC/MS보다 현격히 향상할 수가 있다.

주1 MS는 질량분석계(mass spectrometer)와 질량분석법(mass spectrometry)의 2개의 용어의 약호로서 사용된다. 마찬가지로 액체 크로마토그래프(liquid chromatograph)와 액체 크로마토그래피(liquid chromatography)의 쌍방의 약호로서 사용된다.

주2 LC와 MS를 슬래시로 연결한 LC/MS는 방법을, 하이픈으로 연결한 LC-MS는 장치를 각각 의미한다. LC는 원래 액체 크로마토그래피 또는 액체 크로마토그래프의 의미에 대응하는 약호이지만 LC/MS, LC-MS라는 표기에 대해 고속 액체 크로마토그래피, 고속 액체 크로마토그래프의 의미로 치환하여 사용하고 있는 것이 실정이다.

1.2 LC/MS, LC/MS/MS

　LC/MS는 고속 액체 크로마토그래피 질량 분석(high performance liquid chromatography mass spectrometry)의 약호이며 LC/MS/MS는 고속 액체 크로마토그래피 탠덤 질량분석(high performance liquid chromatography tandem mass spectrometry)의 약호이다. LC/MS의 원리는 우선 HPLC를 이용해 시료 성분을 상호 분리하여 컬럼 용출액을 온라인으로 질량분석계를 통해 정성·정량 등을 실시하는 것이다. LC/MS/MS의 원리는 LC/MS가 1단계의 질량분석인데 대해 2단계 이상의 질량분석을 실시하는 것이다. LC/MS, LC/MS/MS의 어느 쪽에 대해서도 기본적으로는 분리 방법인 HPLC와 검출 방법인 MS를 조합한 시스템으로 간주할 수가 있으므로 아래에 각 요소 방법에 대해 설명한다.

➡ 1.2.1 HPLC
　크로마토그래피는 고정상(stationary phase)과 이동상(mobile phase)에 대한 용질(solute)의 친화성(affinity) 차이를 이용해 물질을 분리하는 방법이다. 일반적으로 크로마토그래피의 계통적인 분류는 이동상의 차이에 따라 행해지고 있어 이동상으로 액체를 사용하는 액체 크로마토그래피(liquid chromatography; LC). 기체를 사용하는 가스 크로마토그래피(gas chromagraphy; GC), 초임계 유체(supercritical fluid)를 사용하는 초임계 유체 크로마토그래피(supercritical fluid chromatography; SFC)의 3개로 분류된다.

　크로마토그래피는 러시아의 식물학자 츠웨트(Tswett)가 1906년, 침강 탄산칼슘의 분말을 채운 관에 석유 에테르를 흘려 식물색소 추출액 중의 색소를 나누었던 것에서 시작되었다고 여겨지고 있다. 즉, 크로마토그래피의 원류는 츠웨트에 의한 칼럼 액체 크로마토그래피로 거슬러 올라가며 액체 크로마토그래피에는 고정상으로 여과지를 이용하는 페이퍼 크로마토그래피(paper chromatography; PC)나 박층을 이용하는 박층 크로마토그래피 (thin-layer chromatography; TLC) 등의 평면 크로마토그래피 (planar chromatography)도 포함된다.

크로마토그래피를 실시하기 위해 사용하는 장치를 크로마토그래프(chromatograph)라고 부른다. HPLC를 실시하려면 고속 액체 크로마토그래프가 필요하며 이동상 저장조, 송액 펌프, 시료 도입 장치, 가드 컬럼, (분석) 컬럼, 검출기, 데이터 처리 장치 등이 그 주된 구성 요소이다(그림 1.2).

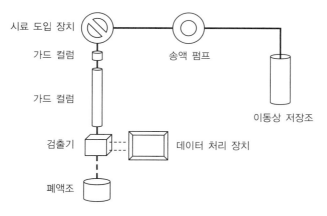

〈그림 1.2〉 고속 액체 크로마토그래프의 기본 구성

[1] HPLC에 있어서의 분리 기구

그런데 HPLC에는 고정상의 종류에 따라 기본적으로는 흡착(adsorption), 분배 (partition), 크기 배제(size exclusion)의 3개의 분리 기구가 있고, 각각 흡착 크로마토그래피(adsorption chromatography), 분배 크로마토그래피(partition chromatography), 크기 배제 크로마토그래피(size exclusion chromatography, SEC)로 불린다.

흡착 크로마토그래피는 고정상으로 실리카겔, 알루미나, 활성탄 등의 흡착제를 사용하는 것으로, 흡착제의 표면에 존재하는 흡착점에의 흡착력 차이를 이용하여 용질을 분리한다. 예를 들면, 실리카겔의 경우는 실라놀기($\equiv$Si-OH)와 실록산 결합($\equiv$Si-O-) 중의 산소원자와 수소원자가 수소 결합성 화합물의 흡착점이 된다. 따라서 수소 결합성

15

(극성, 친수성)이 큰 용질일수록 칼럼에 강하게 머무르게 된다. 또 흡착점이 이온 교환기인 흡착 크로마토그래피는 이온 교환 크로마토그래피(ion exchange chromatography; IEC)로 불리며, 기본적으로는 이온교환기의 하전과 반대의 하전이 많을수록 칼럼에 머물게 된다.

분배 크로마토그래피(partition chromatography)는 액체 또는 의사 액체를 사용하는 것으로, 고정상과 이동상 사이에 액–액 분배에 있어서의 분배율 차이를 이용해 용질을 상호 분리하는 방법이다. HPLC가 개발된 당시에는 실리카겔 등의 기재의 표면에 스쿠알렌 등의 고비점 고정상(固定相) 액체를 피복한 충전제가 사용되었다. 그러나 이동상(移動相)이나 시료 용매에 의해 고정상이 서서히 사라져 버리기 때문에 그 후에는 알킬기 등의 의사 액체를 기재에 화학 결합시킨 화학 결합형 충전제가 사용되게 되었다. 분배 크로마토그래피용 화학 결합형 충전제의 대표는 실리카겔의 표면에 존재하는 실라놀기(≡Si–OH)에 실란 커플링제를 반응시키는 방법 등으로 C18기를 도입한 ODS (octadecylsilyl silica)이다.

ODS는 그 표면이 소수성기로 덮여 있기 때문에 이동상에는 물을 포함한 극성(친수성)의 액체를 이용한다. 여기서 분배 크로마토그래피는 고정상의 극성이 이동상의 극성보다 큰 순상(normal phase) 분배와 고정상의 극성이 이동상의 극성보다 작은 역상(reversed phase) 분배로 구별된다. 전자의 전형적인 예가 실리카겔을 충전제로 하는 크로마토그래피, 후자의 전형적인 예가 ODS를 충전제로 하는 경우이다. 순상 분배 크로마토그래피에서는 극성이 큰 용질일수록 칼럼에 머무르고, 역상 분배 크로마토그래피에서는 소수성이 큰 용질일수록 칼럼에서의 머무름이 크다.

SEC는 고정상으로 3차원적인 망상 구조를 가진 충전제를 이용해 분자 크기에 따라 용질의 상호 분리를 실시하는 방법이다. 이 타입의 충전제에서는 망상 구조보다 큰 분자는 충전제의 내부에 침투할 수 없기 때문에 충전제 입자의 틈(간격)을 통해 칼럼 내를 이동한다. 이와 반대로 망상 구조보다 작은 분자는 크기가 작을수록 충전제 내부에서의 이동거리가 커지기 때문에 SEC에서는 분자 크기가 큰 분자부터 원칙적으로 먼저 용출한다. 덧붙여 SEC는 단백질, 펩티드, 아미노산, 핵산류, 당류 등의 극성 분자를 대상으로 실시하는 겔 여과 크로마토그래피(gel filtration chromatography; GFC)와 폴리스티렌 등의 소수성 분자를 대상으로 하는 겔 침투 크로마토그래피(gel permeation chromatography; GPC)로 대별된다.

[2] HPLC에 있어서의 검출법

HPLC 그 자체는 분리법이기 때문에 분리 상태를 확인하려면 어떠한 물질 검출법과 조합해서 사용할 필요가 있다. 지금까지 HPLC용으로 개발되어 온 검출기(detector)나 검출법은 20종류 정도 있지만 그것들은 크게 나누어 광학적 검출기, 전극 반응 검출기, 기타 검출기의 셋으로 분류할 수 있다. 현재도 비교적 잘 사용되고 있는 광학적 검출기에는 자외가시 흡광광도 검출기, 포토다이오드 어레이 검출기, 시차(示差) 굴절률 검출기, 형광 검출기. 화학 발광 검출기 등이 있다. 전극 반응 검출기의 대표 예는 전기화학 검출기(암페로메트릭 검출기, 쿨로메트릭 검출기)와 전기전도도 검출기이며 이것들은 현재도 사용되고 있다. 그 외의 검출기는 질량분석계(mass spectrometer; MS), 방사선 검출기, 핵자기 공명(NMR) 장치 등이 있지만 MS의 중요성과 사용 빈도가 압도적으로 높다.

통상 검출기에 요구되는 성능상의 대표적인 특성은 감도(sensitivity)와 선택성(selectivity)이다. 일반적으로 고감도인 검출기로는 MS, 레이저 여기 형광 검출기(Laser-induced fluorescence detector; LIFD), 형광 검출기, 화학 발광 검출기, 전기화학 검출기 등이 있다. 검출에 있어서의 선택성은 분석종이 다른 성분과 충분히 칼럼 분리할 수 없는 경우에 특히 위력을 발휘한다. 선택성의 대소에 따라 검출기를 선택적 검출기와 범용적 검출기로 분류하기도 하며 이 경우 선택적 검출기의 종류가 압도적으로 많다. 덧붙여 먼저 기술한 고감도인 검출기는 모두 높은 선택적인 검출기이기도 하다. 한편 범용적인 검출기로는 열검출기, 유전율 검출기 등도 있지만 현재 실용화되어 있는 것은 시차 굴절률 검출기뿐이다.

[3] HPLC의 기초 이론과 용어

HPLC에서 이용되는 기초 이론의 대부분은 크로마토그래피 전체에 공통으로 적용되고 있으며 주로 분리 성능을 평가하는 척도에 관한 것이다. 또 HPLC에서 사용되는 용어에 대해서도 HPLC에 고유한 것도 있지만 다른 크로마토그래피와 공통되는 것이 많다. 여기서는 분리성능의 평가에 사용되는 대표적인 파라미터(parameter)의 정의와 산출법을 중심으로 관련된 용어와 함께 해설한다.

HPLC에 이용되는 시료의 형태는 통상 액체에 한정되어 그 일부를 마이크로시린지로 불리는 주사기 모양의 도구(매뉴얼법) 또는 오토샘플러로 흡입해 인젝터를 개입시

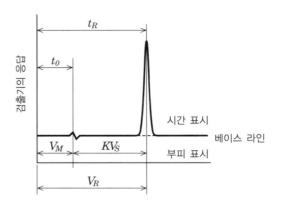

〈그림 1.3〉 크로마토그램과 파라미터

켜 컬럼에 주입한다. 어떤 물질을 이동상에 용해해 주입하여 그 물질에 적절한 검출기로 모니터해 가면 〈그림 1.3〉에 나타낸 것 같은 도형(크로마토그램, chromtogram)이 그려진다. 시료 주입 후 물질을 포함한 피크가 나타날 때까지의 시간을 그 물질의 머무름 시간(retention time, t_R), 이동상의 부피를 머무름 용량(retention volume, V_R), 칼럼에 전혀 머무르지 않는 물질이 용출할 때까지의 시간과 부피를 각각 홀드업 시간(hold-up time, t_o), 홀드업 부피(hold-up volume, V_M)로 하면 식(1.1)의 관계가 성립된다. 여기서, V_M은 칼럼 내의 공극부피, V_S는 칼럼 내에서 고정상이 차지하는 부피, K는 분배계수(partition coefficient)이며 K＝고정상 중의 용질농도/이동상 중의 용질농도로 나타난다.

또 용질의 머무름 정도를 나타내는 파라미터(parameter)는 머무름 계수(retention factor, k)라 부르고 식 (1.2)와 같이 나타낼 수 있다. 머무름 계수는 칼럼, 이동상, 칼럼 온도 등의 분리 조건이 일정한 경우는 용질에 고유한 값이 된다.

$$V_R = V_M + KV_S \qquad (1.1)$$

$$k = \frac{\text{고정상 중의 용질량}}{\text{이동상 중의 용질량}}$$

$$= \frac{V_R - V_M}{V_M}$$

$$= K\frac{V_s}{V_M} \qquad (1.2)$$

식 (1.2)를 이용해 식 (1.1)을 변환하면 식 (1.3)을 얻을 수 있다. 〈그림 1.3〉에 나타난 관계로부터 부피 표시에 의한 식(1.3)은 시간 표시에 의한 식 (1.4)로 표현할 수 있다. 식 (1.4)를 변형하면 식 (1.5)를 얻을 수 있고, 이 식을 이용해 용질의 머무름 계수를 크로마토그램으로부터 구할 수가 있다.

$$V_R = V_M(1+k) \tag{1.3}$$

$$t_R = t_0(1+k) \tag{1.4}$$

$$k = \frac{t_R - t_0}{t_0} \tag{1.5}$$

이상적인 크로마토그래피에 대해서는 좌우대칭의 가우스(Gauss) 분포형의 피크를 얻을 수 있다(그림 1.4). 이때 피크 높이(peak height)의 60.7% 높이에 있는 좌우의 변곡점을 지나 2개의 접선이 베이스라인(baseline)을 잘라내는 거리를 피크 폭(peak width, W)이라고 부른다. 피크 폭은 피크의 표준편차 (standard deviation, σ)의 4배와 동일하다. 여기서 σ와 V_R은 식 (1.6)의 관계가 있다. N은 이론단수(theoretical plate number)이며 칼럼의 분리효율을 나타내는 중요한 파라미터(parameter)이다. N은 식 (1.7)과 같이 변환할 수 있으므로 V_R (또는 t_R)과 W를 크로마토그램으로 실측해 계산할 수가 있다.

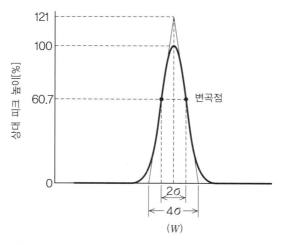

〈그림 1.4〉 가우스 분포형 피크에 있어서 피크 폭과 표준편차의 관계

$$\sigma = \frac{V_R}{\sqrt{N}} \tag{1.6}$$

$$N = \left(\frac{V_R}{\sigma}\right)^2 = \left(\frac{4V_R}{W}\right)^2 = 16\left(\frac{V_R}{W}\right)^2 = 16\left(\frac{t_R}{W}\right)^2 \tag{1.7}$$

식 (1.7)에는 수작업으로 이론단수를 계산할 때 피크 폭의 계측을 정확하게 할 수 없다는 난점이 있다. 이 점을 개선한 것이 피크 폭 대신 피크 높이의 중점에 있어서의 피크 폭(반값 폭, $W_{0.5h}$)을 이용하는 반값 폭 법이다(식 (1.8)). 여기서, $W = 1.7 \times W_{0.5h}$의 관계가 있다(그림 1.5).

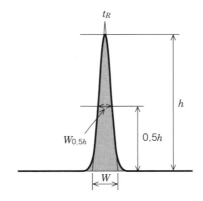

〈그림 1.5〉 피크 폭(W)과 반값 폭($W_{0.5h}$)의 관계

$$N = 5.54\left(\frac{V_R}{W_{0.5h}}\right)^2 = 5.54\left(\frac{t_R}{W_{0.5h}}\right)^2 \tag{1.8}$$

이론단수는 컬럼에 포함되는 가상적인 이론단의 총 수이며 컬럼의 길이에 비례하는 파라미터(parameter)이다. 이론단 상당 높이(height equivalent to a theoretical plate; HETP 또는 H)는 1이론단이 어느 정도의 컬럼 길이에 대응하는지를 평가하는 파라미터(parameter)이며, 식 (1.9)로 정의된다.

$$H = \frac{L}{N} \tag{1.9}$$

다만, L은 컬럼의 길이(통상 mm 단위로 표기)이다.

　그런데 많은 경우 HPLC의 주된 목적은 물질의 상호 분리에 있는데, 이러한 경우에는 컬럼이나 충전제의 분리 선택성을 평가하는 파라미터(parameter)가 필요하다. 분리도 (resolution. R)는 〈그림 1.6〉에 나타내었듯이 2개의 피크 분리 정도를 평가하는 파라미터(parameter)이며, 식 (1.10) 또는 반값 폭 법에 따르는 식 (1.11)로부터 구한다. 2개의 피크가 완전하게 분리(바탕선 분리)되려면 $R \geq 1.5$를 만족해야 한다. 컬럼의 선택성을 평가하는 또 하나의 파라미터(parameter)로 분리인자(separation factor, α)가 있는데, 이는 식 (1.12)로 정의된다. 다만. k_2, k_1은 각각 피크 2, 피크 1의 머무름 계수 $(k_2 \geq k_1)$이다.

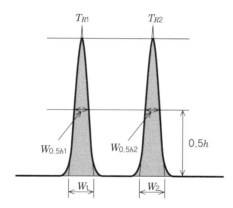

〈그림 1.6〉 2성분 분리의 크로마토그램

$$R = \frac{2(t_{R2} - t_{R1})}{W_1 + W_2} \tag{1.10}$$

$$R = \frac{1.18(t_{R2} - t_{R1})}{W_{0.5h1} + W_{0.5h2}} \tag{1.11}$$

$$\alpha = \frac{t_{R2} - t_0}{t_{R1} - t_0}$$

$$= \frac{k_2}{k_1} \tag{1.12}$$

　또 식 (1.10)에서 $W_1 = W_2$로 하면 지금까지의 관계식을 이용해 식 (1.13)을 유도할 수 있다. 다만, $k = (k_1 + k_2)/2$이다.

$$R=\frac{1}{4}\ \sqrt{N}\left(\frac{\alpha-1}{\alpha}\right)\left(\frac{k}{1+k}\right) \tag{1.13}$$

식 (1.13)은 분리 조건의 최적화(optimization)를 실시할 때 조건 검토에 유효한 식으로 알려져 있다.

➤ 1.2.2 질량분석

질량분석(mass spectrometry; MS)의 기본적인 원리는 물질을 이온화하여 생성한 정이온 또는 부이온을 m/z에 따라 분리해 각각의 이온의 강도를 측정하는 것으로, 정성·정량분석을 실시하는 것이다. 여기서, m은 이온의 질량을 원자 질량단위로 나눈 것이고 z는 이온의 전하수이다. 최초의 질량분석 장치는 전자나 동위체의 발견자로 알려진 톰슨(J. J. Thomson)이 제작한 질량분석기(mass spectrograph)였다. 1913년 톰슨은 질량분석기의 사진 건판에서 [20]Ne와 [22]Ne의 2개 신호를 발견해 질량분석의 최초의 예가 되었다. 톰슨의 제자 뎀프스터(A. J. Dempster)는 그의 리뷰[1] 중에서 자기장 강도를 소인하고 여러 가지 이온을 분리해 그것들을 검출기에서 전기적으로 연속해서 검출하는 180° 편향형의 자기장 소인형 질량분석계를 1916년에 개발한 것을 보고하였다. 현재도 사용되고 있는 질량분석계(mass spectrometer)라는 용어는 이 장치에 대해 붙여진 것이다. 이와 같이 질량분석에는 100년의 역사가 있고, 최근의 질량분석계는 기능적으로도 매우 큰 진보를 이루었지만 질량분석계의 기본적인 구조는 전혀 변함이 없다. 〈그림 1.7〉은 질량분석계의 개념적인 기본 구성을 나타낸 것이다. 질량분석의 기본적인 흐름은 시료 도입, 이온화, m/z에 따른 이온의 질량 분리, 이온의 검출, 데이터 해석이다. 질량 분리부와 검출부는 이온 상태를 유지하기 위해 고진공이지만 시

시료 도입부	이온화부	질량 분리부	검출부	…	데이터 처리부
고진공 또는 대기압	고진공 또는 대기압	고진공	고진공	…	대기압

〈그림 1.7〉 질량분석계의 기본 구성

료 도입부와 이온화부는 이온화 방법에 따라 고진공이 필요한 경우와 대기압에서도 상관이 없는 경우가 있다. 질량분석계에 도입하는 시료의 형태는 고체, 액체, 기체 모두 가능하지만 LC/MS에 있어서는 액체에 한정된다.

[1] 이온화법

질량분석에 있어서는 시료 중의 분석종을 이온화하는 것이 필수이다. 현재까지 개발되고 있는 각종 이온화법을 크게 나누면 ① 분자종 분자를 기화시키는 방법, ② 분자종 분자에 이탈 반응을 일으키는 방법, ③ 분자종 분자를 분무하는 방법으로 분류할 수 있다. 예를 들면, 가장 빨리 개발된 이온화법은 전자 이온화(electron ionization; EI)법이며 위의 기화법에 해당한다. 〈표 1.1〉은 각종 이온화법을 개발 순서로 정리하여 어느 분류의 이온화법에 속하는지를 나타낸 것이다.

〈표 1.1〉 각종 이온화법의 개발과 이온화 수단

개발 연도	이온화법		약칭	이온화 분류
1921	전자 이온화	electron ionization	EI	기화법
1953	전계 이온화	field ionization	FI	이탈법
1963	레이저 이탈(이온화)	laser desorption (ionization)	LD, LDI	이탈법
1965	화학 이온화	chemical ionization	CI	기화법
1969	전계 이탈, 필드 이탈	field desorption	FD	이탈법
1973	대기압 이온화	atmospheric pressure ionization	API	분무법
1974	플라즈마 이탈	plasma desorption	PD	이탈법
1975	대기압 화학 이온화	atmospheric pressure chemical ionization	APCI	분무법
1975	2차 이온 질량 분석	secondary ion mass spectrometry	SIMS	이탈법
1980	서모스프레이 이온화	thermospray ionization	TSI, TSP	분무법
1981	고속 원자 충격	fast atom bombardment	FAB	이탈법
1988	일렉트로 스프레이 이온화	electrospray ionization	ESI	분무법
1988	매트릭스 지원 레이저 이탈 이온화	matrix-assisted laser desorption ionization	MALDI	이탈법
2000	대기압 광 이온화	atmospheric pressure photoionization	APPI	분무법

23

이 가운데 LC/MS용의 이온화법에는 서모스프레이 이온화(thermospray ionization; TSI, TSP)법 등도 제안되었지만 최근에는 대기압하에서 이온화할 수 있는 일렉트로 스프레이 이온화법(electrospray chemical ionization; ESI), 대기압 화학 이온화법(atmospheric chemical ionization; APCI) 등 대기압 이온화법(atmospheric ionization; API)으로 총칭되는 방법이 LC/MS와 LC/MS/MS에 주로 사용되고 있다.

이러한 이온화법 가운데 일렉트로 스프레이 이온화는 고분자도 포함해 적용범위가 넓고, 대기압 화학 이온화는 보다 극성이 작은 용질도 이온화할 수 있다는 것이 특히 뛰어난 장점이다(그림 1.8).

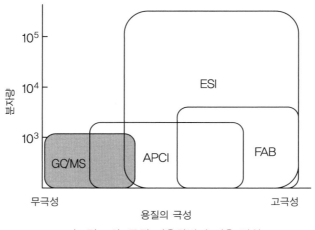

〈그림 1.8〉 주된 이온화법의 적용 범위

[2] 질량분리법

질량 분리부에서 m/z에 대응해 이온의 분리(질량분석)를 하지만 이온을 트랩하지 않고 실시하는 방식(비트랩 방식)과 이온을 트랩하여 실시하는 방식(트랩 방식)이 있다. 비트랩 방식은 한층 더 구분하여 주사형(走査形)과 비주사형으로 분류된다(표 1.2). 대표적인 질량 분리부의 특징은 다음과 같다.

〈표 1. 2〉 질량 분리부의 분류

비트랩 방식	주사형	자기장형(섹터형) 사중극형
	비주사형	비행시간형
트랩 방식	이온 트랩형	리니어 이온 트랩형 폴 이온 트랩형 킹돈 트랩형
	푸리에 변환형	이온 사이클로트론 공명형

(a) 자기장 섹터형 질량분석계(sector mass spectrometer)

자기장 섹터(magnetic sector)를 1대 또는 여러 대 이용해 이온을 m/z 값에 따라 분리하는 방식이며, 일반적으로 대형의 장치이다. 자기장 섹터는 하전입자 빔에 직교하는 자기장을 발생시켜 하전입자의 운동량을 이온의 전하수로 나눈 양에 비례할수록 빔을 편향한다. 따라서 일정한 에너지로 생성한 이온 빔에서 편향량은 m/z에 비례한 것이 된다. 자기장 에너지에 의한 이온의 수속(收束)능을 보충하기 위해 전기장 섹터(electric sector)를 설치해 전기장 에너지에 의한 수속능을 조합한 이중 수속 질량분석계(double-focusing mass spectrometer)는 분해능 수 만의 고분해능 질량 스펙트럼을 취득할 수 있다.

(b) 사중극 질량분석계(quadrupole mass spectrometer; QMS)

4개의 기둥 모양 전극을 서로 중심축이 정방형의 정점이 되도록 평행으로 배치해 서로 마주 본 전극끼리를 배선한 장치(사중극)를 질량 분리부로 하는 질량분석계로, 정식으로는 투과형 사중극 질량분석계(transmission quadrupole mass spectrometer)라고 한다. 2조의 전극에는 직류전압과 교류전압이 걸려 있어 이온원으로부터 사중극 분석관에 들어간 이온은 전기장과의 상호작용으로 전극 사이를 진동하면서 진행되어 어느 특정 m/z 범위의 이온만이 사중극을 축방향으로 통과시켜 검출기에 도달하는 구조를 이룬다. 즉, 사중극 질량분석계는 사중극 전기장의 작용에 근거해 이온을 m/z 값에 대응해 분리하는 것이어서 사중극 매스 필터(quadrupole mass filter)라고도 한다. 사중극 질량분석계는 자기장형의 질량분석계에 비해 소형이며 저렴하고 조작성도 뛰어나지만 측정 범위가 m/z 4,000 정도까지로 한정되어 고분해능이 필요한 정밀 질량의 측정에는 적합하지 않다.

(c) 비행시간 질량분석계(time-of-flight mass spectrometer; TOF-MS)

가속된 이온을 진공중에서 전기장도 자기장도 없는 필드 프리 영역(field free region)에 비행시켜 검출기에 도달할 때까지의 시간에 따라 m/z 값에 대응해 이온을 분리하는 방식의 질량분석계이다. 비행거리가 길수록 분해능이 상승되므로 필드 프리 영역의 출구에 이온과 반대 전하의 정전기장을 가진 리플렉트론(reflectron)을 배치하여 비행해 온 이온을 반대 방향으로 반사해 다시 필드 프리 영역을 통과시키는 방식의 것을 리플렉트론 비행시간 질량분석계(reflectron time-of-flight mass spectrometer)라고 한다. 이것에 대해서 리플렉트론을 이용하지 않는 방식의 것을 리니어 비행시간 질량분석계(linear time-of-flight mass spectrometer)라고 부른다. TOFMS는 원리상 측정할 수 있는 질량에 상한이 없기 때문에 프로테옴 해석에는 불가결한 툴(tool)이 되고 있다.

(d) 이온 트랩 질량분석계(ion trap mass spectrometer; ITMS)

이 용어는 이온 트랩(ion trap)을 이용한 질량분석계를 총칭한 것이지만 협의로는 폴 이온 트랩 질량분석계(Paul ion trap mass spectrometer)를 가리킨다. 이온 트랩(ion trap)이란 전기장, 자기장을 단독 혹은 조합해 만든 공간 안에 이온을 가두는 장치이지만 폴 이온 트랩(Paul ion trap)은 3차원적 쌍곡면 전극에 교류 전압을 인가해 이온을 포착하는 것이다. 이 외에 이온 트랩에는 정전기장과 정자기장에서 이온을 트랩하는 페닝 이온 트랩(Penning ion trap), 직류전압을 인가한 방추형 전극과 통 모양(樽狀) 전극이 만드는 공간에 이온을 트랩하는 킹돈 트랩(Kingdon trap) 등이 있다.

광의의 이온 트랩 질량분석계는 리니어 이온 트랩(linear ion trap), 킹돈 트랩(Orbitrap™), 푸리에 변환 이온 사이클로트론 공명(Fourier transform ion cyclotron resonance; FT-ICR) 등 각종의 이온 트랩을 가진 특성을 이용해 m/z에 근거하는 이온 분리를 실시하는 질량분석계 전반을 가리킨다.

(e) 푸리에 변환 질량분석계(Fourier transform mass spectrometer; FTMS)

많은 경우에 푸리에 변환 이온 사이클로트론 공명 질량분석계(Fourier transform ion cyclotron resonance mass spectrometer; FT- ICRMS)와 동의어적으로 사용되지만 푸리에 변환을 이용하여 이온의 m/z에 대응한 주파수의 성분분석을 실시하는 방식의 질량분석계 전반을 가리킨다. FT-ICRMS는 이온 사이클로트론 공명에 입각한 질량분석계이다. 즉, 이온은 자기장 중에서 m/z 값에 대응한 주파수로 원주 궤도 상을 사이클로트론 운동하지만 그 주파수에 일치하는 고주파 성분을 포함한 펄스 전기장을 이온에게 주면 이온의 사이클로트론 운동은 여기되고 한층 더 큰 궤도 반지름을 가진 이온 사이클로트론 공명으로 불리는 코히런트 운동을 시작한다. 그 결과 공명한 이온의 거울상 전하가 검출 전극상에 발생하므로 그 변화를 시간축 상의 파형으로서 검출할 수가 있다. 거기서 파형 데이터를 푸리에 변환해 얻어진 주파수 스펙트럼을 주파수의 역수와 m/z의 관계에 근거해 질량 스펙트럼으로 변환하는 것이다.

[3] 매스(질량) 스펙트럼

질량분석의 결과를 나타낸 가장 기본적인 것은 매스 스펙트럼(mass spectrum)으로, 가로축에 m/z, 세로축에 이온 강도를 표기한다(그림 1.9). 매스 스펙트럼에는 여러 가지 피크가 나타나고 있지만 이온 강도가 최대의 피크를 기준 피크(base peak)라고 한다. 유기분자의 이온화가 완화된 조건으로 진행되었을 경우에는 분자가 개열(開裂)을 면한 분자량과 관련된 이온을 관찰할 수 있다. 즉, 정이온화의 경우에는 [M+H]⁺ (프로톤 부가분자)나 [M+Na]⁺(나트륨 부가분자) 등 부이온화의 경우에는 [M−H]⁻(탈프로톤 분자) 등이다.

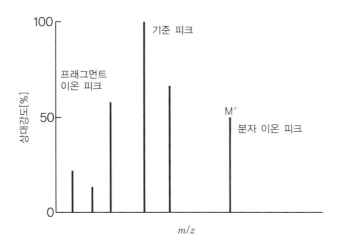

〈그림 1.9〉 매스 스펙트럼의 예

질량분석계가 근접한 2개의 피크를 분리할 수 있는 능력을 질량분해능(mass resolving power)이라고 한다. m/z의 임의의 값을 M으로 하고, M과 $(M + \Delta M)$의 2개의 피크는 구별할 수 있지만 m/z의 차이가 ΔM보다 작은 2개의 피크는 구별할 수 없을 때 $M/\Delta M$을 이 장치의 질량분해능이라고 정의한다.

➡ 1.2.3 LC/MS

LC/MS는 HPLC와 질량분석을 조합한 시스템이다(그림 1.1). LC/MS에 대해서 액체 크로마토그래피에 익숙한 사람은 '검출에 질량분석을 이용하는 HPLC'라고 이해하기도 한다. 한편 질량분석을 전문으로 하는 사람들은 '전처리에 HPLC를 사용하는 질량분석'이라고 이해하는 견해도 있는데, 어느 쪽이나 본질에 대한 시점에서 흥미롭다. 어쨌든 HPLC 장치와 질량분석계를 온라인으로 물리적으로 접속하기 위해서는 몇 가지 극복해야 할 점이 있다. 첫번째 문제점은 용출액 중에 포함되는 분석종을 진공계에 도입하려면 우선 액체를 기화할 필요가 있어 수천 배로 부피가 팽창해 버리는 것을 어떻게 극복할까 하는 점이다. 그 대처법은 컬럼 테크놀로지의 진화에 따라 컬럼 크기가 작아질 때까지의 사이는 용출액을 분액하여 일부만 도입하는 스플릿법을 실시하는 것이다. 그것과 함께 HPLC 장치와 MS 장치를 접속하는 인터페이스(interface) 부분에서는 액체로부터 변환되는 대량의 기체를 로터리 펌프로 효율 좋게 배기해야 한다.

두 번째 문제점은 액체시료의 이온화를 어떻게 실시할까 하는 것이다. LC/MS의 여명기부터 한동안 몇 개의 이온화법이 제안되었지만 GC/MS와 같이 고진공 상태에서의 이온화를 하고 있었기 때문에 위의 첫번째 문제점과 공통의 이유로 실용적인 이온화법은 되지 않았다. 그런데 1973년의 대기압 이온화법이 개발됨에 따라 일렉트로스프레이 이온화(electrospray ionization; ESI)법과 대기압 화학 이온화(atmospheric pressure chemical ionization; APCI)법이 개발되어 한번에 LC/MS 시대에 돌입했다. HPLC에 이용되는 다른 검출기와 비교해 MS는 고가이다. 예를 들면, 1990년대 중반에는 싱글 스테이지 LC-MS의 정가는 5,000만 엔 정도였으나 사용자의 증가와 메이커 사이의 경쟁에 의해 현재는 MS 그 자체는 700만 엔대의 전용기기가 시판되고 있다.

LC/MS는 질량분석계에 부수하는 기능에 의해 정성·정량 등 다른 검출기를 이용하는 HPLC로 완성되는 거의 모든 기능을 보다 고급 레벨로 달성할 수 있는데다 LC/MS로밖에 할 수 없는 것이 있다.

예를 들면, 지정한 *m/z* 값을 가진 이온의 신호량만을 연속적으로 기록할 수 있는 선택 이온 모니터링(selected ion monitoring; SIM)을 실시하면 추출 이온 크로마토그램(extracted ion chromatogram; EIC)으로 비교하더라도 두세 자릿수의 고감도로 정확하게 정량할 수가 있다. 추출 이온 크로마토그램(구 명칭 질량 크로마토그램, mass chromatogram)은 일정 시간마다 질량 스펙트럼을 측정해 컴퓨터에 기억시켜 지정한 *m/z* 값에 있어서의 상대 강도를 읽어내 시간 축으로 관계해 나타내는 질량 크로마토그래피(mass chromatography; MC)의 결과로 얻어진 크로마토그램이다. 또 질량분석계의 분해능을 올리면 수 ppm의 질량 정밀도로 정확하게 정밀 질량을 결정할 수 있기 때문에 예를 들어 펩티드의 1차 구조의 결정, 동위체 피크를 이용한 물질 특정, 유사한 질량을 가진 물질의 식별·특정 등이 가능해진다.

➤ 1.2.4 LC/MS/MS

LC/MS/MS는 HPLC 분리와 MS/MS 기능(MS/MS function)을 조합한 것이다. 여기서 MS/MS 기능이란 2단계 이상의 질량분리를 실시하는 기능이다. 즉, 첫 번째의 질량분석(MS 1)으로 생성한 프리커서 이온(precursor ion)으로 불리는 어느 특정 이온 또는 이온군에게 불활성 가스를 충돌시켜 활성화함으로써 프래그먼테이션(fragmenta-tion)을 일으키게 하는 충돌 야기 해리(collision-induced dissociation; CID) 혹은 충돌 활성화 해리(collisionally activated dissociation; CAD)라는 방법으로 생성된 프로덕트 이온(product ion)에 2번 이상 질량분석(MS 2)을 실시하는 것이다. 장치적으로는 복수의 질량 분리부를 공간적으로 분리한 공간적 LC/MS/MS 장치(그림 1.10)나 동일한 질량 분리부의 내부에서 시간 차이를 가지고 실시하는 시간적 LC/MS/MS 장치(그림 1.11)에 더해 종류가 다른 질량 분리부를 조합한 하이브리드(hybrid) LC/MS/MS 장치도 있다.

공간적 LC/MS/MS 장치의 대표 예는 3회 연속 사중극 질량분석계(triple quadrupole mass spectrometer; QqQ)이다. 이것은 투과형 사중극 질량분석계(Q)를 2대 직렬로 배치해 그 중간에 질량분리(*m/z* 분리)를 실시하지 않는 사중극(q)을 CID용의 충돌실(collision cell)로 둔 탠덤 질량분석계이다. 약호 QqQ의 중앙에 있는 q는 본래 CID를 실시하는 사중극을 의미하지만 최근에는 사중극이라는 의미와는 다른 6중극(헥사폴; hexapole) 등 다른 다중극을 이용해 명칭대로 사중극이 3회 연속되지

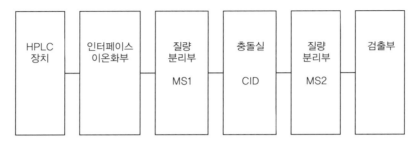

〈그림 1.10〉 공간적 LC/MS/MS 장치의 구성 예

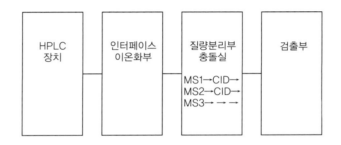

〈그림 1.11〉 시간적 LC/MS/MS 장치의 구성 예

않는 장치도 출현하고 있다.

한편 시간적 LC/MS/MS 장치로서는 이온 트랩 질량분석계(IT-MS)가 대표적이다. 3회 연속 사중극 질량분석계가 구조적으로 질량분리를 2회밖에 실시할 수 없는 데 대해 이온 트랩 질량분석계는 2회 이상의 MS/MS 혹은 다단계 질량분석(multiple-stage mass spectrometry; MS^n)이 가능하기 때문에 LC/MS^n으로도 표기한다. 또 하이브리드(hybrid) LC/MS/MS 장치로서는 고속 액체 크로마토그래프에 Qq-TOF, Qq-FTMS, IT-TOF 등의 하이브리드(hybrid) 질량분석계(hybrid mass spectrometer)를 조합한 것이 시판되고 있다.

MS/MS 기능을 이용한 정성분석 방법으로서는 아래의 3개가 알려져 있다.

① 프로덕트 이온 스캔(product ion scan) : 선택한 프리커서 이온을 CID로 개열 (開裂)시켜 생성한 프로덕트 이온을 측정하는 방법

② 프리커서 이온 스캔(precursor ion scan) : CID로 생성한 특정 이온의 근원이

　　되는 프리커서 이온을 측정하는 방법

　③ 뉴트럴 로스 스캔(neutral loss scan) : CID로 특정 중성분자를 잃어버린 프리커서 이온을 측정하는 방법

위의 어느 방법으로도 분자의 구조 정보를 알 수 있기 때문에 분자 내의 관능기나 골격의 유무, 이것들을 공통하더라도 어떤 이온군 등을 정밀히 조사하는 데 매우 유효하다. 선택 반응 모니터링(selected reaction monitoring, SRM)법은 2단계 또는 다단계 질량분석(MS^n)에 있어 1단계의 질량분석(MS1)에서 선택한 특정 프리커서 이온으로부터 생성하는 특정 프로덕트 이온만을 연속적으로 검출하는 측정법이다. 따라서 SRM을 이용하면 분석종과 머무름 시간이 같고, 한편, 프리커서 이온과 질량이 같은 방해물질이 존재할 경우에도 방해물질이 동일한 프레그먼트(fragment) 이온을 생성하지 않는 한 그 영향을 배제할 수 있다. 게다가 양자의 프레그먼트 이온의 질량이 같아도 각각의 프리커서 이온이 차이가 나면 구별할 수 있기 때문에 SRM은 SIM보다 선택성이 높다.

➡ 1.2.5 맺음말

생물계에서는 자벌레가 가지로 보이게 하는 은폐적 시늉이나 등에가 벌과 유사하게 보이려고 하는 시늉 등, 삶의 지혜로서의 의태가 활발히 행해지고 있다. 인간 사회도 마찬가지로 옛날부터 통화 위조나 명화의 위조품 등에 더해 최근에는 부실공사, 각종 식품 위장, 논문 도용 등 부정이 끊이지 않는다. 이러한 사례가 증가함에 따라 사회가 무슨 일에도 회의적으로 되는 풍조는 어쩔 수 없다고 해도 이것에 대한 유효한 대책을 강구하는 것이 중요하다. 거기에는 과학적인 사실이나 증거에 근거해 논의하는 토양을 기를 필요가 있다는 목소리가 높아지고 있다. 의학계에 있어서의 "evidence-based medicine"이나 계측 분야에 있어서의 "표준물질·표준화"가 최근에 있어서의 중요시되고 있는 것은 그 구체적인 성과일 것이다. 과거 20년 간에 높아진 분석값의 신뢰성에 대한 사회적인 요청의 강도도 그 일환이다. 특히 유기 화합물의 정성·정량에 발군의 위력을 발휘하는 LC/MS와 LC/MS/MS는 지금은 분석계를 넘어 산업계의 총아이며 보물이기도 하다. 이 분야에 종사하는 모든 분들이 (공사)일본 분석화학회 분석사 인증 제도에 있어서의 액체 크로마토그래피 분석사 및 LC/MS 분석사가 되어 건전한 사회 만들기에 공헌할 것을 기대한다.

■ 引用文献

1) A.J. Dempster：*Phys.Rev.*, 11, pp.316-315（1918）

■ 参考文献

● HPLC の入門書
［1］ 日本分析化学会関東支部編：高速液体クロマトグラフィーハンドブック改訂 2 版，丸善（2000）
［2］ 中村 洋監訳：HPLC 入門－基礎と演習－，廣川書店（1998）
［3］ 中村 洋監訳：クロマトグラフィー分離法 基礎と演習，廣川書店（2001）

● Q & A 方式の実務書（HPLC と LC/MS 関連）
［4］ 中村 洋監修：液クロ虎の巻 HPLC Q & A, 筑波出版会（2001）
［5］ 中村 洋監修：液クロ龍の巻 HPLC Q & A, 筑波出版会（2002）
［6］ 中村 洋監修：液クロ彪の巻 HPLC Q & A, 筑波出版会（2003）
［7］ 中村 洋監修：液クロ犬の巻 HPLC Q & A, 筑波出版会（2004）
［8］ 中村 洋監修：液クロ武の巻 HPLC Q & A, 筑波出版会（2005）
［9］ 中村 洋監修：液クロ文の巻 HPLC Q & A, 筑波出版会（2006）
［10］ 中村 洋監修：液クロを上手に使うコツ　誰も教えてくれないノウハウ，丸善（2004）
［11］ 中村 洋監修：ちょっと詳しい液クロのコツ　前処理編，丸善（2006）
［12］ 中村 洋監修：ちょっと詳しい液クロのコツ　検出編，丸善（2006）
［13］ 中村 洋監修：ちょっと詳しい液クロのコツ　分離編，丸善（2007）
［14］ 中村 洋企画・監修：液クロ実験 How to マニュアル，みみずく舎（2007）
［15］ 中村 洋企画・監修：動物も扱える　液クロ実験 How to マニュアル，みみずく舎（2011）

● 分析士試験解説書
［16］ 中村 洋監修：第 1 回 LC 分析士初段試験解説書，みみずく舎（2011）
［17］ 中村 洋監修：第 1 回 LC 分析士二段試験解説書，日本分析化学会（2013）
［18］ 中村 洋監修：第 1 回 LC/MS 分析士初段試験解説書，日本分析化学会（2013）
［19］ 中村 洋監修：第 2 回 LC 分析士初段試験解説書，日本分析化学会（2014）

● 関連の JIS, 用語集
［20］ 分析化学用語（クロマトグラフィー部門）JIS K 0214：2006（日本規格協会）
［21］ 高速液体クロマトグラフィー通則　JIS K 0124：2011（日本規格協会）
［22］ 高速液体クロマトグラフィー質量分析通則　JIS K 0136：2004（日本規格協会）
［23］ イオンクロマトグラフィー通則　JIS K 0127：2013（日本規格協会）
［24］ 日本質量分析学会用語委員会，マススペクトロメトリー関係用語集，国際文献印刷社（2009）

LC/MS, LC/MS/MS용
용매 · 시약 · 기구

2.1 — 물

➤ 2.1.1 LC/MS, LC/MS/MS용 물 제조법

[1] LC/MS용 물에 요구되는 요건

LC/MS용 물은 용매인 물 속의 불순물이 고감도인 LC나 LC/MS 분석의 결과에 영향을 주는 요인이 될 수 있으므로 고순도이어야 한다. 그러므로 LC/MS용 물에는 불순물이 가장 적은 초순수가 필요하다.

불순물에는 크게 무기물, 유기물, 미립자, 미생물의 4종류가 있으며, 초순수는 원료가 되는 수돗물이나 우물물로부터 이들 불순물을 극한까지 정제 제거한 물을 말한다. 그렇지만 이 4종류의 불순물은 각각 성질이 달라 하나의 방법에 의해 완전하게 제거하는 것은 곤란하기 때문에 여러 가지 요소 기술을 조합해야 한다. 또 LC/MS는 극미량의 유기물을 검출할 수 있기 때문에 이동상 중에 불순물로서 유기물이 많이 포함되는 경우 분석종에 따라서는 검출 감도의 저하로 연결되는 일도 있다. 그 때문에 LC/MS용 초순수에 요구되는 요건은 장기간 안정된 유기물 농도의 저감이다. 또한 물 속에 무기 이온이 많이 포함되는 순수를 이동상으로 이용했을 경우에는 질량분석에 있어서의 영향이 염려되기 때문에 제거하지 않으면 안 되지만 비저항 값 $18.2\text{M}\Omega\cdot\text{cm}$의 초순수라면 특별히 문제가 될 것은 없다.

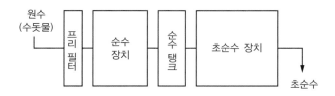

〈그림 2.1〉 일반적인 순수·초순수 제조 장치의 조합

초순수는 일반적으로는 〈그림 2.1〉과 같이 순수 장치와 초순수 장치를 접속하는 것으로서 수돗물로부터 정제되지만 안정된 초순수 수질을 확보하기 위해서는 순수의 수질이 중요하다고 알려져 있다. 순수 제조, 초순수 제조의 요소 기술과 함께 그것들을 조합한 순수·초순수 제조 방법에 대해 살펴본다.

[2] 순수 제조의 요소 기술

순수를 제조하는 요소 기술로서는 (a) 전처리 필터 (b) 역삼투(RO) (c) 이온교환 (d) EDI (연속 이온교환) (e) 살균용 자외선 (f) 증류가 일반적으로 사용된다. 그리고 이들 기술을 개별적으로 혹은 조합해서 순수를 제조한다.

(a) 전처리 필터(프리 필터)

순수 제조 장치의 전처리 필터는 주로 물 속의 큰 입자, 염소를 제거해 다음 단계의 역삼투막 등을 막힘이나 열화로부터 보호하기 위해서 사용된다. 큰 입자를 제거하기 위한 수십~0.5μm의 거친 여과 필터, 물 속의 염소를 제거하기 위한 활성탄 필터 혹은 이 2종류를 조합한 것이 주로 사용된다. 순수 장치 본체에 직접 달려 있는 경우가 많다.

(b) 역삼투(reverse osmosis; RO)

반투막은 물분자를 투과하지만 용질은 통과하기 어려운 성질을 가진다. 삼투 현상이란 염 농도가 다른 2개의 용액(예를 들면 해수와 순수) 사이에 반투막을 두면 희박용액 측의 물이 농후용액 측으로 이동하는 현상으로, 물이 이동하는 힘과 액면의 압력 차이가 평형을 이룰 때의 압력을 삼투압이라고 부른다. 반대로 삼투압보다 높은 압력을 농후용액 측에 걸면 물분자는 막을 통하여 희박용액으로 이동하는 것이 역삼투이며, 이때 사용되는 막이 역삼투막이다(그림 2.2). 4종류의 불순물을 각각 95% 이상 제거할

〈그림 2.2〉 삼투 현상과 역삼투 현상의 원리 모델

수 있는 효과적인 순수 제조 기술이다. 이 역삼투의 원리를 이용해 수돗물에 압력을 가해 제조한 물이 역삼투수이다. 역삼투는 주로 순수 정제의 초기 단계에 이용되지만 순도는 도전율이 20~2μS/cm 정도로 원수의 수질, 막의 열화에 따라 수질이 변동하기 때문에 개별로 사용되는 것은 적고 이온교환 혹은 EDI와의 조합으로 순수를 정제하는 것이 많다.

(c) 이온교환(deionization, DI)

이온교환은 이온교환수지에 의해 물 속의 이온을 제거하는 기술이다. 수지에 이온성 관능기를 붙인 것으로 크게 나누면 술폰산 등을 가진 양이온교환수지와 4급 암모늄 이온 등을 가진 음이온교환수지가 있다. 각각 물 속의 양이온, 음이온을 흡착 제거한다(그림 2.3). 이와 같은 과정을 거쳐 이온이 제거된 물은 이온교환수, 탈이온수 등으로 부른다. 이온교환수지는 효과적으로 물 속의 무기 이온을 제거할 수 있지만 흡착 용량에는 한계가 있어 서서히 제거 능력이 저하된다. 또한 이온교환수지는 산·알칼리에 의해 재생 처리할 수가 있다.

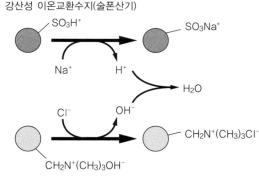

강산성 이온교환수지(술폰산기)

강염기 음이온교환수지(제4급 암모늄 이온)

〈그림 2.3〉 이온교환수지 모델

(d) EDI(electro deionization)

EDI는 연속이온교환, 전기이온교환이라고도 불리며 이온교환수지가 뛰어난 이온 제거 성능에 더해 장기간 사용하더라도 제거 성능이 저하하지 않는(수질이 저하하지 않는) 획기적인 기술이다. EDI는 이온교환수지, 이온교환막, 전극으로 구성되고 통상

RO막의 후단에 배치해 RO 수에 EDI 모듈 내에서 전압을 거는 것으로 물 속의 이온이 이동해 선택적으로 이온이 제거되는 희석층과 이온이 농축되는 농축층이 만들어진다. 이 희석층의 물을 순수로 사용한다(그림 2.4).

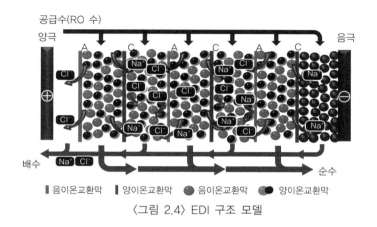

〈그림 2.4〉 EDI 구조 모델

이온교환수지가 포화하지 않고 연속해서 높은 수질의 순수를 정제할 수 있는 점과 증류식에 비해 에너지가 절약되는 점 때문에 분석실·실험실에서의 순수 제조 장치는 RO+EDI 방식이 주로 사용된다. 정제 시의 순도는 비저항 값(무기이온의 지표)은 3~15MΩ·cm로 높아 안정되어 있다.

(e) 살균용 자외선(ultraviolet. 254 nm UV)

순수는 염소가 제거되어 있기 때문에 미생물이 혼입하면 증식할 가능성이 있다. 미생물은 그 자체가 유기물이며 그 대사물, 구성물을 포함해 LC/MS 분석에의 영향이 고려된다. 그러므로 미생물을 정제 시에 혼입시키지 않고, 저수 시에도 증식시키지 않는 것이 중요하다. 254nm UV를 조사하면 미생물의 DNA에 손상을 주어 증식을 억제하는 효과가 있다(그림 2.5). 순수한 정제 단계와 탱크 저수 후의 순수에도 UV를 조사하는 것으로 후단의 초순수 장치에의 부하도 줄일 수 있어 보다 낮은 유기물 농도의 초순수 정제가 가능해진다.

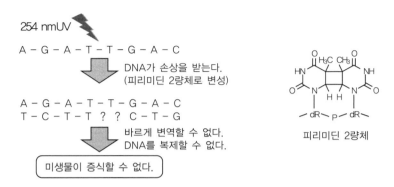

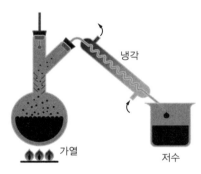

피리미딘 2량체

〈그림 2.5〉 254nm UV에 의한 미생물의 불활화 모델

(f) 증류(distillated water; DW)

물과 불순물의 끓는점(비등점)의 차이를 이용해 용해한 불순물의 분리를 실시하는 기술로 처리된 물을 증류수라고 부른다. 원수를 가열해 증발(기체에 상변화)시켜 냉각관 등에 의해 한층 더 수증기를 응집(액체로 상변화)시키는 것으로 증류수를 얻을 수 있다(그림 2.6). 앞에 설명한 4종류의 불순물을 효과적으로 제거하는 것이 가능하다. 다만, 물보다 끓는점이 낮은 성분(포름알데히드 등)은 분리가 곤란하다.

〈그림 2.6〉 증류기 원리 모델

[3] 초순수 제조의 요소 기술

초순수를 만들기 위한 원료는 순수이다. 주된 초순수 제조 기술로 (a) 초순수 제조용 이온교환, (b) 초순수 제조용 활성탄, (c) 유기물 산화 분해용 자외선, (d) 최종 필터에 대해 살펴본다.

(a) 초순수 정제용 이온교환

순수 중 약간 잔존하고 있는 무기 이온을 서브 ppt 레벨까지 제거한다.

앞에서 설명한 이온교환과 원리는 같지만 초순수 정제용의 이온교환수지는 수지 자체로부터 용출이 적을 것. 교환 용량이 클 것, 입자지름이 균일할 것, 신품(재이용하고 있지 않다)일 것이 필요하다. 통상 초순수 장치에 사용되는 이온교환수지는 양이온교환수지, 음이온교환수지와 다음에 설명하는 활성탄을 혼합한 타입이며 이것에 의해 효과적으로 물 속의 무기물, 유기물이 제거된다.

(b) 초순수 정제용 활성탄(activated carbon; AC)

초순수 정제에서 유기물의 흡착 제거 목적으로 이용한다. 활성탄은 다공성의 탄소질 흡착제이다. 소수성으로 내부까지 미세한 구멍이 무수하게 존재하고 있다(그림 2.7).

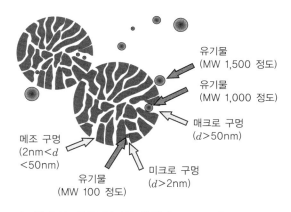

〈그림 2.7〉 인공 입지상 활성탄 구조 모델

1g으로 수백 m²의 표면적을 차지하여 분자량 1,000 이하의 물질은 내부의 세공에 들어가 흡착되기 때문에 높은 유기물 제거 성능을 가진다.

그러나 분자량이 큰 유기물은 표면 부근에 흡착되어 세공을 막아버리므로 활성탄의 제거 성능 저하를 초래한다. 그 때문에 효과적으로 흡착시키기 위해서는 자외선 조사 등 적절한 전처리가 필요하다.

(c) 유기물 산화 분해용 자외선(ultraviolet; 185nm UV)

단파장 185nm UV는 유기물을 산화 분해함으로써 TOC를 저하시킬 수 있다. 유기물은 자외선이 가지는 에너지와 부차적으로 발생하는 래디컬과의 반응에 의해 중탄산이온 또는 저분자량의 유기산까지 단계적으로 산화 분해된다(그림 2.8). 분해물은 최후에 이온교환수지와 활성탄을 배치해 제거한다.

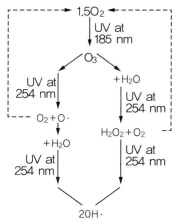

발생한 히드록시 라디컬에 의한
유기물의 산화 분해 반응

$CH_3OH + 2OH \cdot \Rightarrow HCHO + 2H_2O$

$HCHO + 2OH \cdot \Rightarrow HCOOH + H_2O$

$HCOOH + 2OH \cdot \Rightarrow CO_{2(aq)} + 2H_2O$

$CO_2 + H_2O \Rightarrow H_2CO_3 \Rightarrow HCO_3^- + H^+$

〈그림 2.8〉 히드록시 라디컬 발생 기구와 유기물 산화 분해 예

(d) 최종 필터

초순수 장치의 최종 단계에 사용하는 필터로 ① 멤브레인 필터(membrane filter), ② C18 역상 실리카 필터, ③ 고순도 활성탄 필터, ④ 한외 여과 필터 등이 있어 분석에 영향을 주는 요소를 제거한다. 또 환경으로부터 초순수 제조 장치 내부에의 오염을 막는 필터로서의 역할도 한다. 각각의 특징은 다음과 같다.

① 멤브레인 필터는 초순수 중의 입자나 미생물을 제거할 목적으로 사용한다. HPLC용의 이동상이나 샘플은 칼럼의 막힘 등에 의한 성능 저하를 억제하기 위해 0.45 μm 또는 0.22μm의 멤브레인 필터로 여과한다. 초순수도 이와 같이 멤브레인 필터로 여과하는 것으로 입자를 제거해 HPLC에 적절한 물이 된다. 이 때 사용하는 멤브레인 필터는 막 표면 근처에서 구멍 지름 이상의 입자는 100% 포착하므로 스크린 필터, 절대 여과막이라고도 하며 초순수 장치에서는 통상 0.22μm의 PES(polyether sulfone)막, PVDF(polyvinylidene difluoride)막 등의 필터를 사용한다(그림 2. 9).

② C18 역상 실리카 필터는 ODS 칼럼을 사용한 HPLC 분석에 특화된 필터이다. 초순수 제조 시에 ODS 칼럼에 흡착할 수 있는 불순물을 제거해 백그라운드가 낮은 초순수를 얻을 수 있다.

③ 고순도 활성탄 필터는 저분자량의 유기 화합물을 흡착 제거한다. 프탈산에스테르

류 등 환경 호르몬 등의 제거에 사용한다.

④ 한외 여과 필터는 단백질, 특히 엔도톡신, 파이로
  젠, DNase, RNase 등 생리 활성 물질을 제거하는
  목적으로 사용된다.

통상은 ①의 멤브레인 필터를 이용하는 경우가 많지만
②~④로 제거할 수 있는 요소가 측정에 영향이 있다고
생각되는 경우 이러한 필터를 사용하는 것도 유효하다.

각각 사용할 때는 필터 내의 데드볼륨에 쌓여 있는 물
을 배출하기 위해 첫 흐름을 충분히 배수하고 나서 사용

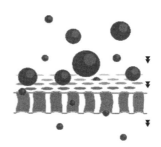

〈그림 2.9〉 스크린 필터
모식도

해야 한다. 이렇게 함으로써 본래의 초순수 수질에 더해 측정에 영향을 주는 인자를
제거한 LC/MS용의 물을 사용할 수 있다.

[4] 최적의 초순수를 정제하기 위한 조합

앞에서 설명한 정제 기술을 적절히 조합하는 것으로 LC/MS, LC/MS/MS에 최적인
초순수를 얻을 수 있다. 〈그림 2.10〉에 최적의 조합 예를 나타내었다. 덧붙여 이것들은
시판의 초순수 제조 장치로 실용화되고 있는 플로우이기도 하다. 안정된 분석결과에

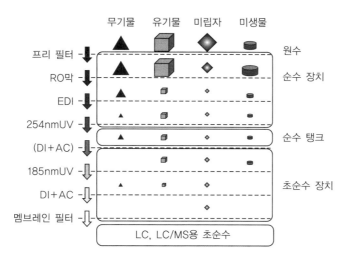

〈그림 2.10〉 순수·초순수 정제 요소의 조합 예와 불순물 제거

필요한 요소는 순수, 초순수 모두 수질의 변동이 적은 것이다

[5] LC/MS용 물의 수질 관리

초순수의 수질은 비저항계(무기 이온), TOC계(유기물 농도)에 의해 측정할 수가 있다. 이것에 의해 불순물 농도가 낮은 것을 확인하고 특히 TOC는 5ppb 이하가 권장된다. 또 미립자·미생물에 대해서는 최종 정제 단계의 멤브레인 필터가 장착되어 있는 것으로 제거되고 있는 것을 확인할 수 있다. 다만 초순수는 환경으로부터 오염되기 쉽기 때문에 채수 후의 취급 방법도 주의하는 것이 LC/MS, LC/MS/MS에 있어서 고정밀도로 안정된 결과를 얻기 위해 중요하다.

➡ 2.1.2 LC/MS, LC/MS/MS용 물 사용법

[1] 개요

분석에 있어 '물'은 가장 많이 사용되는 시약이며 용매이다. LC/MS에서의 미량 유기물 분석에는 분석용 물로서 매우 고순도의 초순수가 필요하다.

분석용 물로서 사용되는 이른바 '순수' 혹은 '정제수'라고 불리는 것도 그 수질에는 매우 큰 격차가 있다(표 2.1).

〈표 2. 1〉 여러 가지 물의 잔존 유기물 비교 예

수질 구분/수질 기준	명칭	총 유기물(TOC) 농도 (mgC/L)
공급수·원료수	수돗물/공업용수	1~3
순수	증류수 이온교환(IE)수 역삼투(RO)막 처리수 RNase 프리 물	0.05~0.3 0.01~0.5 0.02~0.3 0.05~100
초순수	초순수 (RO + IE + 활성탄) 초순수 (RO + IE + 활성탄 + 자외선 조사)	0.01~0.05 0.001~0.01
수돗물 수질 기준 용수·폐수 시험에 이용하는 물 JIS K 0557	음료수/수돗물 A4 그레이드 물(미량의 시험에 이용되는 물)	<3 <0.05

 LC/MS 분석용 혹은 미량 유기물 분석용의 초순수 중에 잔존하는 유기물 농도는 TOC 1ppb 정도까지 저감되고 있다. 이 초순수를 이용하는 것으로 GC/MS에 의한 미량의 VOC 분석이나 LC/MS에 의한 PFCs 분석 등에 특히 전처리를 하는 일 없이 그대로 블랭크수로서 이용할 수가 있게 되었다.

 이와 같이 초순수 장치의 고성능화와 보급 그리고 시약으로서 공급되는 '분석용 물'의 고순도화에 의해 극미량 분석에 요구되는 초순수는 용이하게 얻을 수 있게 되었다. 그러나 초순수의 수질을 유지한 채로 분석에 제공하는 것은 용이한 것은 아니고 그 수질 관리 방법, 사용 방법에서 문제가 많은 것은 이전부터 가끔 지적되고 있다.

 특히 초순수 장치를 이용했을 경우의 주된 수질 저하 요인에는 채수 후의 시간 경과 열화, 채수 시의 부적절한 조작에 의한 오염, 채수 조작을 엄밀하게 규정하지 않았기 때문에 생긴 오염, 장치 그 자체의 설계에 기인한 오염 그리고 장치 관리가 불충분하여 성능이 저하되는 예 등도 보고되고 있다.

 또 최고의 수질을 유지하고 있는 물을 사용하기 위해서는 채수하고 있는 초순수의 수질을 적절히 모니터링하는 것이 중요하다. 초순수의 모니터링은 원래 반도체 제조 분야에 있어 개발되었으며 비저항 값을 이용해 이온을 측정함으로써 실시했다. 현재 비저항 값을 「순도」라고 부르는 것도 거기에서 기인한다. 그 후 HPLC 등 유기물 분석 용도에도 확대되어 1990년대 이후는 실험실용 초순수 장치에도 TOC 모니터링이 채용되고 있다. 최근에는 보다 적절한 수질 관리를 목적으로 리얼 타임 모니터링을 채용하는 경향이 있다.

 여기서는 LC/MS에서의 극미량 유기물 분석에 이용되는 초순수의 적절한 수질 관리 방법과 사용 방법의 유의점을 제시한다.

[2] LC/MS에 적절한 분석용 물의 규격

 'JIS K 0557 용수·폐수의 시험에 이용하는 물'에 대해 미량분석을 실시할 때 이용해야 할 물의 수질로서 A4 그레이드를 추천하고 있다. 거기에서 TOC는 $50\mu gC/L$ (50 ppb) 미만인 것으로 하고 있다(표 2.2).

 그러나 LC/MS 등으로 고감도의 미량 유기물 분석을 실시한다면 A4를 채우고 있는 것으로는 불충분하다. 블랭크 혹은 샘플 조제용 물로서 이용한 경우 분석에 영향을 주지 않는 수질인지 미리 시험해 둘 필요가 있다. 〈표 2.1〉에도 있듯이 초순수 장치도 기종의 차이에 따라 수질이 다른 것에 유의해야 한다.

또 사용 시에 잔존 유기물이 확실히 제거되고 있는지 항상 확인해야 한다. 그 때문에 현재는 거의 모든 미량 유기물 분석용 초순수 장치에 TOC 모니터가 장착되고 있다. 또 시판되고 있는 LC/MS용 초순수도 TOC 값을 제품 사양의 하나로 하고 있다.

〈표 2.2〉 JISK 0557-1998 용수·폐수 시험에 이용하는 물

항목	종별·수질			
	A1	A2	A3	A4
비저항 [mS/m](at 25℃)	<0.5	<0.1	<0.1	<0.1
TOC [mgC/L]	<1	<0.5	<0.2	<0.05
Zn [μg/L]	<0.5	<0.5	<0.1	<0.1
SiO_2 [μg/L]	—	<50	<5.0	<2.5
Cl^- [μg/L]	<10	<2	<1	<1
SO_4^{2-} [μg/L]	<10	<2	<1	<1

[3] 초순수 장치로부터 채수하는 경우의 주의점

초순수 장치는 자칫하면 초순수의 오염원이 될 수 있다. 장치의 배관 등 접액부는 초순수에 노출되기 때문에 용출에 의한 오염이 생긴다. 또 채수구의 카트리지 장착에 의해 오히려 수질이 저하되거나 수질계의 표시와 실제의 채수 수질이 달라질 우려가 있다.

미량 유기물 분석용 물에서 빠뜨릴 수 없는 TOC 모니터링도 방식에 따라서는 수질계의 표시와 실제의 채수 수질이 달라질 수도 있다.

이러한 문제는 초순수 장치를 사용함에 있어 표면화하지 않고 간과하는 경우가 많기 때문에 주의가 필요하다[1].

[4] 초순수 사용 시의 오염

초순수는 헝그리 워터라고 할 정도로 물질을 매우 잘 용해한다. 이것은 초순수가 매우 오염되기 쉽다는 것을 의미한다. 그 때문에 미량 분석에 문제가 생겼을 때에는 물의 오염이 요인이 되는 경우도 많아 결과적으로 초순수 장치의 이상을 의심하는 일도 많

다. 그러나 실제로 초순수 장치 그 자체가 문제인 사례는 적다.

실제 초순수의 오염은 환경으로부터의 요인이 대부분이다. 주된 요인으로 실내 환경, 사용하는 용기, 실험자로부터의 오염을 들 수 있다. 이 중에는 적절한 실험 조작에 의해 방지할 수 있는 것도 있다.

실제 사용 방법에서 문제가 많은 것은 이전부터 지적되고 있다. 사용 시 여러 가지 오염 요인과 그 대처에 대해서는 도리야마(鳥山), 구로키(黑木)에 의해 총설로서 보고되고 있다.[2, 3] 아래에 사례를 들었다.

(a) 초순수의 보관에 의한 수질 변화

초순수 장치로부터 채수한 직후의 초순수와 유리용기에 채워 공기에 접촉하지 않고 1주간 밀봉 보관하고 있던 초순수 및 용기에 받아 3일간 그대로 둔 초순수 3개의 수질 비교를 LC/MS 분석으로 시도했다

TIC를 〈그림 2.11〉에 나타내었다. 백그라운드가 높은 편부터 순서대로 3일간 개방 용기 내에 있던 초순수, 8일 간 밀봉 유리용기 내에 있던 초순수 그리고 가장 낮은 수치가 채수 직후의 초순수이다. 공기에 접촉하지 않고 밀봉한 경우는 8일간으로 장시간

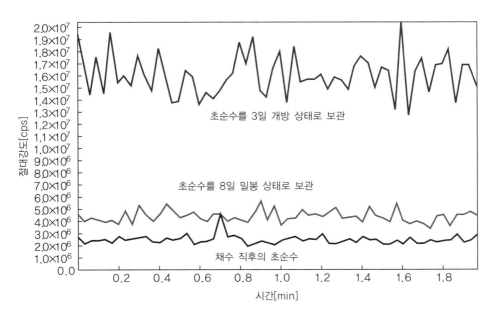

〈그림 2.11〉 초순수의 보관 기간에 따른 수질 변화

보관이었지만 백그라운드의 상승은 최소한으로 억제되고 있다. 이로써 분위기로부터의 오염이 큰 것을 추측할 수 있다.

초순수는 가능한 한 사용 직전에 채수함이 바람직하지만 외부에서의 분석을 위해 용기에 보관할 필요가 있는 경우 등은 유기물 분석용으로 이용하는 초순수이면 유리용기를 이용해 공기에 접촉하지 않게 용기를 물로 채워 밀봉 보관함으로써 오염을 최소한으로 억제하는 것이 가능하다. 물론 액체와 접하는 뚜껑으로부터의 오염에도 주의가 필요하다.

또 이 현상에 대해서는 용기의 세정 방법으로 「J1S K 0551 초순수의 TOC 시험 방법」에도 반영되고 있어 세정 후의 오염을 막기 위해 초순수의 밀봉 보관이 추천되고 있다. 미량의 유기물 분석용 용기는 최종 린스 후에 건조 보관하는 것이 아니라 초순수를 채운 후에 밀봉 보관, 사용 직전에 재차 초순수로 린스함으로써 적절한 청정도를 유지할 수 있다고 보고 있다.

(b) 용기로부터의 오염

초순수를 장치로부터 채수하는 경우에도, 분석 장치에 시료를 도입하는 경우에도 용기가 필요하다. 앞에서도 말한 것처럼 초순수는 용해력이 매우 높기 때문에 용기에 부착한 오염뿐 만 아니라 용기 그 자체를 녹여 낸다. 그 때문에 용기의 선정과 용기의 세정이 중요하다 예를 들면, 유기물 분석의 경우라면 유리용기가 최적이고 이온 분석의 경우라면 폴리프로필렌 용기 혹은 폴리에틸렌 용기가 좋다는 보고도 있다.[3] 분석기기 메이커에 따라서는 전용 용기를 추천하고 있다. LC/MS 전용 바이얼에서의 비교를 통해 분명하게 백그라운드에 차이가 있음을 알 수 있다

(c) 세정병으로부터의 오염

세정병은 실험이나 세정에 널리 이용되고 있지만 그 사용 방법이나 관리가 충분히 이루어지고 있다고는 말할 수 없다. 어느 조사에 의하면 2005년에 주로 환경분석에 HPLC를 이용하는 분석자에게 설문조사를 실시한 결과에서는 약 10%밖에 사용 전에 세정병의 물을 갈아주지 않고 게다가 10% 정도만이 매일 세정병의 물을 교환하고 있다고 회답했다. 즉, 80%의 분석자는 신선한 초순수를 이용하지 않는다는 결과였다. 거기서 일반적인 사용 예로 예상할 수 있는 2일 간 실험실에서 평상시대로 사용한 세정병의 초순수와 2일간 유리병에 봉입한 초순수를 LC/MS로 비교했다. 분석 대상으로 프탈산에스테르류를 선정했다. 〈그림 2.12〉에 얻어진 TIC를 나타내었다. 첫번째가 유리병에

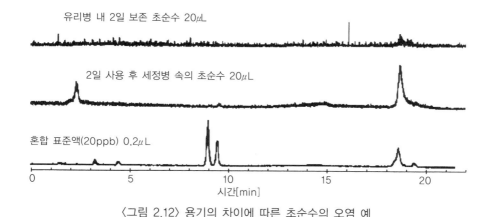

유리병 내 2일 보존 초순수 20μL

2일 사용 후 세정병 속의 초순수 20μL

혼합 표준액(20ppb) 0.2μL

시간[min]

〈그림 2.12〉 용기의 차이에 따른 초순수의 오염 예

초순수를 2일 보관한 물. 두 번째가 초순수를 넣고 2일간 사용한 세정병 속의 물, 맨 아래는 프탈산에스테르 6종의 혼합 표준액을 인젝션한 것이다. 세정병 속의 초순수로 부터는 분명하게 ppb 레벨의 디-n-옥틸프탈레이트가 검출되었다.

보통의 경우라면 그대로 이용해도 문제가 되지 않는 분석이나 실험도 있을 것이다. 그러나 미량분석을 실시하는 경우 직전에 세정병의 초순수를 바꿔 넣어 가능한 한 신선한 초순수를 사용하는 것으로 분석용 물의 오염 요인을 하나 줄일 수 있다. 이것은 구입해서 이용하는 생수의 사용에 대해 개봉 후의 보관이나 재사용에 대해서도 똑같이 해당되는 문제이다.

개봉한 분석용 물의 재사용은 분석의 정밀도에 큰 영향을 준다는 것에 유의해야 한다. 시판하는 생수는 200mL 이하의 저용량 타입도 판매되고 있으므로 개봉 후는 그때 그때 다 사용한다는 것에 유의해 재사용은 가능한 한 피하는 것이좋다

(d) 용기 세정의 영향

또 "용기의 세정도 오염을 좌우한다"라는 보고가 있다. 〈그림 2.13〉은 세정 후 깨끗한 환경에서 건조 보관하고 있던 유리제 삼각 플라스크를 이용해 LC/MS 분석을 실시했을 때 그 플라스크의 세정을 실시했을 경우와 실시하지 않았던 경우의 비교이다. A는 세정을 하지 않고 그대로 이동상에 이용하는 아세토니트릴을 채취해 분석에 이용하고, B는 이동상에 이용하는 아세토니트릴로 3회 씻은 후에 채취해 분석에 이용했다. 그 결과 용매 세정의 유무로 LC/MS의 백그라운드에 큰 차이가 있음을 알 수 있다.[4]

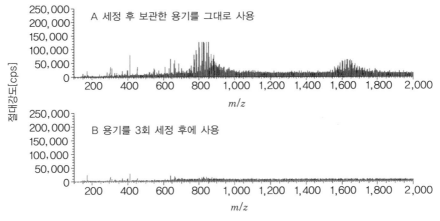

〈그림 2.13〉 삼각 플라스크 세정의 유무에 따른 오염의 비교[4]

앞에서 설명한 「JIS K 0551 초순수 속의 유기체 탄소(TOC) 시험방법」의 세정법을 채용하는 것도 유효한 선택 사항이 될 것이다. JIS 시험방법에는 시료용기의 세정 항목을 마련해 규정하고 있다. 질산 및 초순수에 의한 여러 차례의 세정을 실시하고 있지만 세정 후 용기 내에 초순수를 봉입해 16시간 방치 후 폐기하고, 그 후에 초순수를 밀봉해 보관하는 것으로 하고 있다. 환경으로부터의 오염을 피하는 유효한 수단이다. 사용 시에는 당연히 초순수로 린스와 세정이 필요하다.

(e) 초순수 장치의 채수구에 튜브를 장착했을 경우의 오염

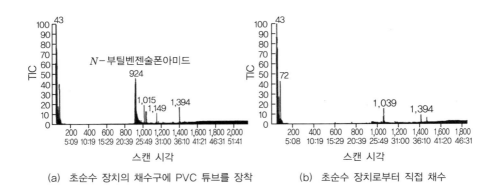

(a) 초순수 장치의 채수구에 PVC 튜브를 장착   (b) 초순수 장치로부터 직접 채수

〈그림 2.14〉 초순수의 채수구에 PVC 튜브를 장착한 경우의 수질 비교

초순수 장치로부터의 채수가 불편한 경우에 채수구에 튜브를 장착하면 사용하기 편하다고 하는 경우가 있다. 접액시간은 그저 몇 초이며, 수질 열화를 부른다고 생각하기 어려운 것인지도 모른다. 여기서 실제로 초순수 장치로부터 직접 채수했을 경우와 50cm의 폴리비닐제의 튜브를 장착했을 경우의 두 가지로 수질 비교를 GC/MS에서 시도했다. 튜브 미장착의 경우에는 특별히 눈에 띄는 피크는 검출되지 않았지만 튜브를 장착했을 경우는 가소제인 N-부틸벤젠술폰아미드가 검출되었다(그림 2.14). 미량의 유기물 분석에 이용하는 경우 튜브의 장착은 피해야 한다.

[5] 정리

LC/MS, LC/MS/MS 분석용 물의 선택에는 미량의 유기물 분석용으로 최적화된 초순수 장치 혹은 목적으로 하는 분석에 최적인 그레이드의 초순수를 선택·구입하여 사용해야 한다. 또 항상 목적으로 하는 분석에 적절한 수질의 초순수인 것을 파악해 사용할 필요가 있다. 아울러 용기의 관리, 채수 방법, 사용 방법이 분석 정밀도에 큰 영향을 미치고 있다는 것에 유의해야 한다.

오염 요인은 분석의 조작에 많은 영향을 주고 있어 관리, 주의를 게을리한다면 분석의 정밀도에 큰 영향을 줄 수 있다는 것을 충분히 유의할 필요가 있다.

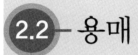

2.2 ─ 용매

➡ 2.2.1 LC/MS에 사용되는 용매

용매에는 특별히 제한하는 건 없고 HPLC와 같은 것이 사용된다. 주된 것으로 메탄올이나 에탄올 등의 알코올, 아세토니트릴, 아세톤, 클로로포름, 테트라히드로퓨란(tetrahydrofuran; THF) 등이 있다. 다만 분석종을 이온화해 검출하는 LC/MS에 있어서는 프로톤 이동을 일으키기 어려운 유기 용매는 부적합하다고 할 수 있다. 이러한 용매로는 헥산, 디클로로메탄, 클로로포름, 벤젠, 톨루엔, THF 등을 들 수 있다. 이것들은 프로톤 이동에 관여할 뿐만 아니라 혼화할 수 있는 다른 유기 용매를 포스트 칼럼으로 첨가하는 것으로 LC/MS에서 사용할 수 있다. 이때 첨가하는 유기 용매에 시료 성분이 용해하기 어려우면 시료 성분이 석출하는 경우가 있으므로 주의해야 한다.

역상 분배 크로마토그래피에 사용했을 경우 각 유기 용매의 특징은 다음과 같다.[5]

① 아세토니트릴 : 가장 잘 이용되고 있는 유기 용매. 점도가 낮고, 칼럼 압력이 메탄올과 비교해 낮다. 또 메탄올보다 용출력이 약간 강하다. 정이온 ESI 측정에 이용할 경우 $[M+NH_4]^+$ 이온을 생성하기 쉽다는 것이 경험적으로 알려져 있다.

② 메탄올 : 아세토니트릴과 대등하게 많이 이용되고 있는 용매. 분리 거동이 아세토니트릴과 다르기 때문에 시료에 따라 나누어 사용할 수 있다. 칼럼 압력이 아세토니트릴과 비교해 높다. 음이온 측정에 적절하다.

③ 에탄올 : 아세토니트릴보다 용출력이 강하지만 칼럼 압력이 매우 높아진다.

④ 아세톤 : 용출력이 강하고 물과도 임의의 비율로 혼화한다. 소수성이 높은 화합물의 역상 분배 크로마토그래피 분석에 이용된다.

⑤ 클로로포름 : 물에 거의 녹지 않는다. 용출력이 강하고 아세토니트릴 100%의 계에서도 옥타데실시릴(octadecylsilyl, ODS) 칼럼에 흡착하는 것 같은 소수성이 높은 화합물의 분석에 이용한다. 음이온 측정에 이용하면 $[M+Cl]^-$ 이온이 관측되

기 쉽다.

⑥ THF : 아세톤과 같이 용출력이 강하다. 산소에 의해 산화되기 쉽기 때문에 안정
제가 첨가되어 있는 경우가 있으므로 확인해서 사용할 필요가 있다.

⑦ 기타 유기 용매 : 초산, 포름산이 ESI의 포지티브 모드에서 이온화를 보조할 목적
으로 첨가제로 사용한다. 트리플루오르초산(TFA)은 강산이기 때문에 이온화를
방해해 감도를 저하시키는 것이 많아 펩티드·단백질의 분석이나 피크 형상을 개
선하고 싶은 경우를 제외하고는 그다지 사용하지 않는다.

▶ 2.2.2 유기 용매의 그레이드 차이와 선택

시판되고 있는 시약(용매)에는 많은 등급이 존재한다. 예를 들면, 아세토니트릴의 경
우 시약 특급, 1급, 고속 액체 크로마토그래프용, 분취 크로마토그래프용, LC/MS용,
티우람 측정용, 알데히드 분석용, 환경 분석용, 분광 분석용, 일본 약국방 일반 시험법
용(액체 크로마토그래피용). PFOS(perfluorooctanesulfonic acid)·
PFOA(perfluorooctanoic acid) 분석용, 잔류농약·PCB(polychlorobiphenyl) 시험
용(5,000배 농축. 300배 농축). 유기 합성용, 핵산 합성용 등 다방면에 걸쳐 구입해 어
떠한 규격이 있는지 확인한 후 사용 목적에 맞는 것을 선택한다.

각 등급에는 어떠한 차이가 있는지 시약 특급과 고속 액체 크로마토그래프용,
LC/MS용의 규격 항목과 규격 값을 〈표 2.3〉에 나타내 비교하였다. 시약 특급의 경우
자외선(UV) 흡광도 측정, 형광 시험을 실시하지 않는다. HPLC에서는 UV 흡광 검출
기, 형광 검출기를 이용하는 것이 UV 흡광도, 형광 강도를 보증하고 있지 않는 그레이
드의 용매를 사용했을 경우 백그라운드가 안정되지 않고 측정이 곤란하거나 노이즈가
커져 감도가 저하하는 등의 원인이 되는 경우가 있다. 또 고속 액체 크로마토그래프용
그레이드에서는 과산화물의 함량을 보증하고 있어 시료가 분석 도중에 분해하는 것을
억제하도록 배려하고 있다.

LC/MS용 등급은 고속 액체 크로마토그래프용 규격에 더해 LC/MS 분석 적합성 시
험 및 입자를 측정을 하고 있다. LC/MS 분석 적합성 시험에서는 질량분석계를 이용해
분석할 때의 백그라운드 노이즈가 낮게 억제되고 있는 것을 시험에 의해 확인할 수 있
다. 또 입자를 측정에 의해 MS 검출에서 미립자가 막히는 현상을 일으키지 않게 체크
하고 있다. 그리고 LC/MS용 용매는 용기로부터의 오염을 최소한으로 하기 위해 특수

처리를 실시한 병을 사용하고 있다.

TIC로 검출하는 경우 용매에 의한 백그라운드의 영향을 적게 하기 위해 LC/MS용 등급의 사용이 추천된다. SIM이나 MS/MS로 검출하는 경우 백그라운드의 영향을 받기 어렵지만 질량분석계 장치 내의 오염을 고려하면 LC/MS용 용매의 사용이 적합하다.

〈표 2.3〉 아세토니트릴의 규격 비교

규격 항목	시약 특급	고속 액체 크로마토그래프용	LC/MS용
함량[%]	99.5 이상	99.8 이상	99.8 이상
밀도(20 ℃) [g/mL]	0.780~0.784	0.780~0.783	0.780~0.783
굴절률 n_D^{20}	1.343~1.346	1.343~1.346	1.343~1.346
수분 [%]	0.1 이하	0.05 이하	0.05 이하
불휘발물 [%]	0.005 이하	0.001 이하	0.001 이하
산(CH_3COOH로서) [%]	0.01 이하	0.001 이하	0.001 이하
암모늄(NH_4) [ppm]	–	0.3 이하	0.3 이하
과산화물(H_2O_2로서) [ppm]	–	5 이하	5 이하
시안화수소	적합	–	–
과망간산 환원 물질 [%]	적합	적합	적합
그레디언트 시험	–	적합	적합
파티클 (0.5μm 이상) [개/mL]	–	–	100 이하
흡광도 200 nm	–	0.05 이하	0.05 이하
210 nm	–	0.03 이하	0.03 이하
220 nm	–	0.02 이하	0.02 이하
230 nm	–	0.01 이하	0.01 이하
240 nm	–	0.005 이하	0.005 이하
형광 시험	–	적합	적합
LC/MS 분석 적합성 시험*)	–	–	적합

* 질량분석계에 의한 분석으로 백그라운드가 낮게 억제되는 것을 확인하는 시험. (출전) 와코(和光) 순약공업(주) 제품 규격서를 기초로 작성.

🔖 2.2.3 측정 시의 주의점

[1] 용기·기구

취급 시 용매가 오염되는 것으로 백그라운드의 노이즈가 커져 영향을 주는 일이 있으므로 주의가 필요하다. 오염은 용리액을 넣는 병, 사용하는 유리 기구, 유로계(流路系), 실험실 환경 등에 의해 발생되고 용기, 기구 등을 사용하는 용매로 세정함으로써 저감할 수 있다. 시료를 넣는 샘플병에 대해서도 같다. 특히 미량의 정량분석에서 분석 목적물이 흡착되어 영향을 받는 경우가 있다. 일반적으로 수용성 화합물에는 폴리프로필렌, 지용성 화합물의 경우에는 유리병을 사용함으로써 영향이 경감된다. 폐수병으로 금속용기를 사용했을 경우 산을 포함한 폐수의 영향으로 용기가 부식해 누설되는 경우가 있으므로 주의해야 한다. 용매를 많이 포함한 용매를 사용하는 경우 정전기에 의한 발화의 위험성이 있기 때문에 접지 등의 안전대책을 강구해야 한다.

[2] 안정제

용매에 따라서는 안정제가 첨가되어 있는 경우가 있다. THF에는 산화 방지제(2, 6-디-*tert*-부틸히드록시톨루엔; BHT), 클로로포름에는 에탄올 등의 알코올류나 아밀렌이 사용되고 있다. 안정제의 종류는 시약의 라벨에 기재되어 있으므로 이러한 용매를 사용하는 경우 안정제의 종류를 잘 파악해 분리·검출에 지장이 없는지 확인한 후에 사용한다. 안정제가 첨가되어 있지 않은 용매를 사용하는 경우 비활성 가스 분위기 속에서 개봉·보관해 신속하게 다 사용한다. 용매의 산화가 진행되면 백그라운드가 상승하거나 시료가 분해되는 원인이 되는 경우가 있다.

[3] 이온화 효율[6]

이온화에 ESI법을 사용하고 있는 경우 그레디언트 조건으로 이동상의 조성이 100% 유기 용매가 되었다. 잠시 후에 바탕선이 급격하게 저하하는 일이 있다. 이것은 프로톤이나 기타 부가 이온 형성에 필요한 이온의 공급원이 없어지기 때문에 목적 화합물의 이온화 효율이 저하되어 일어나는 것이다. 이 경우 100% 유기 용매로 분석하는 조건을 무시할 필요가 있다. 예를 들어 ODS 컬럼을 사용하고 있는 경우라면 옥틸(C8) 컬럼으로 변경한다. 용매를 극성이 높은 메탄올, 아세토니트릴로 변경하거나 혹은 포스트 컬럼으로 수계(水系)의 용매를 첨가하는 등의 방법을 이용할 수 있다.

[4] 산의 첨가[7]

ESI법의 포지티브 모드로 LC/MS 측정을 실시하는 경우 이온화를 보조할 목적으로 초산이나 포름산을 첨가한 용매가 자주 이용된다. 일반적으로는 보다 낮은 pH가 아니면 이온화되지 않는 화합물을 대상으로 하는 경우 포름산을 이용된다. 포름산을 이용하는 장점으로는 초산에 비해 약간 휘발성이 높고 초산보다 부가 이온이 잘 형성되지 않으며 이동상의 pH가 낮은 것이 잔존 실라놀의 해리가 억제된다는 것을 들 수 있다. 한편 단점으로는 포름산은 자극이 강하고 스테인리스강에 대한 부식성이 강해 pH가 낮아지면 고정상의 알킬 사슬의 가수분해가 일어나기 쉽기 때문에 칼럼 수명이 짧아지는 경향이 있다는 것을 들 수 있다. 모두 0.01~0.5 v/v %의 농도로 이용된다. 감도면에서 보다 낮은 것이 바람직하지만 어느 정도 이온 농도가 높은 것이 안정된 크로마토그램을 얻을 수 있다.

➡ 2.2.4 안전상의 주의점

LC/MS에서 사용되는 용매에는 아세토니트릴, 메탄올 등 독성이 있는 것이 적지 않다. 예를 들어 아세토니트릴은 피부, 눈 등을 자극해 염증을 일으키고 진한 증기를 흡입하면 구역질이나 구토, 호흡 장해를 일으킬 수 있다. 또 용매의 상당수는 인화성을 가지고 있어 이들 위험 유해성에 관한 지식이 없으면 뜻하지 않는 사고를 일으킬 가능성이 있다. 뿐만 아니라 보관 관리가 불충분해 도난·분실을 눈치채지 못하고 사건에 말려 들어가는 일도 생각할 수 있다. 이러한 사태를 미연에 방지하기 위해서라도 용매의 위험 유해성을 확인하고 충분히 이해한 후에 취급할 필요가 있다.

용매의 위험 유해성이나 취급 및 보관상의 주의, 폐기상의 주의점 등의 정보는 메이커가 제공하는 SDS(Safety Data Sheet, 안전 데이터 시트)로부터 얻을 수 있다.

2.3 시약

HPLC와 같이 LC/MS에 있어서도 시약의 특성을 제대로 이해하는 것은 분석을 성공으로 이끌기 위한 중요한 요소의 하나이다. 여기서는 시약에 대해 용도별로 살펴본다.

2.3.1 시약의 그레이드

시약에는 특급이나 1급, HPLC용 등 여러 가지 등급(grade)이 존재한다. 이것들은 시약 메이커 각 사가 주로 순도를 만들어 용도에 대응하는 제품 규격을 설정해 각각의 등급에 준거한 제조나 품질관리를 실시하고 있다. 그러므로 사용 목적에 맞추어 시약의 등급을 선택하는 것은 중요하다.

LC/MS에 사용하는 시약은 HPLC용 등급에서도 사용 가능하지만 보다 고감도의 분석을 실시하는 경우는 LC/MS용 등급의 것을 선택하는 것이 좋다. LC/MS용 등급은 HPLC용 등급의 검사 규격에 더해 LC/MS 분석에 적합하기 때문에 검사 규격도 구비해 품질이 관리되고 있기 때문이다. 또 범용적이지 않은 시약을 사용하는 경우는 LC/MS용 등급이나 HPLC용 등급의 규격이 설정되지 않은 것이 있다. 그러한 경우는 제품의 규격을 확인해 가능한 한 목적에 맞은 것을 선택해 사용한다.

2.3.2 완충액용 시약

용질이 산성 화합물 또는 알칼리성 화합물인 경우 이러한 머무름 시간은 이동상 pH의 영향을 크게 받는다. 여기서 재현성이 있는 데이터를 얻기 위해서는 이동상에 완충액을 이용해 적절한 pH로 조정하여 용질의 해리 상태를 일정하게 유지할 필요가 있다. 이동상으로 완충액을 이용할 때는 용질의 pK_a를 고려해 원하는 pH에 완충능력을 가지는 것을 선택한다.

이때 완충성분의 pK_a로부터 크게 벗어난 pH로 설정해 버리면 완충능력은 작용하지 않으므로 주의한다. 또 충분한 완충작용이 일어나도록 완충성분의 pK_a에 대해 ±1의 범위가 되도록 pH를 설정한다. 예를 들어 초산암모늄 완충액을 조제하는 경우 초산의 pK_a가 4.76이므로 pH는 3.76~5.76 사이가 되도록 설정한다.

　HPLC에서는 인산염 완충액이 주로 사용된다. 인산에는 3개의 pK_a 값이 있어 폭넓은 pH 영역에서 완충능을 가지며 UV 흡수를 하지 않기 때문이다. 인산염 완충액은 HPLC에 대해 범용적으로 잘 사용되는 완충액의 하나이지만 비휘발성이기 때문에 LC/MS에서는 사용할 수 없다. 그 이유는 비휘발성 완충액을 사용하면 이온화 과정에서 염이 석출되어 인터페이스를 오염시키기 때문이다. LC/MS에서 완충액을 사용하고 싶은 경우는 반드시 초산암모늄이나 포름산암모늄, 탄산수소암모늄 등의 휘발성 완충액을 사용한다. 휘발성 완충액의 pH와 조성 예의 관계 및 대표 예를 〈표 2.4〉에 정리했다.

〈표 2.4〉 휘발성 완충액의 pH와 조성의 관계 및 대표 예[8]

(a) pH와 조성의 관계

pH 범위	완충액의 조성
2 부근	초산-포름산
2.3~3.5	피리딘-포름산
3.5~6.0	트리메틸아민*-포름산 또는 초산
5.5~7.0	코리딘-초산
7.0~12.0	트리메틸아민*-이산화탄소
6.0~10.0	암모니아-포름산 또는 초산
6.5~11.0	모노(또는 트리)에탄올아민-염산
8.0~9.5	탄산암모늄-암모니아

(b) 대표 예

pH	물 1L 중의 성분과 함량
1.9	초산 : 87mL, 88% 포름산 : 25mL
2.1	88% 포름산 : 25mL
3.1	피리딘 : 5mL, 초산 : 100mL
3.5	피리딘 : 5mL, 초산 : 50mL
4.7	피리딘 : 25mL, 초산 : 25mL
6.5	피리딘 : 100mL, 초산 : 4mL
7.9	탄산수소암모늄 : 2.37g
8.9	탄산암모늄 : 20g

＊ 트리에틸아민을 이용하는 경우도 있다.

▶ 2.3.3 이온쌍 시약

　산성 화합물이나 알칼리성 화합물과 같은 이온성 화합물을 ODS 등의 역상계 컬럼으로 분석하는 경우 이동상의 pH를 조정해 해리를 억제하는 것으로 머무르게 하는 방법이 있다. 그러나 술폰산과 같은 강산성 화합물이나 4급 알킬 암모늄과 같은 강염기성 화합물은 컬럼의 사용 가능 pH 범위에서 해리하고 있기 때문에 해리를 억제할 방법은

[산성 화합물의 경우]

$R{-}COO^- \ + \ R'_4N^+ \rightarrow R{-}COO^{-+}NR'_4$

산성 화합물　　산성 물질용
　　　　　　　　　이온쌍 시약

[염기성 화합물의 경우]

$R{-}NH_3^+ \ + \ R'SO_3^- \rightarrow R{-}NH_3^{+-}O_3R'$

염기성 화합물　염기성 화합물용
　　　　　　　　이온쌍 시약

〈그림 2.15〉 이온성 화합물과 이온쌍 시약에 의한 이온쌍의 형성

적용할 수가 없다. 해리 억제를 할 수 없는 혹은 해리 억제로는 충분한 머무름을 얻을 수 없는 경우, 이온쌍 시약을 이동상에 첨가하는 것으로 충분한 머무름을 얻을 수 있는

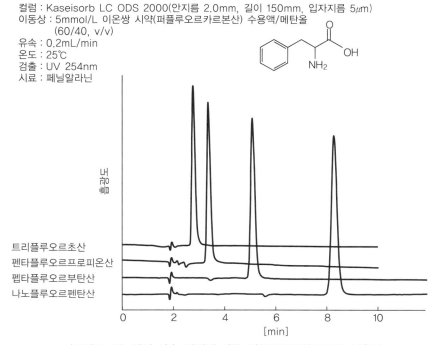

컬럼 : Kaseisorb LC ODS 2000(안지름 2.0mm, 길이 150mm, 입자지름 5μm)
이동상 : 5mmol/L 이온쌍 시약(퍼플루오르카르본산) 수용액/메탄올
　　　　(60/40, v/v)
유속 : 0.2mL/min
온도 : 25℃
검출 : UV 254nm
시료 : 페닐알라닌

트리플루오르초산
펜타플루오르프로피온산
펩타플루오르부탄산
나노플루오르펜탄산

〈그림 2.16〉 알킬 사슬 길이가 다른 퍼플루오르카르본산 이용시
염기성 화합물의 머무름 비교

경우가 있다. 이온쌍 시약은 용질의 이온성 화합물과 반대의 전하를 가진 이온(카운터 이온)을 가진 시약으로, 이온성 화합물과 이온쌍를 형성해 전하가 중화됨으로써 소수성이 더하는 것으로 머무름을 강하게 할 수가 있다. 시료가 산성 화합물인 경우는 알칼리성의 이온쌍 시약(산성 물질용, 음이온 분석용 등으로 표기)을 이용한다. 한편 시료가 알칼리성 화합물인 경우는 산성의 이온쌍 시약(알칼리성 물질용, 양이온 분석용 등으로 표기)을 이용한다(그림 2.15).

　이온쌍 시약은 알킬 사슬 길이 만큼 시료의 머무름이 강하게 된다. 이온쌍의 머무름의 조절은 유기용매 조성의 변경이나 알킬 사슬 길이가 다른 이온쌍 시약에의 변경으로 가능하다 (그림 2.16, 그림 2.17)

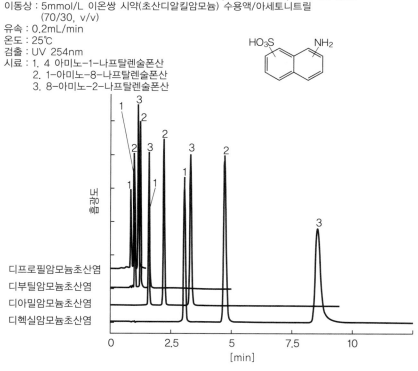

컬럼 : Kaseisorb LC ODS 2000(안지름 2.0mm, 길이 150mm, 입자지름 5μm)
이동상 : 5mmol/L 이온쌍 시약(초산디알킬암모늄) 수용액/아세토니트릴
　　　　(70/30, v/v)
유속 : 0.2mL/min
온도 : 25℃
검출 : UV 254nm
시료 : 1. 4 아미노-1-나프탈렌술폰산
　　　 2. 1-아미노-8-나프탈렌술폰산
　　　 3. 8-아미노-2-나프탈렌술폰산

〈그림 2.17〉 알킬 사슬 길이가 다른 초산디알킬암모늄 이용 시
산성 화합물의 머무름 비교

이온쌍 시약을 이동상에 첨가하는 경우 농도는 일반적으로 5mmol/L 정도가 되도록 조제한다. 알킬 사슬이 긴 이온쌍 시약을 이용할 때 농도가 너무 진하면 유기 용매 조성 비율에 따라서 석출되는 경우가 있으므로 석출되지 않는지 사전에 확인하는 것이 좋다.

LC/MS에서 이온쌍 시약을 사용하는 경우 LC/MS용 이온쌍 시약을 사용한다. LC/MS용 이온쌍 시약은 휘발성이 높기 때문에 검출기 내에서의 석출 우려가 적다. 또 LC/MS용 이온쌍 시약은 통상의 HPLC용 이온쌍 시약으로도 사용할 수 있다. HPLC로부터 LC/MS로 이행할 가능성이 있는 경우는 HPLC에서의 분석 조건 검토 단계부터 LC/MS용 이온쌍 시약을 이용하면 편리하다. LC/MS에서 사용되는 시약의 예를 〈표 2.5〉에 나타내었다.

〈표 2.5〉 LC/MS로 사용되는 이온쌍 시약의 예

염기성 용질의 경우	산성 용질의 경우
트리플루오르초산	초산디프로필암모늄
펜타플루오르프로피온산	초산디부틸암모늄
헵타플루오르부탄산	초산디아밀암모늄
나노플루오르펜탄산	초산디헥실암모늄
운데카플루오르헥산산	
트리데카플루오르헵탄산	
펜타데카플루오르옥탄산	

2.3.4 유도체화 시약

GC, HPLC에 한정하지 않고 시료에 아무것도 손대지 않은 채 그대로 측정할 수 있는 것이 이상적이지만 여러 가지 이유로 인해 시료를 유도체화 시약과 반응시키지 않으면 안 되는 경우가 있다. HPLC에서는 자외가시 흡광광도 검출기나 형광 검출기 등의 광화학적 검출기가 범용적으로 사용되고 있다. 이러한 검출기를 사용하고 있을 때 유도체화를 필요로 하는 경우로는 용질의 검출 감도를 높이는 것, 분리를 개선하는 것의 두 가지가 주로 언급된다.

LC/MS에서 유도체화를 실시할 목적으로 앞에 설명한 두 가지에 더해 검출감도를 향상시키기 위해 이온화 효율을 얼마나 높이는가 하는 점도 중요해진다. 유도체화에

의해 이온화 효율을 높이고 검출감도를 올리고 싶은 경우 질량분석용 유도체화 시약이
나 LC/MS용 유도체화 시약 등으로 분류되는 것을 선택한다.

　유도체화 시약은 메이커에 따라 순도나 형태가 다른 경우가 있어 같은 명칭의 시약
에서도 메이커가 다르면 반응수율이나 불순물 피크에 차이가 생기는 경우가 있다. 따
라서 유도체화 시약을 이용하는 경우 일련의 분석을 실시할 때는 가능한 한 같은 메이
커의 제품을 사용하는 것이 좋다.

2.4 샘플 바이얼

→ 2.4.1 처음에

샘플 바이얼은 1개당 수백 원부터 수 천원 정도의 값싼 소모품이다.

한편 분석기기는 본 입문서의 테마인 LC/MS, LC/MS/MS에서는 한 시스템당 저가라도 수 억원, 비싼 것은 10억원을 넘는다. 자칫하면 고가의 분석 장치에 주목하기 쉽지만 샘플 용액이 가장 길게 접촉하는 샘플 바이얼이 부적절하기 때문에 고가의 분석기기의 성능이 충분히 발휘되지 않는 것이 많이 있다. 오히려 최근 분석기기의 성능이 향상되어 고감도가 되면서 이 샘플 바이얼의 중요성이 클로즈업되고 있다.

본 절에서는 LC/MS, LC/MS/MS에서 사용되는 샘플 바이얼의 종류와 샘플 바이얼에서 유래되는 트러블에 대해 살펴본한다.

→ 2.4.2 샘플 바이얼을 구성하는 파트와 소재

LC/MS, LC/MS/MS 등에서 사용되는 샘플 바이얼은 보통 다음과 같은 파트로 구성된다(그림 2.18).

[1] 셉텀

샘플 바이얼을 밀폐(씰)하기 위한 파트로, 용도에 맞춰 PTFE(폴리테트라플루오르에틸렌), PTFE/실리콘, PE(폴리에틸렌) 등이 사용된다. 또 PTFE/실리콘 셉텀에는 미리 슬릿을 잘라 바이얼의 내압 조정과 인젝션 니들에의 부하를 저감한 것도 사용되고 있다. 유기용매 내성과 내열성은 PTFE가 가장 높지만

〈그림 2.18〉 일반적인 샘플 바이얼의 구성

PTFE 개별로 사용하는 경우는 한 번 구멍이 열리면 닫혀지지 않기 때문에 여러 차례의 분석에는 적합하지 않다. 사용 목적과 샘플 용해 용매, 사용 환경 등에 최적인 소재를 선택해야 한다.

[2] 캡

캡의 소재로는 PP(폴리프로필렌), PE, 알루미늄 등이 사용된다.

일반적으로는 PP 캡이 가장 많이 사용된다. PE는 셉텀 일체형으로 염가이고, 또 PTFE를 사용할 수 없는 퍼플루오르 화합물의 분석 등에도 사용되지만 PTFE와 같이 한번 구멍이 열리면 닫혀지지 않기 때문에 여러 차례의 분석에는 적합하지 않다. 알루미늄은 주로 〈표 2.6〉에 나타낸 크림프식 캡에 사용된다.

밀폐 방법으로 스크루, 스냅 및 크림프식 등이 있다. 〈표 2.6〉에 각각의 밀폐 방법의 특징을 나타내었다.

〈표 2.6〉 대표적인 바이얼 캡과 그 특징

캡의 종류		실(seal) 효과	비고
스크루		극히 높다.	범용성이 높다.
스냅		중간 정도.	신속한 밀폐가 가능하고 공구가 불필요하며 캡 균열 가능성이 있다.
크림프		극히 높다.	공구가 필요하다.

[3] 바이얼

바이얼의 소재로는 유리와 PP가 일반적이다. 각각의 시판 바이얼에 사용되는 소재의 순도는 폭넓다. 유리에 대해서는 명확한 공업규격이 설정되어 있어 선택의 기준으로 할 수가 있다. 예를 들어 일본공업규격(JIS)으로는 「JIS R 3503 화학분석용 유리기구」가 제정되어 있어 그 중 품질 등급에서는 붕규산 유리가 열적으로도 화학적으로도 가장 비활성으로 우수하다. 더우기 원자흡광이나 ICP 분석 등 금속이 분석에 영향을 주는 방법에는 PP, PE, PFA(퍼플루오르 알콕시 불소수지) 등의 금속 프리의 소재가 사용된다.

➡ 2.4.3 샘플 바이얼이 원인이 되는 트러블

샘플 바이얼이 원인이 되어 발생하는 트러블에는 셉텀, 캡 및 바이얼의 외부 치수, 내부 치수가 사용 장치의 규격 외로 유리가 깨지고, 인젝션 니들이 구부러지며 셉텀이 낙하하는 등의 물리적 트러블과 오염이나 성분 흡착 등의 화학적 트러블이 있다. 아래에 샘플 바이얼이 원인이 되는 화학적 트러블의 예에 대해 살펴본다.

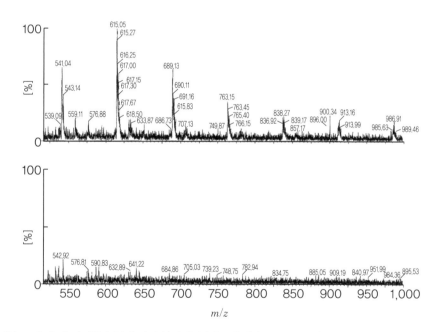

위는 A사 유리 바이얼에 일정 시간 넣어 둔 블랭크 용매의 LC/MS 스펙트럼 예.
아래는 동일한 유기 용매를 동일한 시간 넣어 둔 B사 LC/MS용 바이얼의 LC/MS 스펙트럼 예.
위는 넓은 m/z 영역에서 일정 간격으로 클러스터가 검출되고 있다.
MS 측정 조건 : 사중극형 MS, ESI+이온화, 스캔 모드.

〈그림 2.19〉 바이얼에 유래한 미지 피크의 예

[1] 백그라운드의 상승, 블랭크 샘플에서 미지 피크 발생

셉텀, 캡 및 바이얼, 포장재에 의한 백그라운드의 상승이나 미지 피크의 발생은 가장 일반적인 바이얼이 원인인 트러블 때문이다(그림 2.19).

어떤 소재에 있어서도 100% 순수하고 완전히 용출이 없는 소재는 불행하게도 존재하지 않는다. 분석종, 검출 방법과 조건에 있어 방해가 되지 않는 것을 선택해야 한다.

[2] LC/MS 분석이 이온화 효율에 미치는 영향

5장, 6장에서 살펴봤듯이 ESI(일렉트로 스프레이 이온화)는 이온화 효율이 나빠 성분의 일부만이 이온으로 되어 검출된다. 그 때문에 분석종과 함께 용출한 성분이 분석종과 비교하여 다량인 경우 분석종의 이온화에 영향을 주는 것이 있다. 근래 샘플 바이얼의 오염이 LC/MS의 이온화에 영향을 준다고 한 연구 보고가 있다[9].

[3] 성분 흡착

MS의 진보에 따라 pg/mL~ng/mL의 미량 성분 분석이 실용 범위에 들어가고 있다. 그것에 수반하여 미량 성분의 바이얼에의 흡착 문제가 밝혀지고 있다.[10]

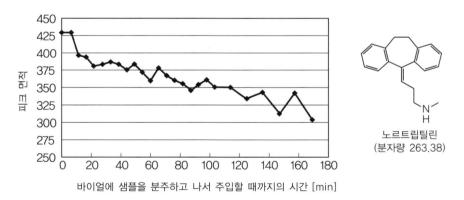

바이얼에 샘플을 분주하고 나서 주입할 때까지의 시간 [min]

노르트립틸린
(분자량 263.38)

LC 조건 : ACQUITY UPLC BEH C18 (안지름 2.1mm, 길이 50mm., 입자지름 1.7μm). 30℃.
　　　　 10mmol/L.질산암모늄 완충액(pH 5.0)/아세토니트릴(50/50. v/v). 0.5mL/min. 10 μL 인젝션.
MS조건 : Quattro Premier XE. 이온(ion)원 온도 400℃, 탈용매 가스 50L/h, 콜리젼 가스 0.30
　　　　 mL/min ,캐필러리 전압 1.0kV, 이온화 모드 ESI+, 기록 모드 MRM, 프리 커서 이온 *m/z*
　　　　 264.4. 프로덕트 이온 *m/z* 90.8

〈그림 2.20〉 노르트립틸린 1ng/mL 표준 용액의 HPLC-ESI/MS/MS 측정 예

〈그림 2.20〉에 염기성 의약품인 노르트립틸린을 1ng/mL로 조제한 표준 용액을 유리 바이얼에 넣고 HPLC-ESI/MS/MS로 MRM (264.4>90.8) 모드에 의하여 정량한 예를 나타내었다.[3] 시간의 경과와 동시에 피크 면적 값이 저하되고 있는 것을 알 수 있다. 샘플을 분주하고 나서 4시간에 피크 면적이 75% 저하하는 바이얼도 보고되어 있다. 대책으로는 유리 표면을 트리메틸실란 등의 실릴화제로 비활성화하거나 유리 표면의 금속 이온 잔존량을 줄이는 등이다.[11]

또한 유리에 흡착하기 쉬운 성분에 관해서는 샘플 용해에 내성이 있는 경우는 PP, PE, PFA 등의 수지제 바이얼이 적합한 것도 있다.

➡ 2.4.4 맺음말

샘플과 장시간 접촉한 바이얼에 관하여 주로 소재 면에서 살펴봤다. 처음 이야기로 돌아왔지만 샘플 바이얼은 1개당 수 백 원부터 수 천 원 정도로 값이 싼 부분이지만 선택을 잘못하면 고가인 분석 장치의 성능을 충분히 발휘할 수 없다. 또 분석 기술의 극적인 발전에 의하여 지금까지 보이지 않았던 문제가 밝혀지게 되었다. 자신의 분석 방법, 분석종에 따라 최적인 바이얼을 선택할 필요가 있지만 앞에서 설명한 것과 같이 셉텀, 캡과 본체 소재의 조합은 방대한 종류이다. 본서의 주제인 LC/MS, LC/MS/MS에서의 사용에 대해서는 각 제조 업체를 통해 LC/MS로 품질검사를 실시한 바이얼이 판매되고 있으므로 그것을 선택하는 것도 하나의 지름길이 될지도 모른다.

■ 인용문헌

1) 黒木祥文：ぶんせき，pp.77-83（2011）
2) 鳥山由紀子：ぶんせき，pp.442-446（2010）
3) 黒木祥文：分析化学，59，pp.85-93（2010）
4) 中村 洋監修：液クロ武の巻，p.112，筑波出版会（2003）
5) 中村 洋：液クロを上手に使うコツ，p.176，丸善（株）（2004）
6) 中村 洋：液クロ彪（ヒョウ）の巻，p.132，（株）筑波出版会（2003）
7) 中村 洋：液クロ武（ブ）の巻，p.151，（株）筑波出版会（2005）
8) 日本分析化学会関東支部編：高速液体クロマトグラフィーハンドブック（改訂2版），p.202，丸善（2000）
9) C. R. Mallet, Z. Lu and J. R. Mazzeo：*Rapid Commun. Mass Spectrom.*, 18, p.49 (2004)
10) J. Shia, J. Xu, B. Murphy and E. E. Chambers：*Overcoming Glass Vial Adsorption Effects for Trace Analysis of Basic Compounds by LC/MS/MS*, Poster # WP09, ASMS (2011)
11) 720004097EN, TruView LCMS Certified Sample Vials White Paper, Waters Corp., (2011)

■ 참고문헌

[1] 日本ミリポア（株）：超純水超入門，羊土社（2005）
[2] メルクミリポアホームページ http://www.merckmillipore.jp
[3] 黒木祥文：*CHROMATOGRAPHY*，33，pp.75-83（2012）
[4] 黒木祥文：*CHROMATOGRAPHY*，27，pp.125-129（2006）
[5] 熊井広哉，石井直恵，金沢旬宣，黒木祥文：超純水超入門（改訂版），日本ミリポア（2003）
[6] オルガノ超純水製作委員会：超純水，390，オルガノ（株）（1991）
[7] JIS K 0557 用水・排水の試験に用いる水（1998）
[8] JIS K 0551 超純水中の有機体炭素（TOC）試験方法（1994）
[9] 中村 洋監修：ちょっと詳しい液クロのコツ 分離編，pp.51-55，丸善（2007）
[10] 中村 洋企画・監修：液クロ実験 How to マニュアル，pp.62-70，みみずく舎（2007）
[11] 小川茂：ぶんせき，pp.333-336，日本分析化学会（2008）

Chapter 3

LC/MS, LC/MS/MS 분석을 위한 전처리

3.1 – 고상 추출

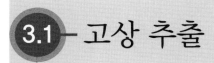

➡ 3.1.1 고상 추출이란?

고상 추출(固相抽出)이란 1970년대 후반 미국에서 개발된 분석 전처리 방법의 하나이다. 고상 추출법은 고속 액체 크로마토그래피와 같이 목적 성분과 고정상(固定相)의 상호작용에 의해 목적 성분의 농축이나 정제, 방해 성분의 클린업 제거 등을 실시할 수가 있다. 상호작용에는 역상(逆相), 순상(順相), 이온 교환 등이 있고, 그것들을 이용함으로써 실시하는 전처리이다.

일반적으로 액–액 추출 등과 비교해 용매 소비량이 적은 것, 에멀전을 형성하지 않는 것 등을 이점으로 들 수 있다(표 3.1). 게다가 풍부한 충전제에 따라 선택성이 높은 것도 알려져 있다(그림 3.1). 또 최근 들어 복잡한 고상 추출 조작을 자동으로 실시하는 고상 추출 전처리 장치도 시판되고 있어 측정 정밀도 향상을 기대할 수 있다.

〈표 3.1〉 고상 추출법과 액–액 추출법의 차이

고상 추출법	액–액 추출법
사용하는 유기 용매의 양이 적다.	사용하는 유기 용매의 양이 많다.
환경에의 부하가 작다.	환경에의 부하가 크다.
에멀전을 형성하지 않는다.	샘플에 따라 에멀전을 형성한다.
수용성의 높은 물질에서도 적용 가능하다.	수용성이 높은 물질의 유기층에의 전용이 곤란.
간편해 신속히 처리할 수 있다.	조작이 복잡해 시간이 걸린다.
자동화가 비교적 용이하다.	자동화가 어렵다.

3.1.2 고상 추출의 종류

고상 추출의 충전제로는 파쇄상(破碎狀)이나 구상(球狀)의 크기 수십~수백 ㎛의 실리카겔, 다공질 폴리머, 알루미나, 그래파이트(graphite) 카본, 활성탄, 킬레이트 수지, 규조토 등이 사용되고 있다.

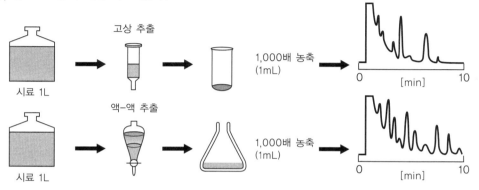

〈그림 3.1〉 고상 추출의 장점

3.1.3 고상 추출의 형상

〈그림 3.2〉와 같이 여러 가지 형상이 존재하고 목적에 따라 구분하여 사용할 수 있다.

- 카트리지형 : 주사통 형태의 용기에 충전제를 상하의 프릿(frit) 사이에 충전시킨 것
- 루어–디바이스형 : 충전제를 상하의 프릿에 삽입해 밀봉시킨 것
- 스핀 칼럼형 : 원심분리기를 이용해 고상 추출이 가능한 타입
- 디스크형 : 충전제를 폴리테트라플루오르에틸렌(PTFE) 섬유로 고정한 것
- 플레이트형 : 96웰 플레이트 등에 충전제를 상하의 프릿 사이에 충전시킨 것

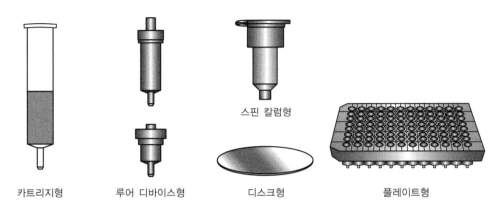

카트리지형   루어 디바이스형   디스크형   플레이트형

스핀 칼럼형

〈그림 3.2〉 다양한 고상 추출의 형상

➡ 3.1.4 상호작용

고상 추출법에서는 성분과 고상(固相)의 상호작용에 의해 머무름을 한다. 따라서 목적 성분과 고상의 특성을 이해해 사용하는 것이 중요하다. 상호작용은 다음과 같이 분류할 수 있다.

- 무극성 상호작용(역상 모드, 역상 고상 추출) : 소수(疎水) 결합이나 분자 간 힘(반데르 발스 힘)에 의한 상호작용
- 극성 상호작용 : 쌍극자 모멘트 혹은 수소 결합에 의한 상호작용, 이온 교환 상호작용, 정전기적 인력에 의한 상호작용

➡ 3.1.5 고상 추출법의 이론

고상 추출을 능숙하게 실시하기 위해서는 메커니즘을 이해하는 것이 가장 좋은 지름길이다. 아래에 전형적인 사례를 들어 설명한다.

충전제(A)에 시료 용액(B)를 통액시켰을 경우를 〈그림 3.3〉에 나타내었다. (B) 중에 존재하는 성분 가운데 (A)에 큰 친화성을 가지는 성분은 (A) 표면상에 머무르게 된다. 반대로 (A)에 대한 친화성이 (B)에 대한 친화성보다 약한 성분의 경우는 (A)에 머무르지 않고 그냥 통과한다.

(A)에 머무른 성분은 보다 친화성이 높은 용매를 흘려 친화력을 억제함으로써 (A) 표면으로부터 이탈시켜 용출해서 회수할 수 있다.

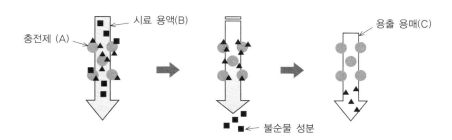

[머무름] 시료 용액 (B)에 존재하는 성분(■, ▲) 가운데 충전제 (A)에 대한 친화성이 높은 성분(▲)이 머무르게 된다. 친화성이 낮은 성분(■)은 그냥 통과한다.

[용출] 충전제 (A)에 유지된 성분(▲)은 친화성이 높은 용매(C)를 흘림으로써 녹여 내어 회수할 수 있다.

〈그림 3.3〉 고상 추출의 메커니즘

충전제가 가지는 친화성은 충전제의 기재(모체) 자신의 특성과 기재에 화학 결합하고 있는 관능기의 특성에 의한다. 무극성 상호작용, 이온 교환 상호작용, 극성 상호작용 등의 여러 가지 친화력을 이용해 머물게 하고 농축하여 그 상호작용을 억제함으로써 용출을 실시한다. 이러한 조합에 의해 추출 처리 방법을 조립하는 것이 가능하다.

이 고상 추출 방법을 나타낸 것이 〈그림 3.4〉이다. 목적 성분을 고상에 머무르게 한 후 공존하고 있는 불순물 성분을 분리·정제하면서 목적 성분을 회수한다. 간단한 조작으로 높은 농축 효과를 얻을 수 있으므로 음료수, 환경수 분석에서 이용되고 있다. 또,

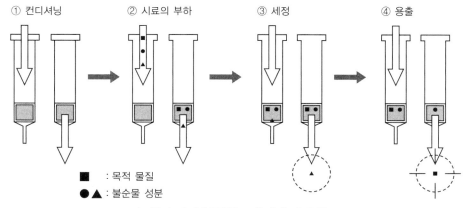

〈그림 3.4〉 일반적인 고상 추출의 흐름

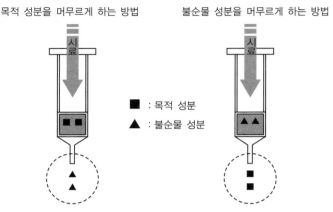

〈그림 3.5〉 고상 추출의 두 가지 방법

식품분석의 전처리에 고상 추출이 채용되고 있듯이 적절한 고상 선택에 의해 뛰어난 클린업 효과도 기대할 수 있다.

한편. 목적 성분을 그냥 통과시키고 불순물 성분을 고상에 머무르게 하는 방법도 이용할 수 있다(그림 3.5).

➡️ 3.1.6 고상 추출의 구체적인 공정

고상 추출의 조작 순서는 주로 다음의 네 가지 공정으로 나눌 수 있다.

[1] 컨디셔닝

목적 성분과 고상이 상호작용을 일으키기 쉽도록 미리 적절한 용액을 고상에 통액한다. 이때 고상이 건조되지 않게 한다. 공기가 혼입되면 회수율이 악화된다.

C18 등의 충전제의 경우 용출 용매로서 사용하는 메탄올이나 아세토니트릴을 사전에 통액한다. 이것은 관능기를 활성화시키기 위해서다. 다음으로 유기 용매가 고상에 남지 않게 물로 치환한다. 이때 필요에 따라 통액의 pH를 조정한다.

실리카겔 등의 극성 관능기를 가진 충전제의 경우에는 헥산 등의 저극성 용매를, 이온 교환형 충전제의 경우에는 메탄올을 흘려 pH를 조정한 정제수를 흘린다.

[2] 시료의 부하(load)

시료를 미리 물 등에 녹이거나 고상에의 머무름을 조정하기 위해 시료의 pH를 조정하거나 준비를 한다. 준비한 시료를 컨디셔닝을 한 고상에 흘린다. 이 때도 고상이 건조되지 않게 주의한다.

〈그림 3.6〉에 C18이나 실리카겔과 같은 무극성 고상, 극성 고상의 시료 부하 용량의 기준을 나타내었다. 시료 부하 용량이란 목적 성분이나 불순물 성분을 고상에 최대한으로 머무르게 할 수 있는 양으로, 그 양을 넘지 않는 시료량을 부하할 필요가 있다. 폴리머는 그 표면적이나 관능기의 종류에 따라 좌우되지만 실리카 베이스 고상의 3배 정도의 머무름 용량을 가진 것이라고 생각하면 된다. 마지막으로 이온 교환형 고상의 경우는 이온 교환 용량으로부터 산출하는 것이 가능하다. 베드 볼륨이란 고상을 액체로 채우기 위해 필요한 용량의 기준이고 [4] 용출 공정에서의 참고 값이 된다.

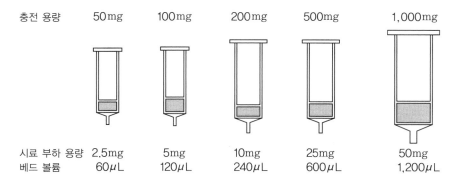

충전 용량	50 mg	100 mg	200 mg	500 mg	1,000 mg
시료 부하 용량	2.5 mg	5 mg	10 mg	25 mg	50 mg
베드 볼륨	60 μL	120 μL	240 μL	600 μL	1,200 μL

〈그림 3.6〉 충전량과 시료 부하 용량의 관계

[3] 세정

시료의 부하에 계속해서 세정액을 흘려 목적 성분은 고상에 머무르게 한 상태로 상호작용이 약한 불순물 성분을 완전하게 용출 제거한다.

C18 등의 충전제의 경우 정제수로 세정을 실시한다. 필요에 따라 pH를 조정하는 것이 좋다. 실리카겔 등의 경우에는 헥산 등의 저극성 용매, 이온 교환 형태의 충전제의 경우에는 정제수(필요에 따라 pH 조정)를 흘린다.

[4] 용출

용출은 목적 성분이 고상보다 상호작용이 강한 용액을 이용해 베드 볼륨의 2~5배 정도의 양을 흘려 실시한다.

C18 등의 충전제의 경우 메탄올이나 아세토니트릴 등을 사용한다. 실리카겔 등의 경우는 아세톤이나 메탄올 혹은 헥산이나 초산에틸에 그것들을 첨가한 극성 용매가 사용된다. 이온 교환형 충전제의 경우에는 암모니아나 염산을 첨가한 메탄올이나 정제수를 이용해 이온 교환기에의 상호작용보다 강하게 작용하는 용매에 의해 용출하여 목적 성분을 회수한다.

➤ 3.1.7 충전제의 선택

고상 추출 선택 방법의 플로우 시트를 〈그림 3.7〉에 나타내었다. 목적 성분과 시료 매트릭스에 대응해 고상의 선택이 바뀐다. 또한 시판되고 있는 충전제의 리스트를 실리카겔계를 〈표 3.2〉에, 폴리머계를 표 3.3에 나타내었다.

〈그림 3.7〉 충전제의 선택 방법 플로우 시트

➤ 3.1.8 고상 추출을 편리하게 하는 주변 장치

고상 추출을 보다 간편하게 사용할 수가 있는 기구(툴)나 자동화 장치 또는 로봇도 시판되고 있다.

〈표 3.2〉 실리카겔계 충전제의 종류

① 무극성상 (역상)	② 이온 교환상	
	음이온 교환	양이온 교환
C18 옥타데실 C8 옥틸 CH 시클로헥실 PH 페닐 C2 에틸	NH2 아미노프로필 PSA 1급, 2급 아민 SAX 트리메틸아미노프로필	CBA 카르본산 PRS 프로필술폰산 SCX 벤젠술폰산
③ 극성상 (순상)	④ 혼합 모드	⑤ 특수 모드
CN 시아노프로필 2OH 디올 Si 실리카겔	2층 미니컬럼 SAX/PSA C8/SCX C8/SAX	PCB SCX/Si

〈표 3.3〉 폴리머계 충전제의 종류

폴리머 종류	상품명	유지 모드
스티렌디비닐벤젠 공중합체(SDB)	InertSep PLS-2, Sep-Pak PS-2	역상
SDB-메타크릴레이트 공중합체	InertSep RP-1, abselut NEXUS	역상
디비닐벤젠(DVB)-N-함유 메타크릴레이트 공중합체	InertSep Pharma InertSep PLS-3	역상
SDB-옥타데실기(C18) 도입	InertSep RP-C18	역상
DVB-N-비닐피롤리돈(NVP)	Oasis HLB	역상
SO_3^-기 도입 메타크릴레이트	InertSep MC-1	강 양이온 교환
COOH기 도입 메타크릴레이트	InertSep MC-2	약 양이온 교환
$N^+(CH_3)_3$기 도입 메타크릴레이트	InertSep MA-1	강 음이온 교환
아미노프로필기 도입 메타크릴레이트	InertSep MA-2	강 음이온 교환
SDB-C18/SO_3^-기 도입	InertSep MPC	역상+강 양이온 교환
DVB-NVP/SO_3^-기 도입	Oasis MCX	역상+강 양이온 교환
DVB-NVP/COOH기 도입	Oasis WCX	역상+약 양이온 교환
이미노이초산기 도입 메타크릴레이트	InertSep ME-1	킬레이트

(주) 1) InertSep는 지엘 사이언스 주식회사의 일본에서의 등록상표.
　　 2) Sep-Pak 및 Oasis는 Waters 사, NEXUS는 Agilent Technologies 사의 상표.

3.2 — 컬럼 스위칭

　컬럼 스위칭이란 일본공업규격 「JIS K 0214 : 2013 분석화학 용어 (크로마토그래피 부문)」에 의하면 "2개 이상이 다른 컬럼을 전환 밸브를 개입시켜 매개로 전환해 시료 전처리, 복수의 컬럼 선택, 복수의 분리 모드 선택 등을 실시하는 방법"이라고 정의되어 있다. HPLC의 시료 전처리에 있어서의 컬럼 스위칭에서는 시료 매트릭스의 제거, 분석종의 트랩 및 농축 등을 온라인으로 자동화할 수 있다. 또 LC/MS에 대해서는 시료 전처리에 더해 MS에 도입 전 비휘발성 이동상으로부터 휘발성 이동상으로의 자동 치환을 실시할 수 있다.

　〈그림 3.8〉에 대표적인 자동 전처리 시스템의 흐름(流路) 예를 나타내었다. 이 시스템에 근거한 기본적인 전처리 순서는 아래와 같다.

　① 시료를 전처리 컬럼에 도입해 전처리용 이동상에 의해 분석종을 전처리 컬럼으로

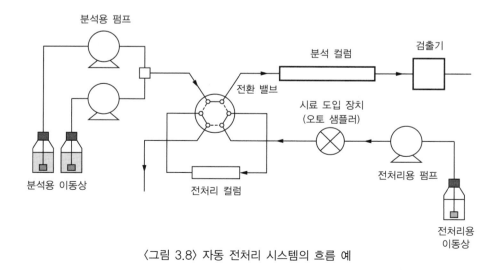

〈그림 3.8〉 자동 전처리 시스템의 흐름 예

트랩한다(〈그림 3.8〉 중 전환 밸브의 실선 흐름).

② 불순물 성분이 전처리 컬럼으로부터 용출 후 전환 밸브를 전환한다(〈그림 3.8〉 중 전환 밸브의 점선 흐름).

③ 분석용 이동상에 의해 분석종을 전처리 컬럼으로부터 용출해 분석 컬럼에 보내 분석한다(〈그림 3.8〉에서는 그레디언트 용리를 사용)

목적이나 방법에 따라서는 복수의 전환 밸브를 이용하고, 복잡한 유로로 전처리를 실시하는 경우도 있다. 컬럼 스위칭에 의한 시료 전처리에 대해서는 전처리 컬럼과 분석 컬럼의 조합, 전처리용 이동상과 분석용 이동상의 조합이 검토의 포인트가 된다. 이것은 지식과 경험이 필요하지만 장치 메이커로부터 시스템화된 제품도 판매되고 있어 그 응용 사례를 참고로 할 수도 있다. 여기에서는 컬럼 스위칭 이용시 자동 단백질 제거에 의한 혈중 약물 분석과 자동 농축에 의한 의약품 중 미량 불순물 분석의 예를 소개한다.

▶ 3.2.1 자동 단백질 제거에 의한 혈중 약물 분석

혈청이나 혈장 등 단백질을 다량으로 포함한 생체 시료 중의 약물을 분석하는 경우 통상 유기 용매 혹은 산 첨가 등에 의한 단백질 제거 조작이나 고상 추출 조작을 실시하든가 컬럼 스위칭에 의해 온라인 자동 단백질 제거가 가능하다. 이 경우의 전처리 컬럼으로는 일반적으로 침투 제한형이 이용된다. 침투 제한형 컬럼이란 단백질과 같은 생체 고분자의 충전제 세공에의 침투를 크기 배제의 원리에 의해 억제해 시료 중의 저분자 화합물을 세공 내의 고정상에 머무르게 한 침투 제한형 충전제를 충전한 컬럼이다. 〈그림 3.9〉에 침투 제한형 컬럼의 예를 나타내었다. 이 칼럼은 외표면에 친수성 폴

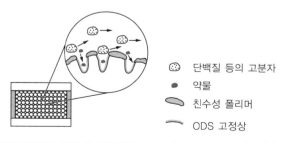

단백질 등의 고분자
약물
친수성 폴리머
ODS 고정상

〈그림 3.9〉 침투 제한형 컬럼의 예('Shim-pack MAYI-ODS', 시마즈(島津)제작소)

리머를 코팅하여 세공 내 표면에 ODS 고정상을 화학 결합시킨 전 다공성 실리카겔을 충전한 것으로, 내면 역상 컬럼이라고도 한다. 이 컬럼에 전처리용 이동상을 흘려 혈장 등을 주입하면 단백질은 충전제 외표면에 머무르는 일 없이 크기 배제 작용에 의해 신속하게 컬럼으로부터 용출된다. 한편, 약물과 같은 저분자 화합물은 세공 내에 침투해 역상 모드로 머무르게 된다. 단백질 용출 후 밸브를 전환하여 분석용 이동상을 흘려 세공 내에 머무른 성분을 용출시킴으로써 분석 컬럼에 의해 분석한다.

〈그림 3.10〉에 이 방법을 이용한 이소프로필안티피린 첨가 혈장의 직접 주입 분석 예를 나타내었다. 혈장 단백질은 점선의 크로마토그램과 같이 전처리 컬럼에 머무르지 않고 용출한다. 그런 다음 밸브 전환에 의해 전처리 컬럼에 머무른 이소프로필안티피린이 분석 컬럼에 의해 불순물 성분과 분리된다. 또한 침투 제한형 컬럼으로는 내면 역

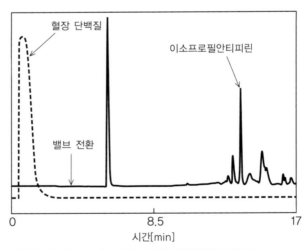

장치 : Co-Sense for BA 시스템(시마즈(島津)제작소)
  [전처리 조건]
    전처리 컬럼 : Shim-pack MAYI-ODS(안지름 4.6mm, 길이 10mm
    전처리용 이동상 : 0.1% 인산 수용액/아세토니트릴 (95/5, v/v)
    유량 : 2.0mL/min
    시료 : 이소프로필안티피린 첨가 혈장   주입량 : 100μL
  [분석 조건]
    분석 컬럼 : Shin-pack VP-DOS(안지름 4.6mm, 길이 150mm)
    분석용 이동상 : 물/아세토니트릴, 그레디언트 용리
    유량 : 1.0mL/min   온도 : 40℃
    검출 : 흡광광도 검출기(275nm)

〈그림 3.10〉 혈장 직접 주입에 의한 분석 예

상 컬럼이 대부분 이용되지만 분석종에 대응하여 내면 이온 교환형 컬럼 등도 선택할 수 있다.

➡ 3.2.2 자동 농축에 의한 의약품 중 미량 불순물 분석

의약품 중 미량 불순물 분석 등에서는 분석종의 용출 구간만을 전처리 컬럼으로 온라인 자동 농축해 분석할 수가 있다. 〈그림 3.11〉에 미량 불순물 농축 분석 시스템의 흐름 예를 나타내었다. 본 시스템에 의한 기본적인 분석 순서는 다음과 같다.

[1] 분획
① 시료 도입 장치(오토 샘플러)로 시료를 주입. 이동상 1과 컬럼 A에 의한 분리가 시작된다. 이 시점에서 밸브 A는 그림 속의 점선 측으로 연결되어 있어 검출기 A로부터의 용출액은 드레인으로 배출된다.
② 미리 설정해 둔 분석종 피크의 용출 구간(개시시간~종료시간)이 되면 밸브 A의 송액 방향이 자동적으로 실선 측으로 완전히 전환되어 이 구간의 용출액이 분획되어 밸브 B로 이송된다.

[2] 농축
① 분석종의 분획은 밸브 B의 실선 측을 통과하여 칼럼 B를 향해 흐른다.
② 컬럼 B에 도달하기 직전에 펌프 2로부터 농축용 이동상 2가 첨가된다. 이 농축용 이동상 2로는 컬럼 B에 대해 분석종의 머무름이 강한 이동상(예를 들어 역상 모드이면 이동상 1보다도 수계 용매의 함유량이 많은 이동상)을 사용한다. 이 스텝에 의해 분석종이 칼럼 B에 트랩, 농축된다.

[3] 정량
① 분석종의 농축이 완료되면 펌프 2가 송액을 정지하고 계속하여 밸브 B의 흐름이 전환되어 컬럼 B에 펌프 3으로 송액되는 이동상 3이 흐른다. 컬럼 B 위에 농축된 분석종은 컬럼 B로부터 용출해 컬럼 C를 향해 흐른다.
② 분석종은 함께 농축된 불순물 성분과 이 컬럼 C 상에서 분리된다(정량 시의 분리 조건이 분획 시와는 다르기 때문에 불순물 성분과의 선택성이 바뀌어 분리된다).

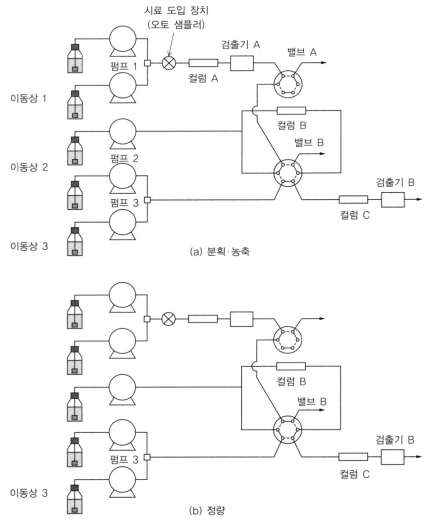

〈그림 3.11〉 미량 불순물 농축 분석 시스템의 흐름 예(Co-Sense for Impurities 시스템, 시마즈제작소)

③ 불순물 성분과 분리된 분석종이 검출기 B에서 검출, 정량된다.

또한 이 시스템에 대해서는 분획 시에 비휘발성 이동상 조건(예를 들어 인산염 완충액)이어도 농축 시에 휘발성 이동상(예를 들어 초산암모늄 수용액)으로 치환함으로써 검출기 B에 MS를 이용할 수 있다는 장점도 있다.

3.3 — 초임계 유체 추출

초임계 유체 추출(supercritical fluid extraction; SFE)을 이용한 분리 프로세스는 1970년대에 상업 프로세스로서 이산화탄소를 용매로 이용했다. 커피·홍차의 디카페인, 호프 추출액, 스파이스 엑기스의 추출이 개시되었다. 현재도 프로폴리스나 각종 플레이버 등 여러 가지 성분에 이용되고 있으며 응용 분야가 확대되고 있다.

분석기기에 초임계 유체의 이용은 1980년대에 초임계 유체 크로마토그래프나 초임계 유체 추출 장치의 시판이 개시되어 크로마토그래피에 의한 분리 분석, 분획 정제 그리고 분석 목적 성분의 추출이나 방해 성분의 제거 등을 목적으로 한 전처리법[2]의 하나로 사용되고 있다. 특히 용매로서 이산화탄소를 사용한 추출은 그 물성, 비용, 취급의 용이성, 안전성 등의 많은 이점을 가지므로 의약품이나 식품 관련 등 각종 분야에서 이용되고 있다.

본절에서는 이산화탄소를 주 용매로 이용하는 초임계 유체 추출법의 특징이나 추출 장치, 이용 방법 등에 대해서 해설한다.

➤➤ 3.3.1 이산화탄소를 이용한 초임계 유체 추출법의 특징

물질은 〈그림 3.12〉의 상태도가 나타내고 있듯이 온도나 압력에 의해 기체, 액체, 고체의 3개 상태로 변화한다. 삼중점은 기체, 액체, 고체의 삼상이 공존하는 상태이다. 이 상태도에 나타나 있는 액체와 기체의 경계선에 증발 곡선이 있다. 이 증발 곡선은 고온, 고압 측에

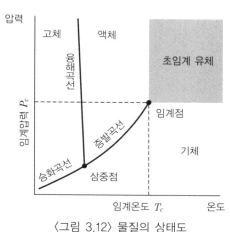

〈그림 3.12〉 물질의 상태도

81

임계점이 있다. 이 임계점 이상의 압력, 온도에서는 기체·액체의 공존 상태가 생기는 일 없이 액체와 기체의 구별이 되지 않는 상태가 된다.

이 영역에서는 압력을 올려도 밀도가 증가하는 것만으로 기체는 액화하지 않고, 액체는 온도를 올려도 비등하지 않는 상태가 된다. 이러한 상태에 있는 비응축성 고압 고밀도 유체를 초임계 유체로 부른다.

임계점(임계온도 : T_c. 임계압력 P_c)을 넘은 초임계 유체는 압력과 온도를 조작해 용매 특성을 연속적으로 변화시킬 수가 있어 초임계 유체의 밀도를 희박한 상태로부터 액체에 가까운 상태로 바꿈으로써 용질의 용해도를 임의로 바꿀 수 있는 매체로 이용할 수 있다. 게다가 초임계 유체는 〈표 3.4〉에 나타나 있듯이 물성값과 같이 기체와 액체의 중간적인 성질을 갖고 있으며 액체에 가까운 밀도 상태에서도 낮은 점도, 높은 확산성을 나타낸다. 높은 침투성과 빠른 물질 이동 속도를 갖춘 고효율인 추출 분리 용매로서의 능력을 가지는 특이한 매체이다. 몇 개 물질의 임계온도와 임계압력을 〈표 3.5〉에 나타내었다. 이산화탄소는 임계온도 31.3℃와 임계압력 7.38 MPa에서 초임계 상태가 되기 때문에 취급하기 쉽다.

〈표 3.4〉 물성의 비교

	기체	액체	초임계유체
밀도 $\rho[kg/m^3]$	1	1,000	100~1,000
확산계수 $D[m^2/s]$	10^{-5}	10^{-10}	10^{-7}~10^{-8}
점도 $\eta[mPa \cdot s]$	0.01	1	0.1

〈표 3.5〉 물질의 임계온도와 임계압력 예

물질	임계온도[℃]	임계압력 [MPa]
NH_3	132	11.28
CO_2	31	7.38
N_2O	36	7.24
H_2O	374	22.06
C_3H_8	97	4.25
C_6H_{14}	234	2.97
CH_3OH	239	8.09
C_2H_5OH	243	6.38
$C_6H_5(CH_3)$	318	4.11

이산화탄소는 독성이 없고 화학적으로 비활성이며 염가로 고순도의 것을 입수할 수 있는 등의 이유 때문에 가장 많이 이용되고 있다. 추출 후의 추출 용매의 제거는 대기 압으로 감압하는 것만으로 이산화탄소가 기화하기 때문에 추출물에 포함되는 용매를 간단히 제거할 수 있다. 이러한 작업은 농축기를 이용하는 유기 용매의 제거 작업과 비교하더라도 큰 폭으로 후처리 공정을 단축화할 수 있다. 게다가 이산화탄소 분위기 아래에서 비교적 낮은 온도로 추출, 포집되기 때문에 추출물이 산화되기 어렵다는 이점도 있다.

한편으로는 이산화탄소의 물성은 지용성 성분 등의 저·중극성 물질의 용해성은 양호하지만 높은 극성 물질에 대해서는 낮은 용해성을 나타내는 것이 많다. 여기서 용질의 용해도 개선, 극성 물질의 용해성 향상, 다종 성분의 동시 용해 등의 목적으로 보조 용매(엔트레이너, 모디파이어, 코솔벤트라고 하는 용어도 있다)로 불리는 극성용매를 이산화탄소에 더한 혼합 용매를 추출에 이용하는 방법이 채용되기도 한다. 보조 용매로 메탄올, 에탄올, 이소프로필알코올, 아세톤, 아세토니트릴 등 여러 가지의 유기 용매를 이용할 수가 있다(표 3.6). 특히 이온성 물질의 용해성 개선을 위해 포름산, 초산, 트리에틸아민 등의 산이나 염기, 이온쌍 시약이나 착체 생성 시약 등(혼합 용매가 된 경우

〈표 3.6〉 보조 용매와 첨가 시약 예

보조 용매	첨가 시약
메탄올	포름산
에탄올	초산
이소프로필알코올	트리클로로초산
n-헥산	디이소프로필아민
이소옥탄	트리메틸아민
초산에틸	트리에틸아민
아세톤	암모니아
아세토니트릴	초산암모늄
디클로로메탄	MS용 이온쌍 시약
클로로포름	
테트라히이드로퓨란	
1,4-디옥산	
디에틸에테르	
디이소프로필에테르	
디메틸포름아미드	

에도 용해하는 것 같은 시약)을 이러한 보조 용매를 약간 첨가하는 방법도 이용하고 있다. 보조 용매의 효과는 초임계 이산화탄소와의 혼합 비율이나 사용하는 용매의 종류에 의존해 추출 목적 성분의 물성에 맞추어 선택할 필요가 있다. 그렇지만 보조 용매의 사용에는 다음과 같은 점을 유의해야 한다. 일반적으로는 이산화탄소와 보조 용매의 혼합 용매계에서의 임계온도와 임계압력은 2개 용매의 몰분율 값과의 단순한 비례관계는 아니다. 특히 임계압력에 있어서는 혼합하기 전의 각 용매의 임계압력보다 혼합 유체가 높아진다. 따라서 온도나 압력이 혼합 용매의 임계점을 넘지 않은 상태에서는 초임계 상태는 아니고, 아임계 상태나 복수의 혼합 용매계에 의해 추출되는 경우가 있다. 추출에 대해서는 균일한 혼합 용매계가 되는 조건을 설정하는 것이 좋은 결과를 얻는 하나의 방법이다. 또한 초임계 유체의 특성이나 혼합 용매계의 임계점 등에 대해서는 각종 참고서적[3),4)]을 참고하기 바란다.

이상과 같은 특징 때문에 온도, 압력, 보조 용매·첨가 시약의 종류와 양 등이 추출 효율을 개선하기 위한 파라미터(parameter)로서 중요한 포인트가 된다. 특히 추출의 효율은 추출 시료의 형태(표면적이나 체적 등 : 입자지름, 두께 외), 추출 용매와의 접촉 방법 등도 관계가 있다.

▶ 3.3.2 초임계 유체 추출 장치

초임계 유체를 추출하는 시스템의 기본 구성과 흐름 예를 〈그림 3.13〉에 나타내었다. 이 시스템은 송액부, 추출 분리부, 검출부, 압력 조정·분취부로 구성되어 있다

송액부는 초임계 유체로 이용하는 용매 ①을 송액하는 펌프 ②와 보조 용매 ③을 송액하는 펌프 ④로 구성되어 있다. ④의 펌프는 유로 내를 세정하는 세정액을 송액하는 경우도 있다. 이산화탄소를 송액하는 펌프는 액화 이산화탄소를 사이폰관이 부착된 봄베로부터 직접 또는 부스터 펌프를 사용해 이산화탄소를 액화 후 송액하는 타입도 있다. ⑤는 안전 밸브이다. 추출 분리부는 전처리 시료를 장전하는 추출용기 ⑨와 그 용기를 임계점 이상의 온도로 하는 온도 조정 장치 ⑩으로 구성되어 있다. 흐름에는 이산화탄소와 보조 용매를 혼합하는 믹서 ⑦, 설정온도까지 추출 유체를 온도 상승하기 위한 프리히트 코일 ⑥이 접속되어 있다. 추출용기는 흐름을 전환시키는 밸브 ⑧에 접속해 일정한 압력과 온도의 추출 조건으로 송액하고 있는 상태하에 용기를 밸브의 전환으로 흐름 안에 포함시킬 수가 있다. 밸브를 이용하지 않고 흐름에 추출용기를 직접 접

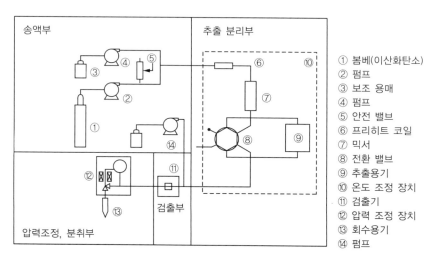

송액부

추출 분리부

① 봄베(이산화탄소)
② 펌프
③ 보조 용매
④ 펌프
⑤ 안전 밸브
⑥ 프리히트 코일
⑦ 믹서
⑧ 전환 밸브
⑨ 추출용기
⑩ 온도 조정 장치
⑪ 검출기
⑫ 압력 조정 장치
⑬ 회수용기
⑭ 펌프

압력조정, 분취부

검출부

〈그림 3.13〉 초임계 유체 추출 시스템의 기본 구성과 유로 예

속한 후 송액을 개시하는 경우도 있다. 검출부는 추출의 상황, 추출 효율, 추출 성분종 변화 등의 정보를 얻기 위한 모니터로서 각종 검출기 ⑪을 이용하는 것이 있다. 하류 측에 압력 조정 장치가 접속되어 있기 때문에 높은 내압 셀(25~30MPa 정도의 내압)을 장비한 HPLC용 자외가시 흡광광도 검출기나 포토다이오드 어레이 검출기가 많이 이용되고 있다. 또한 추출 조건이 정해져 있는 경우나 모니터할 필요가 없는 경우에는 검출기를 접속하지 않는 것도 있다. SFE 시스템에는 용기 내의 추출 압력을 제어하기 위해 압력 조정 장치 ⑫가 용기의 하류 측에 접속되어 있다. 그 출구에는 추출물을 효율 좋게 분취, 포집하기 위한 기체·액체 분리기, 회수용기 ⑬, 흡착 컬럼, fraction 컬렉터 등을 접속할 수 있다. 또한 추출 후 유로 내의 추출물 흡착 방지나 회수율 향상을 위해 메이크업 용매를 송액하는 펌프 ⑭를 접속할 수도 있다(검출기 뒤에 접속하는 경우도 있다). 기타 그림에는 나타나 있지 않지만 흐름 도중에는 각종 밸브 등이 접속되어 있다.

[1] 추출용기와 온도 제어 장치

초임계 유체 추출 전처리에 사용하는 각종 형상의 추출용기 사진과 단면도를 〈그림 3.14〉에 나타내었다. 용기 형상에는 초임계 유체를 통과시키는 통형과 액체 등도 넣을

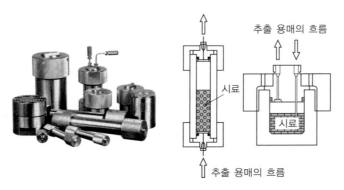

⟨그림 3.14⟩ SFE에 사용하는 각종 추출용기와 그 단면도 예

수 있는 컵형이 있다. 추출용기의 크기는 분리 분석의 전처리가 목적인 경우는 1mL에서 50mL 정도의 소용량형이 많이 사용된다. 시료 중의 추출 목적 성분의 함유량 그리고 추출 전처리 후에 실시하는 분리 분석에 필요한 검출 감도에 따라 추출 시료량을 역산해 적절한 크기의 용기를 선택하는 것이 전처리 후의 분석을 성공시키는 데 중요하다. 추출용기의 온도 조절은 100mL 이하 정도의 소용량 용기의 경우 GC나 HPLC 시스템의 공기욕식 오븐을 이용할 수 있다. 초임계 유체의 송액 유량이 많은 경우는 예열에 의한 온도 조절이 중요하다. 추출 조작마다 추출용기 내 온도는 가능한 한 동일하게 하거나 똑같이 변화시키는 것이 추출의 반복 재현성을 안정시키는 방법의 하나이다.

[2] 압력 조정 장치

초임계 유체 추출에 있어서 압력은 유체의 밀도에 영향을 주기 때문에 그 제어는 추출의 재현성에 있어서 매우 중요한 포인트가 된다. 초임계 상태로 하는 계 내의 압력 조정은 출구 측의 개구가 가변 밸브나 개구부의 밸브봉을 진동시켜 개구시간이나 스트로크(stroke)의 크기를 조정하는 방식(그림 3.15) 등의 저항을 더하도록 한 장치를 사용한다.

다음과 같은 기구나 기능을 가지는 압력 조정 장치가 추출의 양호한 재현성이나 추출효율을 변화시키는 방법 등에 유효한 능력을 발휘할 수 있다. ① 용매의 송액 유량에 관계없이 압력의 설정, 제어를 할 수 있다. ② 압력 변동이 적은 고정밀의 제어 방식, ③ 추출물에 의한 막힘이 가능한 한 생기지 않는 기구, ④ 시간 프로그램에 의한 가압,

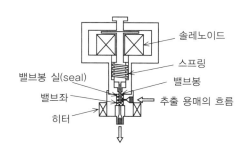

〈그림 3.15〉 자동 압력 조정 장치의 예

감압이 가능, ⑤ 오염이 적고, 세정을 간단하게 실시할 수 있는 구조 등이다.

[3] 추출 성분의 회수 방법

SFE법에서 추출 성분은 압력 조정 장치의 출구에서 기체·액체 분리 후에 접속한 회수용기에 직접 포집할 수 있지만 가압된 매체가 대기압하에 개방되기 때문에 비산 등에 의한 회수율의 저하가 발생하는 경우가 있다. 그러한 때는 추출한 성분을 높은 회수율로 포집하는 몇 개의 방법이 있다. ① 압력 조정 장치의 출구 노즐로부터 이산화탄소와 함께 분출된 추출 성분을 소량의 용매 중에서 버블링해 추출물을 용액에 용해시켜 포집하는 방법, ② 압력 조정 장치의 출구에 포집 컬럼을 달아 추출 성분을 일단 흡착시키고 나서 소량의 용출 용매에 의해 포집하는 방법, ③ 기체와 추출물(또는 보조 용매를 넣었을 경우는 액체)을 원심력에 의해 기체·액체 분리해 비산시키지 않고 용기 내에 포집하는 방법, ④ 추출용기 이후의 흐름에 다른 송액 펌프를 사용해 메이크업 용매를 조금 흘려 넣어 포집하는 방법, ⑤ 압력 조정 장치를 직렬로 접속해 단계적인 압력 강하에 의한 기체·액체 분리 후 액상을 포집하는 방법, ⑥ 휘발성이 높은 성분 등은 압력 조정 장치의 출구에 콜드 트랩을 접속해 포집하는 방법 등이 이용되고 있다. ②의 흡착 칼럼을 이용하는 방법은 추출 시료 중에 공존하는 방해 성분을 없애는 클린업 효과도 기대할 수 있어 전처리 후의 시료 측정에 사용하는 분석기기의 오염 방지 등의 효과도 얻을 수 있다.

[4] 추출 상태의 모니터 장치 : 검출기

추출의 모니터에는 전술한 것처럼 HPLC용 자외가시 흡광광도 검출기나 포토다이오드 어레이 검출기가 많이 이용되고 있다. 또 질량검출기나 증기화 광산란 검출기(ELSD) 등을 추출용기와 압력 제어 밸브 사이에 스플리터를 이용해 유로를 분기시켜 광학적 검출기와 동시에 모니터하는 것도 가능하다. 포토다이오드 어레이 검출기를 사용했을 경우는 검출 파장의 빛의 흡수강도와 감쇠시간에 의한 추출 효율, 스펙트럼에 의한 추출물의 추정이나 추출물별 추출량의 경시(經時) 변화 등의 정보를 얻을 수 있어 최적의 추출 조건 검토에 유효하게 이용할 수 있다

➤ 3.3.3 조작 방법

[1] 추출시료와 장전 방법

추출용기의 선택이나 추출시료의 형태 등을 좀 더 연구함으로써 추출의 효율이나 재현성을 보다 좋게 하는 방법이 몇 가지 있다. 고체시료는 초임계 유체에서도 내부에 침투하기 어려운 것도 있어 큰 덩어리 상태로는 고체 속에서의 물질 이동의 시간에 차이가 생기기 쉽다.

양호한 재현성, 높은 효율로 추출을 실시하기 위해서는 균일한 크기의 섬세한 분체(粉體)로 하는 것이 양호한 결과를 얻는 방법의 하나이다. 그러나 수 μm 이하로 분쇄해 버렸을 경우는 추출시료가 추출용기의 필터(통상 수 μm)를 통과해 유로나 압력 조정 장치의 막힘, 추출압력의 변동 등에 영향을 주는 것도 있으므로 주의가 필요하다. 폴리머 등에 대해서는 얇은 필름상으로 해도 같은 효과를 얻을 수 있다.

액상의 시료는 컵 모양의 액체용 추출용기를 사용하여 그대로 용기에 넣을 수 있다. 일본 술이나 위스키 등의 향기 성분이나 물 속의 비이온성 계면활성제의 추출 등에 이용되었던 적이 있다. 이 경우는 추출 유체의 유량 등을 줄여 부드럽게 추출하는 것이 좋다. 시료 액체가 그대로 나와 버리는 것 같은 경우에는 다른 방법을 이용할 수 있다. 한가지 방법은 추출용기 대신 입자지름이 큰 실리카겔 등을 충전한 컬럼을 접속해 주입장치(HPLC용의 인젝터를 사용)로부터 액체시료를 직접 유로에 도입 또는 사전에 칼럼 내에 도입해 이 컬럼에 추출 성분을 흡착시키고 나서 용출하는 방법이다. 이 방법으로 에센셜 오일 속의 향기 성분, 팜 오일 속의 지용성 성분(비타민, β-카로틴, 지방질), 호프 오일 중 성분 등의 분리, 추출, 정제를 실시한 예가 있다.

　기타 수분이 많은 시료(야채류 등)는 분쇄한 시료의 수분을 흡착시키는 흡착제(규조토, 인산염, 황산나트륨염, 알루미나, 실리카겔 등)와 혼합한 상태의 시료를 용기에 넣어 추출[5]을 실시하는 것도 가능하다. 젤리나 한천 등과 같은 겔 상의 시료도 이 방법을 적용할 수 있다.

　추출용기에는 막힐 정도의 대량의 시료를 밀어 넣는 것이 아니고, 용기 용량의 1/2～2/3 정도 넣어 적당히 초임계 유체가 빠져나가 침투할 수 있는 공간이 있는 상태가 좋은 결과를 얻을 수 있다. 다만, 추출매체가 추출시료와 균일하게 접촉할 수 있게 하는 배려가 좋은 결과를 얻을 수 있다. 폴리머 등의 시료에 따라서는 용기에 밀어 넣음으로써 추출 중에 팽윤해 용기 내로부터 꺼낼 수가 없게 될 수도 있다. 이와 같이 시료의 장전 방법 등도 연구가 필요하다

　또 다른 추출 방법의 테크닉을 소개한다. 시료의 추출 조건을 추출 개시부터 일정 조건만이 아니고 단계적으로 변경하면서 실시하는 방법도 있다. 이러한 방법은 추출되기 쉬운 성분으로부터 얻을 수 있기 때문에 추출물을 선택적으로 얻을 수 있는 가능성이 있다. 통상 추출압력은 높은 것이 유체의 밀도가 커서 추출 효율이 높아진다. 거기서 추출의 초기 단계에서는 낮은 압력으로 추출하고 일정 시간 경과 후에 추출압력을 상승시켜 추출물을 복수의 분획물로서 포집한다. 이 방법은 정제 목적 성분 이외의 필요가 없는 성분을 먼저 용출시켜 없앤 후 목적 성분을 추출할 수 있는 조건으로 하는 등의 연구가 가능하다.

　이러한 방법을 PEEM법(programmed extraction/elution method))[3]이라고 부른다. 앞에서 살펴본 액상시료를 칼럼에 흡착시키는 방법에도 응용할 수 있어 레몬필 오일을 이 방법으로 실시한 예가 보고[2]되고 있다.

▶ 3.3.4 추출 예

SFE에 의한 각종 성분의 추출 예의 일람표를 〈표 3.7〉에 나타내었다.

[1] 식품 중 잔류 농약의 추출

　식품 중 잔류 농약의 분리 분석에는 GC/MS, GC/MS[n], LC/MS, LC/MS[n] 등이 사용되고 있다. 이러한 분리 분석법의 전처리 방법의 하나로 이산화탄소를 추출매체로 한 방법이 이용되고 있다. 커피콩, 소맥분, 시금치 속의 잔류 농약의 추출을 실시한 예[5]가

보고되고 있다. 시금치 등의 시료에 대해서는 분쇄 후 탈수제로서 Hydromatrix™(고 순도 규조토) 2g을 더해 SFE를 실시하고 있다.

〈표 3.7〉 초임계 CO_2를 이용한 각종 추출 예

식품 관계	커피콩 녹차 호프 레드 페퍼 어분 어유 식물 식물유	디카페인 향미성분 호프 추출물(알파산) 매운맛 엑기스, 색소 어유 EPA, DHA 에센셜 오일, 색소, 약효 성분 비타민 E
의약 관계	천연물 정제	약효 성분, 생리활성물질 잔류 용매
화학 공업	석탄, 석유, 에너지	저비등점 성분
	플라스틱, 고무, 폴리머	중합 용제 모노머 올리고머 불순물 이취(異臭) 첨가제
	금속	탈지
	무기화합물, 세라믹스 에어로겔	탈수 탈용매
	전기 전자 부품	세정
기타	담배 토양	니코틴 유기물

[2] 후추 중 피페린의 온라인 SFE-UHPLC

SFE는 스위칭 밸브를 이용해 분리 분석 장치와 접속해 SFE-SFC, SFE-HPLC, SFE-GC 등에 의한 온라인 추출 전처리 분리 분석법을 확립할 수도 있다. 즉, 전처리 와 분석의 자동화 시스템에 의해 분석 작업의 대폭적인 효율 향상을 기대할 수 있다. 후추 중의 피페린에 온라인의 SFE UHPLC를 실시한 예가 보고[6] 되고 있다.

➤ 3.3.5 정리

SFE는 약효 성분, 소맥 배아 중의 토코페롤류, 어유 중의 에이코사펜타엔산(EPA), 도코헥사엔산(DHA) 등 수많은 물질의 추출 예가 이미 보고되어 향후 한층 더 많은 성분에 대한 적용이 검토될 것으로 예상된다. 하이퍼네이트 테크닉으로 추출 전처리와 크로마토그래피를 온라인으로 접속한 추출 전처리−분리 분석 시스템[7]의 구축이 기대되며 자동화·합리화(경비 저감화) 등도 큰 도움을 줄 것으로 생각된다.

3.4 ─ MS 검출용 유도체화

유도체화 기술은 크로마토그래피의 전처리 기술의 하나로서 발전해 왔지만 크로마토그래피마다 전처리의 목적은 다르다.

GC에서는 분석종을 휘발성으로 하는 것이 주된 목적이었지만 HPLC에 있어서의 유도체화는 검출의 감도나 선택성을 향상시켜준다. 즉, 검출능의 향상과 분리도, 이론 단수를 높인다. 즉, 분리능의 향상을 위해 중요한 기술로서 이용되어 왔다[9].

이 절에서는 유도체화 HPLC의 일반적인 사례를 소개한 후 LC/MS 및 LC/MS/MS에 특징적인 유도체화에 의한 분석의 고기능화에 대해 해설한다.

➤ 3.4.1 유도체화란?

유도체화법은 프리 컬럼 유도체화와 포스트 컬럼 유도체화로 크게 분류된다. 시료 중의 분석종을 컬럼에 주입하기 전에 유도체화해 반응 생성물 (유도체라고 한다)을 분리·검출하는 방법을 프리 컬럼 유도체화법이라고 한다. 시료 중의 분석종을 미리 컬럼으로 분리한 후에 그 용출액을 온라인으로 유도체화해 검출하는 방법을 포스트 컬럼 유도체화법이라고 한다. 각각의 특징이나 장점·단점에 대해서는 참고서적에 상세하게 설명되어 있다.[10]

예를 들어 아미노산 분석에서는 대부분의 아미노산에 특이적인 흡수가 없기 때문에 프리 컬럼 유도체화에 의해 아미노기에 시약을 반응시켜 형광물질로서 검출한다. 이것은 검출 감도, 검출의 선택성을 향상시키는 것이 목적이다. 또 아미노산은 유도체화에 의해 소수성이 높아지는 것이 많아 역상계(逆相系) 등의 분리 모드의 선택 사항이 퍼져 고분리가 될 가능성이 높다. 이것은 유도체화에 의한 분리능 향상 효과의 한 예이다.

아미노산을 양이온 교환 컬럼으로 분리 후에 닌히드린 시약과 반응시키는 아미노산의 검출 반응은 전자동 아미노산 분석계로서 시판 후 50년이 지난 현재에도 이용된다.

이것은 포스트 컬럼 유도체화의 가장 성공적인 사례이다.

또한 용리액 속에 이온쌍시약을 첨가해 분석종과 이온 회합으로 분리능을 높이는 방법(역상 이온쌍 크로마토그래피)도 유도체화법의 하나이다.

▶ 3.4.2 프리 컬럼 유도체화 LC/MS에 의한 검출능·분리능 향상

HPLC 유도체화 연구의 상당수는 형광검출에 의한 검출능의 향상을 목적으로 하고 있다. 2000년대 이후 LC/MS나 LC/MS/MS의 현저한 진보와 보급에 의해 유도체화 연구는 새로운 시대에 돌입했다고 해도 과언이 아니다(그림 3.16).

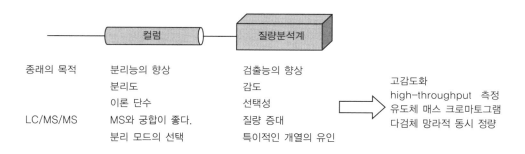

〈그림 3.16〉 프리 컬럼 유도체화 LC/MS/MS의 특징

MS는 원래 선택성이 높기 때문에 유도체화라고 하는 골칫거리인 전처리법의 유용성이 그다지 인식되어 있지 않았다. 그러나 검출능 향상의 관점에서는 HPLC에서의 형광성 부여와 같이 이온화 효율을 높이는 유도체에 의해 MS에서의 고감도화가 바람직하다. 유도체화에 의해 분석종의 질량이 커지는 것은 S/N 향상에 있어서 유리한 경우가 많다. 또 MS에의 도입을 고려하면 역상계에서의 분리가 바람직하고, 분리능 향상이라는 관점에서는 친수성 분석종에 소수성을 부여하는 것 같은 유도체가 유용하다.

전자의 검출능을 향상시킨 예로는 종래부터 알데히드나 케톤의 유도체화에 사용되고 있는 2,4-디니트로페닐히드라진(2,4-dinitrophenylhydrazine)이 있으며 LC/MS에도 유용하다.[8] 본 시약은 니트로기를 2개 가지는 방향족 화합물이며, 반응 생성물은 전자 친화력이 매우 높고, 부이온 모드로 고감도 측정에 유리한 구조이다. 똑같이 아미노기 특이적 형광 유도체화 시약인 4-플루오로-7-니트로벤조푸라잔(4-fluoro-7-

nitrobenzofurazan; NBD–F)이나 니트로기를 가져 LC/MS 아미노산 분석에도 적합하다는 보고가 있다.[9]

LC/MS나 LC/MS/MS 전용의 프리 컬럼 유도체화 시약도 새롭게 개발되고 있다. 예를 들어 아미노기 유도체화 시약 p-트리메틸암모늄아닐릴-N-히드록시숙신이미딜 카바메이트아이오다이드(p-N, N, N trimethylammonioanilyl-N'-hydroxysuccinimidyl carbamate; TAHS)에 의한 프리 컬럼 유도체화 LC/MS/MS 아미노산 분석의 검출 한계는 아토몰(atto-mol) 레벨(10^{-18}mol)이 된다.[10] 한편, 착체를 프리 컬럼 유도체화 시약으로 해 컬럼을 분리한 후 금속을 ICP–MS로 검출하는 고감도화의 시도도 보고되고 있다. 금속으로서는 동위체의 존재가 거의 없고 또 천연 존재가 적은 것이 S/N 향상의 관점에서 바람직하다. 루테늄을 이용한 비스에틸렌디아민-4′-메틸-4-카르복시비피리딘-루테늄-N-히드록시스쿠신이미딜에스테르(bis (ethylenedi-amine)-4′-methyl-4-carboxybipyridine-ruthenium-N-succinimidyl ester) 등이 개발되고 있다.[11]

후자의 분리능을 향상시킨 것으로서는 유도체화 아미노기 화합물 100종류 이상을 10분 동안에 분석한 보고 예가 있다.[12]

▶ 3.4.3 프리 컬럼 유도체화 LC/MS/MS에 의한 분석의 고기능화

프리 컬럼 유도체화 LC/MS/MS의 가장 큰 특징은 개열(開裂)을 이용할 수 있다는 점이다 (그림 3.16). 아래에 대표적인 사례를 2개 소개한다.

유도체의 일부가 선택적으로 개열하는 것 같은 시약을 설계하면 개열 후 부분구조에 유래하는 공통의 프로덕트 이온을 생성시킬 수 있다. 이것을 이용하면 프리커서 이온 스캔 혹은 뉴트럴 로스 스캔에 의해 복잡한 시료 매트릭스 중에서 시약이 결합한 화합물, 즉 공통의 관능기를 가지는 분석종(예를 들어 아미노기를 가지는 화합물)만을 선택적으로 크로마토그램 상에 추출할 수 있다

특히 아미노산과 유도체화 시약이 요소 결합을 형성하는 경우 유도체는 MS/MS에 의해 요소(尿素) 결합 부위가 선택적으로 개열해 아미노기 유래의 구조와 시약 유래의 구조로 나누어진다. 앞에서 설명한 TAHS 등이 거기에 적합하지만(그림 3.17) 이러한 개열을 유인하는 시약은 분석종에 안정 동위체를 포함하도록 설계된 대사 플럭스 해석에 매우 유효하다.

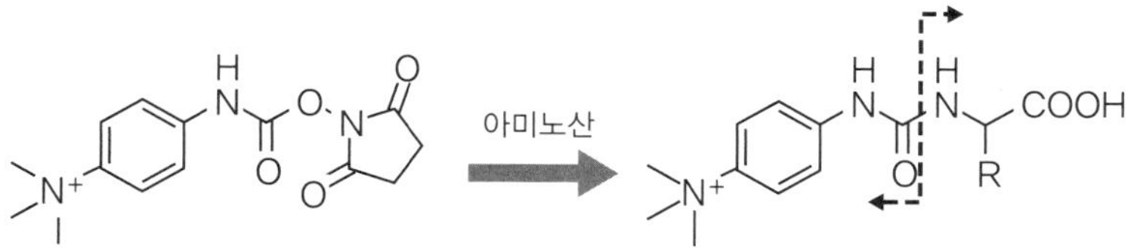

유도체의 요소 결합체는 3연속 사중극 질량분석계로
점선부에서 극히 선택적으로 개열한다.

〈그림 3.17〉 LS/MS/MS에 적합한 아미노기 유도체화 시약 TAHS와 유도체

대사 플럭스 해석이란 생체 내 대사물의 거동을 추적·해석하는 방법이다. 예를 들어 발효 분야에서는 목적 성분을 보다 효율적으로 생산하는 균주(생산균)의 육종이기 때문에 매우 중요한 정보이다. 구체적으로는 탄소원인 글루코오스 등을 ^{13}C로 라벨해 ^{13}C 가 생산균 내의 대사물에 어떻게 받아들여 지는지를 경시적으로 추적한다(그림 3.18). 지금까지는 측정 감도 문제 때문에 균체 내 단백질의 가수분해물 중의 ^{13}C 분포로부터 대사 플럭스가 계산되었다. 그러나 앞에서 설명한 프리 컬럼 유도체 시약을 이용한 LC/MS/MS에 의한 고감도화로 균체 내 미량 유리 아미노산의 ^{13}C 분포를 얻는 것이 가능해졌다. 게다가 앞에서와 같이 유도체의 요소 결합 부위는 선택적으로 개열해 아미노산 유래의 구조와 시약 유래의 구조로 나누어진다. MS/MS의 제1 MS로 유도체를, 제2 MS로 ^{12}C만으로 구성된 시약 유래의 프로덕트 이온만을 검출하면 시약에 포함된 천연 유래의 ^{13}C을 무시할 수 있으므로 복잡한 보정 계산을 하지 않고 아미노산에 받아들여진 ^{13}C 분포를 구할 수가 있다[13].

한편 유도체화 시약에 안정 동위체를 도입함으로써 시료 사이에서 분석종의 정량적인 비교를 측정 오차 없이 실시하는 것이 가능하다.

가장 단순한 예는 앞에서 설명한 TAHS의 트리메틸아미노기의 하나의 메틸을 CH$_3$로부터 CD$_3$(TAHS-d$_3$)로 치환시킨 것이다. 대비하고 싶은 2종류의 시료 중 1개에는 통상의 THAS 시약을, 다른 1개에는 TAHS-d$_3$ 시약을 반응시켜 그것을 혼합해 LC/MS/MS에 제공한다. 시료 사이의 아미노산을 같은 머무름 시간에 m/z가 3개 다른 이온으로 동시에 측정할 수 있어 측정 간에 의한 데이터 분산의 요인을 경감할 수 있다.

iTRAQ (isobaric tags for relative and absolute quantitation) 시약은 안정 동위체를 도입한 시약이지만 단백질의 망라적 해석을 가능하게 하는 뛰어난 시약이며 시

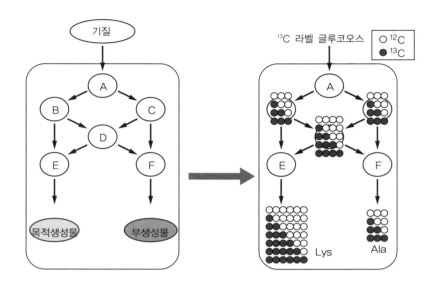

세포 내 대사의 흐름은 대사물의 농도만으로는 알 수 없다(왼쪽 그림). 안정 동위체를 포함한 기질을 이용하면 대사물에 안정 동위체가 유입되는 방법이나 그 양 등으로부터 대사의 방향과 스피드를 추적할 수는 있지만 감도 문제 등으로 대사물을 직접 관측할 수는 없었다. 대사물 중의 안정 동위체를 직접 관측하는 것으로 대사의 빠른 변화의 해석도 가능해 예를 들어 아미노산 생산균으로 어느 대사 효소를 강화하면 높은 생산성을 얻을 수 있을까 등의 유용한 지식을 얻을 수 있다(오른쪽 그림)

〈그림 3.18〉 고감도 대사 플럭스 해석의 의의

판도 되고 있다.[14] 시약은 리포터 부위와 밸런스 부위와 아미노기와 반응하는 부위의 3개의 파트로 구성되어 파트끼리 공유 결합하고 있어 유도체에서는 밸런스 부위를 사이에 두고 분석종의 아미노기와 리포터 일부 정도가 결합되어 있다. iTRAQ 시약은 4종류이고, 리포터 부위와 밸런스 부위의 합계 질량은 각각 동일하지만 리포터 부위와 밸런스 부위에 포함되는 안정 동위체의 수는 다르다(그림 3.19). 비교한 시료의 단백질을 환원·알킬화한 후 트립신 처리해 다른 부분에 안정 동위체가 배치되고 있는 iTRAQ로 표지한다. 이것들을 혼합해 제1 MS에서는 iTRAQ가 결합된 펩티드를 검출하지만 모두 같은 질량이기 때문에 다른 시료에 의한 것이어도 구별할 수 없다. 제2 MS에서 얻어진 프로덕트 이온에는 특이적으로 개열한 리포터 부위가 나타나지만 시료마다 리포터 일부 위의 m/z가 다르기 때문에 서로 비교할 수가 있어 원래의 시료에 포함되어 있던 분석 대상 펩티드를 상대적으로 정량을 실시할 수 있다.

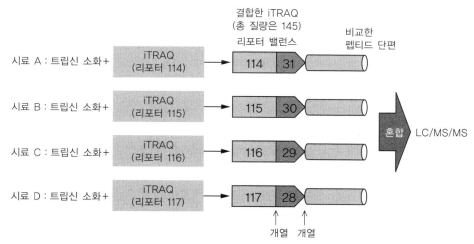

복수의 시료 중 모든 펩티드를 유도체화해 MS/MS 스펙트럼으로부터 정량과 배열 정보를 얻을 수 있다. iTRAQ 유도체는 동일 펩티드이면 m/z가 같고 같은 용출 거동을 나타내며 MS에서도 단일 피크로서 검출된다.
MS/MS의 개열에 의해 m/z가 다른 리포터를 비교함으로써 각각의 시료에 포함되는 펩티드를 정량할 수 있을 뿐만 아니라 펩티드의 개열 패턴으로부터 배열 정보를 알 수 있다.

〈그림 3.19〉 iTRAQ에 의한 단백질의 다검체 동시정량

프리 컬럼 유도체화 LC/MS/MS는 지금까지의 유도체화에는 볼 수 없었던 분석의 고기능화를 달성하고 있다. 특징은 다음과 같다.

- 고감도화
- 하이 스루풋(high-throughput)화
- 유도체만을 추출한 추출 이온 크로마토그램
- 다검체의 망라적 동시 정량

또한 역상 이온쌍 HPLC에 대해서도 휘발성이 높은 이온쌍 시약을 이용하는 것으로 LC/MS나 LC/MS/MS에 적용하는 예도 많다.
최신의 연구에서는 HPLC 분리가 아니고 생체 조직의 작은 조각에 시약을 분무해 유도체를 MALDI-MS/MS로 검출하는 질량 이미징의 보고가 있다.[15]
이와 같이 MS 유도체화 검출은 메타볼롬이나 프로테옴 해석에 빠질 수 없는 방법으로 향후 장치의 개발 연구와 함께 많이 발전해 나갈 것으로 기대되고 있다.

■ 引用文献

1) ジーエルサイエンス（株）編：固相抽出ガイドブック，まむかいブックスギャラリー（2012）
2) 中村 洋監修：ちょっと詳しい液クロのコツ　前処理編，pp.93-103，丸善（2006）
3) Muneo Saito, Yoshio Yamauchi and Tsuneo Okuyama.：Fractionation by Packed-Column SFC and SFE, VCH Publishers, Inc.（1994）
4) 荒井康彦監修：超臨界流体のすべて，（株）テクノシステム（2002）
5) 岡村和代，小笠原亮：残留農薬の迅速スクリーニング，ジャパンフードサイエンス，Vol.44，4月号（2005）
6) 坊之下雅夫，山口高歩，岩谷敬人，佐藤泰世，宮路敏彦，齋藤宗雄：オンラインSFE-UHPLCシステムを用いたコショウ中ピペリンの高速前処理分析法の検討，第21回クロマトグラフィー科学会議（2010）
7) 坊之下雅夫，堀川愛晃：超臨界流体クロマトグラフィー，ぶんせき，No.12，pp.669-677（2009）
8) C. Zwiener, T. Glauner and F. Frimmel：*Anal. Bioanal. Chem.*, 372, 615-621（2002）
9) Y. Song, Z. Quan, J. Evans, E. Byrd and Y. Liu：*Rapid Commun. Mass Spectrom.*, 18, 989-994（2004）
10) K. Shimbo, A. Yahashi, K. Hirayama, M. Nakazawa and H. Miyano：*Anal. Chem.*, 81, 5172-5179（2009）
11) D. Iwahata, M. Tsuda, T. Aigaki and H. Miyano：*J. Anal. At. Spectrom.*, 26, 2461-2466（2011）
12) K. Shimbo, T. Oonuki, A. Yahashi, K. Hirayama and H. Miyano：*Rapid Commun. Mass Spectrom.*, 23, pp.1483-1492（2009）
13) S. Iwatani, S. Van Dien, K. Shimbo, K. Kubota, N. Kageyama, D. Iwahata, H. Miyano, K. Hirayama, Y. Usuda, K. Shimizu and K. Matsui：*J. Biotechnol.*, 128, pp.93-111（2007）
14) R. Luo and H. Zhao：*Stat. Interface*, 5, pp.99-107（2012）
15) S. Toue, Y. Sugiura, A. Kubo, M. Ohmura, S. Karakawa, T. Mizukoshi, J. Yoneda, H. Miyano, Y. Noguchi, T. Kobayashi, Y. Kabe and M. Suematsu：*Proteomics*, 14, pp.810-819（2014）

■ 参考文献

[1] 中村 洋監修：ちょっと詳しい液クロのコツ　前処理編，丸善（2006）
[2] 中村 洋監修：分析試料前処理ハンドブック，丸善（2003）
[3] 日本工業規格　JIS K 0214：2013　分析化学用語（クロマトグラフィー部門），日本規格協会（2013）
[4] 中村 洋監修：ちょっと詳しい液クロのコツ　前処理編，丸善（2006）
[5] 中村 洋監修：分析試料前処理ハンドブック，丸善（2003）
[6] S. Kawano, H. Murakita, E. Yamamoto, N. Asakawa：Direct analysis of drugs in plasma by column-switching liquid chromatography-mass spectrometry using a methylcellulose-immobilized reversed-phase pretreatment column", *J. Chromatogr. B*, **792**, pp.49-54（2003）
[7] 山部恵子，高橋雅俊：HPLCアプリケーションレポートNo.23 生体試料分析システ

ム「Co-Sense for BA」による血漿中薬物の直接分析，島津製作所（2003）

［8］　三上博久：HPLC を用いた医薬品中の微量不純物分析法・事例，製品中に含まれる（超）微量成分・不純物の同定・定量ノウハウ，pp.418-423，技術情報協会（2014）

［9］　B. Blau, J. Halket 編集，中村洋監訳：分離分析のための誘導体化ハンドブック，丸善（1996）

［10］　中村 洋監修，液体クロマトグラフィー研究懇談会編集：液クロ虎の巻―誰にも聞けなかった HPLC Q & A，筑波出版会（2001）

Chapter 4

LC/MS,
LC/MS/MS에서의
LC 분리

4.1 — HPLC · UHPLC 장치

4.1.1 HPLC 장치

일반적인 HPLC 장치는 이동상(移動相: 용리액)을 송액하기 위한 송액 펌프, 이동상에서 용존공기를 제거하는 탈기 장치, 시료 용액을 컬럼에 도입하는 시료 도입 장치, 분리 장소인 컬럼, 컬럼의 온도 조절을 실시하는 컬럼 오븐(컬럼통). 컬럼 용출액에서 분석종을 검출하는 검출기 그리고 검출기로부터의 신호를 받아 크로마토그램의 표시나 정량 계산을 실시하는 데이터 처리 장치 등으로 구성된다(그림 4.1).

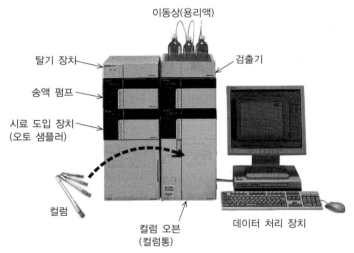

이동상(용리액)

탈기 장치

송액 펌프

시료 도입 장치
(오토 샘플러)

검출기

컬럼

컬럼 오븐
(컬럼통)

데이터 처리 장치

〈그림 4.1〉 HPLC 장치의 예

[1] 송액 펌프

송액 펌프는 이동상을 정확하게 일정 유량 우수한 정밀도로 송액하기 위한 장치로, 내압성, 유량 안정성, 저맥동 등의 성능이 요구된다. HPLC가 처음 선보일 때는 여러 가지 타입의 펌프가 시장에 나왔지만 현재는 왕복 운동형 펌프(플런저 펌프)가 주류가 되고 있다. 〈그림 4.2〉에 왕복 운동형 펌프의 기본 구조 예(모식도)를 나타내었다. 왕복 운동형 펌프로는 펄스 모터로 구동하는 캠에 의해 플런저가 왕복 운동을 실시해 이동상의 흡인·토출을 반복해 이동상을 송액한다. 펌프의 실린더 용량은 일반적으로 10~100μL 정도이며 펌프 헤드는 2연속이 주류이다. 펌프에서 중요한 부품으로 플런저 실(plunger seal)과 체크 밸브(역지 밸브)가 있다. 플런저 실은 실린더 내의 이동상이 펌프 본체 측에 새지 않게 하는 수지제 부품이다. 체크 밸브는 흡인·토출 과정에서 이동상이 역류하지 않도록 작용하는 부품이며 펌프 헤드의 입구·출구에 위치해 있다. 이동상 흡인 공정에서는 입구 측 체크 밸브는 열고, 출구 측은 닫는다. 한편, 이동상 토출 공정에서는 반대의 동작을 실시한다. 〈그림 4.2〉는 토출 공정을 나타낸 것으로, 입구 측 체크 밸브는 작은 공의 기능에 의해 닫혀 있다. 플런저 실로부터의 액 누락이나 체크 밸브의 동작 불량은 유량 저하나 맥동의 증대 등으로 연결된다.

HPLC에 있어서의 용리 방법으로는 단일 조성의 이동상에 의해 용출시키는 아이소크래틱 용리와 이동상 조성을 연속적으로 변화시키면서 용출하는 그레디언트 용리가 있다. 그레디언트 용리는 다성분이나 머무름에 차이가 있는 성분의 일제 분석에 유용하다. 그레디언트 용리 방식에는 〈그림 4.3〉에 나타낸 것 같은 고압 그레디언트와 저압 그레디언트가 있다. 고압 방식과 저압 방식은 다른 이동상이 합류하는 지점이 고압인가, 저압(상압)인가의 차이이다. 고압 방식에서는 각 이동상이 다른 펌프에 의해 혼

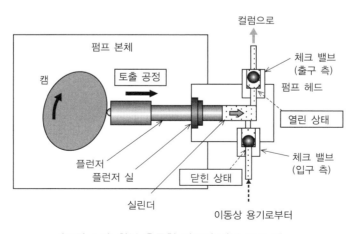

〈그림 4.2〉 왕복 운동형 펌프의 기본 구조 예

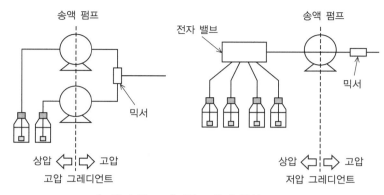

〈그림 4.3〉 그레디언트 용리 방식

합 비율분의 유량으로 송액된 후(예를 들어 유량 1.0mL/min로 2액을 1 : 1로 혼합하는 경우 2개의 펌프 유량은 각 0.5mL/min) 가압하에서 합류, 믹서로 혼합된다. 한편 저압 방식에서는 펌프의 흡인 공정 시 펌프 앞에 설치된 전자 밸브가 혼합 비율에 대응해 개폐해 각 이동상은 전자 밸브 출구로부터 펌프 내에서 가압 전에 합류된 후 가압되어 믹서에서 혼합된다. 그레디언트 용리에서는 이동상의 합류 지점으로부터 컬럼 입구까지의 용량인 드웰 볼륨(dwell volume)의 영향을 받아 프로그램 상의 혼합 비율 변화에 따라 실제의 혼합 상태가 지연될 수 있다. 드웰 볼륨은 고압 방식에서는 믹서 이후(믹서 용량, 시료 도입 장치 내 용량, 기타 배관 용량 등)이지만 저압 방식에서는 전자 밸브 이후 펌프 용량도 더해진다. 저압 방식은 펌프 1대로 2~4액의 그레디언트 용리가 가능하여 경제적이지만 고압 방식에 비해 드웰 볼륨이 증가해 그레디언트의 지연시간이 커진다. 이 때문에 그레디언트 용리를 이용하여 방법(method)을 이관할 때 고압 방식과 저압 방식에 의해 용리 패턴의 차이가 발생할 수 있으므로 주의해야 한다. 또한, UHPLC 장치에 대해서는 드웰 볼륨은 꽤 억제되고 있다.

[2] 탈기 장치

이동상 중에 용존되어 있는 공기를 제거하기 위해 이용하는 장치이며 제1의 목적은 송액 트러블의 원인이 되는 펌프 내에서의 기포 발생을 미리 막는 것이다. 펌프 내는 흡인 시 음압이 되기 때문에 이동상에 용존되어 있는 공기가 기포가 되어 발생하기 쉽다. 저압 그레디언트에 있어서는 용매 혼합(예를 들어 물과 메탄올의 혼합)에 의해 발생한 기포가 펌프에 머무르는 경우가 있다. 펌프 내의 기포는 송액 불량의 원인이 되어 경우에 따라서는 전혀 송액할 수 없게 된다. 기타 검출기 셀에서 발생한 기포가 노이즈나 바탕선 드리프트 등의 원인이 되어 형광 검출기 등에서는 이동상 중의 용존 산소가 검출 감도에 영향을 주는 일도 있다. 탈기 방법으로는 오프라인으로 아스피레이터나 초음파를 이용해 이동상을 흡인 탈기하는 방법도 있지만 공기의 재용해가 일어나기 때문에 온라인 탈기 장치의 사용이 바람직하다. 현재 시판되고 있는 온라인 탈기 장치는 기체를 투과하는 수지막을 이용한 것이 주류이며 수지막 튜브의 외측을 감압해 안에 흐르는 이동상을 효율 좋게 탈기한다.

[3] 시료 도입 장치

시료 도입 장치는 시료 용액을 일정량 정확하게 정밀도 좋게 컬럼에 도입(주입)하기 위한 장치로, 마이크로시린지 등을 이용해 수동으로 도입하는 매뉴얼 인젝터(수동 시료 도입 장치)와 복수의 검사 대상물을 차례차례 자동으로 도입하는 오토 샘플러(자동 시료 도입 장치)가 있다. 오토 샘플러에 대해서는 장치 메이커나 같은 메이커에서도 기종에 따라 방식이나 구조가 다른 경우가 있으므로 유의한다. 〈그림 4.4〉에 오토 샘플러의 유로 예(모식도)를 나타내었다. 이것은 니들을 개입시켜 계량 펌프에 의해 흡인·계량한 시료 용액을 시료 루프에 도입·머무르게 하고 밸브를 전환함으로써 머무른 시료 전량을 컬럼에 도입하는 방식이다. 이 방식은 메이커에 따라 세부적으로 차이는 있

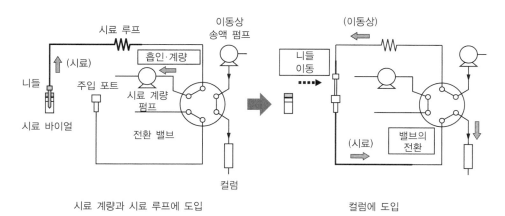

〈그림 4.4〉 오토 샘플러의 흐름 예

지만 현재 가장 일반적으로 이용되고 있다.

오토 샘플러의 성능으로는 인젝터의 기본 성능인 주입량의 정확도나 주입 정밀도에 더해 UHPLC나 LC/MS의 발전에 따라 주입의 고속화, 처리 검체수의 대량화, 캐리오버의 극소화 등이 요구되고 있다. 주입의 고속화는 주입 동작의 고속화는 물론 주입 사이클의 단축이 중요하다. 또 처리 검체수의 대량화에서는 마이크로 플레이트 대응도 일반화되고 있다.

캐리오버는 먼저 도입한 성분이 오토 샘플러 내에 잔존해 있다가 후의 분석에서 검출되는 현상으로 정량 하한이나 직선성 등에 크게 영향을 준다. 캐리오버의 주된 원인으로는 아래와 같은 것을 생각할 수 있다.

- 니들 내면 및 외면에 흡착
- 주입 포트에서의 시료 잔사
- 시료 루프 내면에 흡착
- 전환 밸브 내의 접액부 재질에 흡착
- 기타 시료가 통과하는 배관 내면에 흡착

캐리오버 억제는 장치에 시료 성분을 흡착시키지 않고 흡착된 시료 성분을 철저하게 세정·제거한다는 생각에 근거해 장치에 따라 여러 가지 연구가 이루어지고 있다. 예를 들어 니들의 표면 처리, 니들이나 주입 포트의 세정 기구, 밸브 내 재질의 최적화 등의 기술 개발이 진행되고 있다.

[4] 컬럼

컬럼은 고정상(固定相)인 충전제 및 충전제를 충전하는 관인 크로마토그래피관으로, 각 분리 모드에 대응해 다종 다양한 것이 시판되고 있다. 충전제 기재로는 통상 입자지름 $2 \sim 5 \mu m$의 구상 실리카겔이 이용되지만 분리 모드에 따라서는 폴리스티렌 겔과 같은 합성수지도 이용된다. 충전제의 종류로는 입자형 외에 연속체의 골격 구조를 가진 모노리스형도 있다.

크로마토그래피관의 재질로는 내식성, 내압성 등이 뛰어난 스테인리스강(SUS)이 일반적이지만 SUS는 할로겐 이온에 의한 부식에 대해 주의가 필요하다. SUS가 적합하지 않는 이동상 조건에서는 폴리에테르에테르케톤(PEEK) 수지 등이 이용된다. PEEK 수지는 내압성이 높거나 취급하기 쉽다는 등으로 HPLC 장치의 각 부를 접속하는 배관이나 컨넥터류에도 널리 이용되고 있다. 다만 SUS에 비하면 내압에는 한계가 있어 테 트라히드로푸란이나 클로로포름 등은 사용할 수 없는 점에 유의해야 한다.

[5] 컬럼 오븐

HPLC에서 컬럼 오븐은 컬럼 온도를 일정하게 유지함으로써 정밀도 향상, 가온 혹은 냉각에 의한 분리 선택성의 개선, 온도를 높게 함으로써 컬럼의 효율 향상이나 이동상 점도 저하에 의한 컬럼 부하의 저감 등의 목적으로 이용된다. 컬럼 오븐에는 공기 순환 방식과 블록 히팅 방식이 있다.

공기 순환 방식은 열원과 팬을 이용하므로 오븐 내에 복수 라인의 컬럼이나 전환 밸 브, 그레디언트 믹서, 포스트 컬럼 유도체화용 반응관 등을 수납할 수 있어 다용도로 사용할 수 있다. 반면, 사이즈가 커 고가이다. 한편, 블록 히팅 방식은 열원과 컬럼에 접하는 알루미늄 블록을 이용함으로써 콤팩트해 저가이지만 수납할 수 있는 컬럼의 크 기나 개수는 제한된다.

[6] 검출기

근년 HPLC에서의 검출기로 질량분석계가 보급되어 왔지만 종래부터의 HPLC용 검 출기에는 〈표 4.1〉에 나타내었듯이 여러 가지의 측정 원리를 이용한 것이 있다.

〈표 4.1〉 HPLC에서 이용되고 있는 주된 검출기

검출기	측정 원리	검출 대상 물질
자외가시 흡광광도 검출기	용질의 흡광도를 측정	흡광 물질
형광 검출기	용질의 형광 강도를 측정	형광 물질
시차 굴절률 검출기	용질에 의한 이동상 굴절률의 변화를 측정	모든 물질
증기화 광산란 검출기	이동상을 증발시킨 후 용질 입자의 산란광 강도를 측정	불휘발성 물질
하전화 입자 검출기	이동상을 증발시킨 후 용질 입자를 하전시켜 그 전하량을 측정	불휘발성 물질
전기 화학 검출기	용질의 산화 환원 반응에 의해 생긴 전류를 측정	산화 환원성 물질
전기 전도도 검출기	용질과 이동상의 전기 전도도의 차이를 측정	이온

이 중에서 자외가시 흡광광도 검출기(흡광광도 검출기)가 일반적으로 널리 사용되고 있다. 흡광광도 검출기를 적용할 수 있는 것은 자외 파장 범위부터 가시 파장 범위에서 무언가를 흡수한 물질이다. 유기 화합물의 대부분이 이러한 파장 범위에서 흡수를 하기 때문에 이 검출기의 적용 범위는 넓을 뿐만 아니라 감도, 조작성, 안정성, 유지보수성 등의 밸런스 면도 우수하다. 또한 흡광광도 검출기 중 포토다이오드 어레이 검출기에서는 통상의 시간 축과 흡광도 축에 더해 파장 축의 정보(흡수 스펙트럼)를 한 번의 분석으로 얻을 수 있어 피크 분류, 피크 순도 평가 등을 실시하는 것이 가능해진다. 광흡수성이 부족한 분석종에는 시차 굴절률 검출기, 증기화 광산란 검출기, 하전화 입자 검출기가 이용된다. 시차 굴절률 검출기는 이동상(移動相)과 굴절률의 차이가 있는 물질이라면 원리적으로 모두 검출할 수 있다고 하는 범용성이 높은 검출기이다. 그러나 흡광광도 검출기에 비해 감도가 좋지 못하고 그레디언트 용리를 적용할 수 없는 결점이 있다. 증기화 광산란 검출기 및 하전화 입자 검출기는 비휘발성 물질이면 원리적으로 모두 검출할 수 있고 시차 굴절률 검출기에 비해 고감도로 그레디언트 용리가 가능하다. 다만 코스트 면에서는 시차굴절률 검출기보다 불리하다. 분석종이 형광 물질이면 형광 검출기를 이용하는 것으로 고감도로 선택적 검출이 가능해진다. 형광 검출기에서는 형광 물질로부터 발생한 빛 에너지를 고감도로 직접 측정할 수가 있어 물질 고유의 여기 및 형광 파장으로 검출하기 때문에 선택성이 높다. 전기 화학 검출기도 산화 환원성 물질을 고감도로 선택적으로 검출할 수 있다. 무기 이온 등에는 전기 전도도 검출기가 이용되어 이온 크로마토그래프에서는 필수의 검출기가 되고 있다

이러한 검출기로 충분한 결과를 얻을 수 없을 때에는 분석종을 다른 화학종으로 유도해 검출하는 유도체화 검출법이 유효하다. 유도체화는 분석종을 컬럼 도입 전에 유도체화하는 프리 컬럼 유도체화, 분석종을 컬럼 분리 후에 유도체화하는 포스트 컬럼 유도체화로 대별된다. HPLC에서의 유도체화의 주목적은 감도와 선택성의 향상이지만 프리 컬럼 유도체화에서는 분리를 개선할 수 있는 경우도 있다.

[7] 데이터 처리 장치

데이터 처리 장치로서는 전용 장치(이른바 integrator)도 시판되고 있지만 현재는 많은 경우 퍼스널 컴퓨터를 이용한 크로마토그래피 워크 스테이션이 사용되고 있다. 크로마토그래피 워크 스테이션에서는 장치 제어, 데이터 처리, 리포트 작성까지 실시

할 수가 있다. 메이커에 따라 조작성이나 기능은 다르지만 최근에는 각종 분석 장치를 통합한 소프트웨어도 개발되고 있어 같은 조작성으로 각종 분석 장치를 취급할 수 있을 것이다.

➡ 4.1.2 UHPLC 장치

[1] 서론

UHPLC(ultra high performance liquid chromatography)는 2004년 워터스(Waters)가 UPLC를 발표했던 것에서 비롯된다. UPLC는 시스템의 최대 압력이 105MPa이며. 입자지름 $2\mu m$ 이하인 충전제의 컬럼을 채용함으로써 HPLC의 대략 1/10의 분석시간에 크로마토그램을 생성할 수가 있었다. 또 그 해의 Pittcon Editors' Gold Award를 수상했다. 이 기술 동향은 그 후 2년간 각 HPLC 메이커가 같은 시스템을 여러 가지 명칭으로 제품 발표함으로써 확실한 것이 되었다. UHPLC라는 용어는 그 무렵부터 학회를 중심으로 이 기술 방법 혁신을 통일된 호칭으로 부르기 위해 도입되었다. 당시 HPLC 장치는 내압이 오로지 40MPa 이하였는 데 대해 업계에서는 내압이 60MPa를 넘는 것부터 UHPLC 장치라고 부르고 있었다. 현재도 HPLC 장치와 UHPLC 장치를 명확하게 구별하는 규정이 특별히 있는 것은 아니다.

그 후 UHPLC의 조류는 고속화 고분리화를 목적으로 모노리스 컬럼이나 코어셸 컬럼 연구개발의 추진력이 되었다. 또 크로마토그램 상의 피크가 샤프하게 되는 효과를 받아 피크 높이가 증대해 고감도화에 기여하는 일도 알려져 있다. 여기에서는 UHPLC의 기술적 측면을 살펴보고 응용 데이터를 소개한다.

[2] 분리 성능 평가법

2005년에 벨기에의 데스메트(Desmet)[1]가 녹스(Knox)[2]나 포페(Poppe)[3]의 방법을 확장해 kinetic plot method(KPM)라는 발상을 착안했다. 당시 각 선속도 u_o[mm/s]의 이론단 상당 높이 H[μm]를 측정해 이른바 반 딤터(van Deemter) 커브에 의해 극소 H나 후술하는 C항이 지배적인 영역의 H를 비교하는 분리 성능 평가법밖에 없었기 때문에 낮은 유동 저항을 특장으로 하는 모노리스 컬럼을 공평하게 평가할 수 없는 상황이었다. 모노리스 컬럼은 3차원적인 그물코 구조이며 H가 커도 유동 저항이 작으므로 컬럼 길이 L[mm]을 늘이는 것이 비교적 용이해 입자형 충전제보다 높은 이론단수를 얻을 수 있다. KPM은 일련의 반 팀터(van Deemter) 커브 데이터($u_\circ$, H)와 컬럼 통액성을 나타내는 물리량인 컬럼 투과성(column permeability) K_V만으로 분리 성능을 평가할 수 있는 간이법이다. 기오천(Guiochon)[4]이 발견한 높은 이론단수 N을 얻기 위해서는 오히려 입자지름 $10\mu m$ 등 비교적 큰 충전제를 이용하는 편이 우위인 것도 이 방법으로 설명할 수 있다. 이것은 주어진 압력하에서는 통액성 K_V가 높은 충전제를 긴 컬럼으로 이용하는 것에 이점이 있을 수 있기 때문이다.

HPLC와 UHPLC를 명확하게 구별하기는 어렵지만 KPM은 내압뿐만 아니라 80 ℃ 등의 고온에서 컬럼을 사용하는 방법이나 코어셸 컬럼 기술도 포함해 분리 성능면에서 봤을 때 하나의 HPLC/UHPLC 식별의 어프로치가 될 것이다.

[3] 컬럼 투과성 K_V

UHPLC 장치 관련 기술을 살펴보면 시스템 내압이 60MPa 근처를 넘는 것이 계기가 되어 당초는 입자지름 $2\mu m$ 정도의 충전제 이용부터 시작되었지만 그 후 고속 고분리 성능의 향상을 목적으로 연구 개발된 여러 가지 HPLC를 넘는 기술 체계라고 볼 수 있다. 이 관점에서 압력을 재고하는 것은 의미가 있다. 분석 시의 압력이 시스템 내압 상한까지 걸리는 것은 아니다. 컬럼의 압력손실 및 컬럼 이외의 유로 배관계 등에 걸리는 압력을 합계한 분석압력은 송액 펌프의 최대 토출압력의 80~90% 정도까지 억제하는 것이 통상이다. 한편, 메이커 제품 사양의 시스템 내압은 이 최대 토출압력까지 견디는 것을 의미하고 있지만 실제의 시스템은 당연히 그 이상의 내압을 가지고 있을 필요가 있다.

컬럼의 압력손실 ΔP[MPa]는 비머무름 용질의 선속도 $u_\circ$[mm/s]. 이동상의 점도 η [Pa·s]. 컬럼 길이 L [mm] 각각에 비례한다(식 (4.1)).

$$\Delta P = \frac{u_0 \eta L}{K_V} \tag{4.1}$$

여기서 K_V는 유량, 이동상의 점도 η 및 컬럼 길이 L에 의존하지 않고 충전제 또는 충전 상태·구조에만 기초를 두는 통액성을 나타내는 상수이며 컬럼 투과성[m^2]이라고 한다. 입자형 충전제의 경우 K_V는 입자지름의 제곱에 비례하는 것으로 알려져 있다.[2]

이 때문에 ΔP가 올라가면 $u_\circ$, η 또는 L 각각을 증가시킬 수 있다. $u_\circ$의 증가는 머무름 시간을 단축할 수 있어서 고속 분석이 가능하게 된다. L을 늘리는 것은 이론단수 N을 향상시키게 되어 고분리 분석이 가능해진다. 점도 η를 증가함으로써 이동상에 아세토니트릴 대신 메탄올 등의 사용이 가능해, 분리 개량 파라미터(parameter)의 자유도가 더해지기 때문이다. 이와 같이 내압 상승은 분석의 고속화, 고분리화에 유리하다.

〈그림 4.5〉에 컬럼의 유동 저항 특성을 나타내었다. 세로축은 컬럼에 걸리는 압력손실 ΔP[MPa]이고, ΔP가 가로 축의 비머무름 용질의 선속도 u_0[mm/s]에 비례하고 있는 것을 알 수 있다. 충전제의 입자지름 2, 3, 5μm 각각의 컬럼 데이터가 플롯되고 있지만 입자지름이 작은 2μm의 기울기가 크고, 유동 저항이 높은 컬럼 투과성 K_V (식 (4.1))은 유동 저항에 반비례하는 통액성 지표이기 때문에 입자지름 2μm의 K_V가 7×10^{-15}m^{2}로 가장 작다.

모노리스 컬럼은 컬럼 투과성 K_V를 향상시키는 것이 개발 목적임을 알 수가 있다. 한편, 코어셸 컬럼은 셸(껍질) 부분만이 분리에 기여하는 박층상의 충전제 구조를 하고 있어 이동상과 고정상 사이 용질의 이동시간이 짧다는 장점을 가진다. 셸이 얇은 것으로부터 넓은 선속도 범위로 고성능의 이론단 상당 높이 H를 얻을 수 있어 컬럼 투과성 K_V는 입자형 충전기와 똑같이 입자지름의 제곱에 비례한다. 이 때문에 높은 분리 성능과 비교적 높은 컬럼 투과성을 동시에 얻을 수가 있다. 코어셸 컬럼은 예를 들어 서브 2μm의 전 다공질 충전제와 같은 이론단 상당 높이 H를 가지면서 컬럼 투과성 K_V를 향상시킬 수 있다. 혹은 2μm 이하의 전 다공질 충전제와 같은 컬럼 투과성 K_V를 가지면서 이론단 상당 높이 H를 작게 해 성능을 향상시킬 수도 있다. 또 컬럼 온도를 상승시

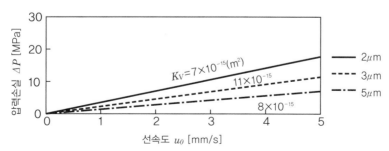

〈그림 4.5〉 컬럼의 유동 저항 특성

키는 UHPLC 기술은 이동상의 점도 η를 저하시키는 것으로, 내압을 컬럼 길이 L이나 선속도 u_0의 증가에 유효하게 살리려는 방법으로 간주할 수가 있다.

[4] 카이네틱 플롯 메서드(KPM)

〈그림 4.5〉와 같은 입자지름의 충전제 컬럼을 이용해 이론단 상당 높이 H와 선속도 u_0의 관계를 나타내는 반 딤터(van Deemter) 커브(식 (4.2))를 〈그림 4.6〉에 나타내었다.

$$H = A + B\frac{1}{u_0} + Cu_0 \tag{4.2}$$

여기서 A, B, C는 단위를 가지는 상수이다. 입자지름 $2\mu m$인 컬럼에서는 선속도가 높은 영역에서 기울기가 작고 이른바 C항이 작다.

KPM은 반 딤터(van Deemter) 커브와 K_V의 데이터가 있으면 t_0-N 플롯을 계산할 수 있다. 그 순서를 여기에 간단하게 나타내었다. 반 딤터 커브란 (u_0, H)의 측정 데이터 세트가 수 조 있을 때, 우선 주어진 압력손실 ΔP 및 점도 η의 조건하에서 식 (4.1)을 이용해 실측한 선속도 u_0마다 대응하는 컬럼 길이 L을 차례차례 유일하게 구할 수 있다. 〈그림 4.6〉으로부터 t_0-N 플롯을 입자지름마다 얻을 수 있다.

홀드업 타임 t_0[s]는 식 (4.3)으로 구할 수 있다.

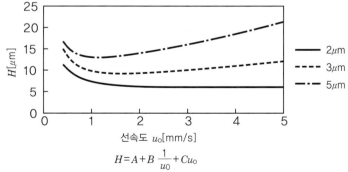

$$H = A + B\frac{1}{u_0} + Cu_0$$

이동상 : 물/아세토니트릴(40/60, v/v) 아이소크래틱 용리
분석종 : 안식향산부틸   온도 : 40℃
비머무름 용질 : 우라실 비머무름 용질의 선속도 : u_0

〈그림 4.6〉 반 딤터(van Deemter) 커브

$$t_0 = L/u_0 \tag{4.3}$$

한편, 이론단수 N은 식 (4.4)로부터 구해진다. 이론단수 N은 무차원이기 때문에 L과 H의 단위를 mm나 μm의 어느 쪽에 줄 것인지 주의해야 한다.

$$N = L/H(u_0) \tag{4.4}$$

이것으로 변환 후의 데이터 세트(N, t_0)가 매개 파라미터(parameter)로서의 u_0의 데이터 수만큼 갖추어진다. 변환 전의 데이터 세트(u_0, H)로부터 출발해 주어진 ΔP와 η의 조건 아래 입자지름마다의 K_v를 이용하는 계산 과정에서 L을 집어넣어 (N, t_0)으로 변환한 이유다. 이 일련의 과정은 모두 유일한 변환 계산뿐이다.

입자지름 2, 3, 5μm의 각 충전제 컬럼의 데이터(그림 4.5, 4.6)를 이용해 세로축에 홀드업 타임 t_0, 가로축에 이론단수 N을 플롯했다(그림 4.7). 이 그래프로부터 요청하는 N을 입수하기 위한 최소 홀드업 타임 t_0를 읽어낼 수가 있다. 혹은 임의의 홀드업 타임 t_0에 있어서의 획득 가능한 최대의 N을 발견할 수 있다. 다만, 이 t_0-N의 그래프에는 그 플롯점의 u_0도 H도 L도 통상은 나타내지 않는다.

〈그림 4.7〉의 곡선은 각 입자지름에 있어서의 최대 압력손실 ΔP_{max} 아래에서의 홀드업 타임 t_0의 하한을 나타내고 있다. 그 곡선의 위쪽 영역이면 ΔP를 내리든가 u_0와 L을 조절함으로써 임의의 데이터 세트(N, t_0)를 얻을 수 있다. 반대로 말하면 t_0-N 플롯은 최대 압력손실 ΔP_{max}를 상승시키든가 이동상의 점도 η를 내리지 않는 한 아무리 u_0와 L을 조절하더라도 그 곡선보다 하부의 데이터 세트(N, t_0)를 얻을 수 없는 한계선을 나타내고 있다.

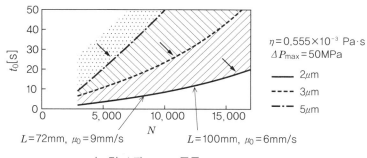

〈그림 4.7〉 t_0-N 플롯

113

이 예에서는 최대 압력손실 ΔP_{max}를 50MPa로, 점도 η을 100% 메탄올(25 ℃)의 0.555×10^{-3}Pa·s로 설정했다. 결과적으로 입자지름 2μm이 압도적으로 고성능임을 알 수 있다. 이론단수 N에서 10,000단을 요청하면 입자지름이 2μm이면 홀드업 타임 t_0는 8s, 입자지름이 3μm이면 25s, 입자지름 5μm이면 50s였다.

고속화는 t_0를 작게 하는 것이다. 아이소크래틱 용리의 머무름 시간 t_R(s)은 머무름 계수 k를 이용해 식 (4.5)로 나타낼 수 있다.

$$t_R = t_0(k+1) \tag{4.5}$$

홀드업 타임 t_0는 비머무름 용질의 컬럼 소통 시간이며 머무름 시간의 기준이 되는 일종의 단위시간이다. 그레디언트 용리의 경우도 일정한 N을 얻을 수 있는 컬럼이면 t_0는 작은 것이 바람직하다.

고속 성능을 얻으려면 t_0-N 플롯에 수직선을 긋는다. 예를 들어 이론단수 N이 5,000단 필요하면 입자지름 5μm보다 2μm의 홀드업 타임 t_0가 짧다. 한편, 고분리 성능을 얻으려면 이 그래프에 수평선을 긋는다. 예를 들어 t_0가 20s라면 입자지름 5μm보다 2μm의 컬럼이 N이 크다. 고분리화란 아이소크래틱 용리의 분리도가 N의 제곱근에 비례하기 때문에 N을 크게 하는 것을 말한다.

단순화한 논의이지만 입자지름 2μm인 컬럼에 의한 고성능화는 이 그래프에도 나타나 있듯이 고속화에도 고분리화에도 효과가 있다.

HPLC/UHPLC를 식별하는 하나의 기준으로, 예를 들면 이론단수 N이 10,000단일 때의 홀드업 타임 t_0가 대체로 10s 이하이면 UHPLC라고 할 정도이다. 즉, 10s 이상 걸리면 아직 HPLC의 분석법 영역이라는 의미이다. 이것은 어디까지나 하나의 기준이다. 이 생각은 임의의 이론단수 N에 확장 가능하다. 분석압력이 제한되고 있는 경우, 홀드업 타임 t_0는 이론단수 N의 제곱에 비례하기 때문에[5] 요청하는 N이 2배의 20,000단일 때 t_0는 4배의 40s 이하이면 UHPLC라고 생각할 수 있다.

반 딤터(van Deemter) 커브(u_0, H)는 기본적인 분리에 관한 성능 특성이다. 한편, 시스템 내압, 컬럼 압력손실 ΔP, 이동상 점도 η 혹은 컬럼 투과성 K_V 등 압력에 관련된 지표는 일종의 제한 조건으로 간주할 수 있다. KPM은 u_0와 L을 매개 파라미터(parameter)로서 분리 특성과 제한 조건을 관련지어 t_0-N 플롯을 생성한다. 이 t_0-N 플롯이 HPLC/UHPLC 식별(1만 단 10초)에 한몫한 이유다.

[5] 응용 데이터

소 혈청 알부민(BSA) 트립신 소화물을 모델 샘플로 한 이른바 펩티드 매핑을 실시한 예를 소개한다.[6] UHPLC 장치를 사용해 분리 컬럼으로서 입자지름 1.9μm의 옥타데실시릴(ODS) 컬럼(3.0mm I.D.×250mm)을 사용한 계에 대해 분리 능력 지표로서 그레디언트 용리 시간당 피크의 출현 가능 개수를 나타내는 피크 캐퍼시티 Pc[7]를 이용했다. 입자지름 1.9μm 충전제의 컬럼을 최대 압력 82MPa로 분석했을 경우 479의 P_c를 얻었다. 한층 더 최대 압력 132MPa로 긴 컬럼을 2개 연결해 분석하는 것보다 P_c는 624까지 향상했다(그림 4.8). 이와 같이 시스템 내압 140MPa를 가지는 UHPLC 시스템과 서브 2μm 충전제의 250mm 긴 컬럼의 조합은 펩티드 매핑과 같은 고분리가 요

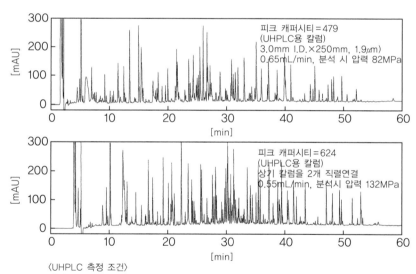

〈UHPLC 측정 조건〉
컬럼 : LaChromUltra II C18(1.9μm) 3.0mm I.D.×250mm
UHPLC 장치 : 히타치(日立) Chromaster Ultra Rs 시스템
이동상 : A) H$_2$O/TFA (99.95/0.05, v/v)
B) CH$_3$CN/TFA (99.95/0.05, v/v)
5%B (0min) → 45%B (60min)
유량 : 0.65mL/min, 0.55mL/min
컬럼 온도 : 40℃
검출 파장 : UV 214nm (DAD)
주입량 : 5μL

〈그림 4.8〉 BSA(소 혈청 알부민) 소화물의 분석 예

구되는 애플리케이션에 대해서도 유용하다는 것이 나타났다.

[6] 정리

UHPLC 장치의 구성 요소는 송액 펌프부터 검출기, 데이터 처리 장치까지 전 항의 HPLC 장치와 완전히 동일하지만 그러한 장치로부터 살펴본 차이 중 하나는 앞에 설명한 대로 내압 수준이다. HPLC 장치의 내압은 40MPa 이하이며 UHPLC 장치는 대개 60MPa 이상의 내압이다. 1970년대 HPLC 장치가 과거의 액체 크로마토그래프(LC) 장치로부터 비약했던 것도 강제적으로 펌프로 이동상을 송액하는 것에 의한 분석압력의 돌파구가 있었다. 21세기의 UHPLC 장치가 HPLC 장치 레벨의 이노베이션(innovation)이었는지는 후의 판단에 맡길 수밖에 없지만 고속 고분리 성능을 향상하고 싶다는 동기가 각종 연구 개발을 촉진해 UHPLC 기술과 같은 다양한 발전을 재촉했다는 것은 말할 수 있을 것 같다.

4.2 — 분리 모드와 컬럼 분리

➤ 4.2.1 역상 분배

역상(逆相) 분배 크로마토그래피는 취급이 용이하고 높은 이론단을 가진 다양성이 풍부한 고정상(固定相)을 다종 사용할 수 있어 현재는 HPLC 분석에서 가장 많이 사용되는 분리 모드이다. 또 LC/MS, LC/MS/MS에 대해서는 분리뿐만 아니라 사용되는 이동상(移動相)이 MS에서의 이온화에 적절하므로 역상 분배가 많이 사용되고 있다. 여기에서는 역상 분배 크로마토그래피의 특징이나 컬럼 선택, 분석 조건 검토 시의 포인트에 대해 크로마토그래피의 분리에 초점을 맞추어 살펴본다.

[1] 역상 분배 크로마토그래피의 특징

역상 분배 크로마토그래피는 극성이 낮은 고정상과 극성이 낮은 분석종의 친화력으로 작용하는 소수성 상호작용을 이용한 분리 모드이다. 실리카겔 등의 담체에 옥타데실기(C_{18}), 옥틸기(C_8), 페닐기(Ph) 등을 화학 결합시킨 고정상이 사용된다. 시아노기(CN), 아미노기(NH_2), 디올기 등도 고극성 이동상으로 사용한 경우는 역상 분배 크로마토그래피용 고정상으로서 작용한다.

역상 분배 크로마토그래피의 특징은 다음과 같다.

- 고정상과 이동상의 극성 관계
  이동상의 극성 > 고정상의 극성
- 용출 순서
  고극성 화합물 → 저극성 화합물
- 이동상 용출력
  저극성 용매 > 고극성 용매
- 장점

화합물 구조의 소수성 차이를 쉽게 인식할 수 있다.

취급이 용이하다.

폭넓은 화합물에 적용 가능해 범용성이 높다.

분리 선택성이 다른 고성능 컬럼이 많이 시판되고 있다.

- 단점

순상 크로마토그래피와 비교해 화합물의 입체 구조 인식능이 약하다.

실리카겔이 가진 실라놀 활성이 피크 형상을 악화시킬 수 있다.

[2] 담체

역상 컬럼에 사용되는 담체는 주로 실리카겔을 근간으로 한 것과 유기 폴리머를 근간으로 한 것으로 나눌 수 있다. 이산화지르코늄, 이산화티타늄 등이 소재(담체)로서 사용되고 있는 것도 있다. 또 새롭게 개발된 담체로서는 실리카겔에 탄화수소를 화학 결합시킨 하이브리드 파티클(이하 하이브리드 파티클이라고 부른다)이 있다. 〈표 4.2〉에 실리카겔, 유기 폴리머 및 하이브리드 파티클에 대해 역상 분배 크로마토그래피의 충전제로 사용했을 경우의 각각의 특징 및 사용 조건을 정리했다.

〈표 4.2〉 대표적 역상 분배 충전제 담체의 특징 및 사용 범위

충전제 담체	이론단수	실라놀 활성*	기계적 강도	통상의 사용 pH 범위	유기 용매 내성
실리카겔	높음	다양	높음	2~8	높음
유기 폴리머	낮음	없음	낮음	0~14	다양
카본/실리카 하이브리드 파티클	높음	낮음	높음	1~12	높음

＊ 관능기 결합 및 엔드캡 처리 후의 상태

　LC 분석의 실제에서 이들 담체의 어떤 것이 가장 우수한가 하는 논의보다 목적에 맞추어 최적인 담체를 선택해 능숙하게 사용하는 것이 중요하다. 예를 들어 중성 화합물에 대해 샤프한 피크를 얻는 것이 목적인 경우는 실리카겔 유효한 충전제 담체이며 강염기성 화합물의 해리를 pH 14 부근에서 억제해 분석하는 경우는 폴리머 담체가 적합

하다. 하이브리드 파티클은 실리카겔과 폴리머의 장점을 겸비하고 있어 폭넓은 목적으로 사용 가능하다.

[3] 고정상(固定相)

위에서 말한 것처럼 역상 분배 크로마토그래피의 고정상으로서는 실리카겔 등의 담체에 소수성을 가지는 관능기를 화학 결합한 것이 많다. 〈그림 4.9〉에 역상 분배 크로마토그래피에서 사용되는 대표적인 관능기의 구조를 나타내었다.

역상 칼럼에 있어서 가장 잘 사용되고 있는 관능기는 C_{18}, C_8, C_4 등 직쇄의 탄화수소를 결합한 실란이며 그중에서도 C_{18}이 가장 많이 사용되고 있다. 현재 HPLC 분석의 80% 이상에서 역상 칼럼이 사용되고 있고 그중의 70% 이상이 C_{18}이라고 알려지고 있다. 이들 직쇄 탄화수소계 관능기는 통상 탄소수가 많아질수록 소수성이 높아져 역상 칼럼으로서의 머무름이 증대하는 경향이 있다. 또한 C_{18}에 대해서는 ODS (옥타데실시릴화 실리카겔)로 표기되는 경우도 있다.

직쇄 탄화수소계 관능기 이외에 역상 크로마토그래피에서 사용되는 관능기에는 페닐기, 펜타플루오르페닐기(PFP), 시아노기(CN), 아미노기(NH_2), 디올기 외 직쇄 탄화수

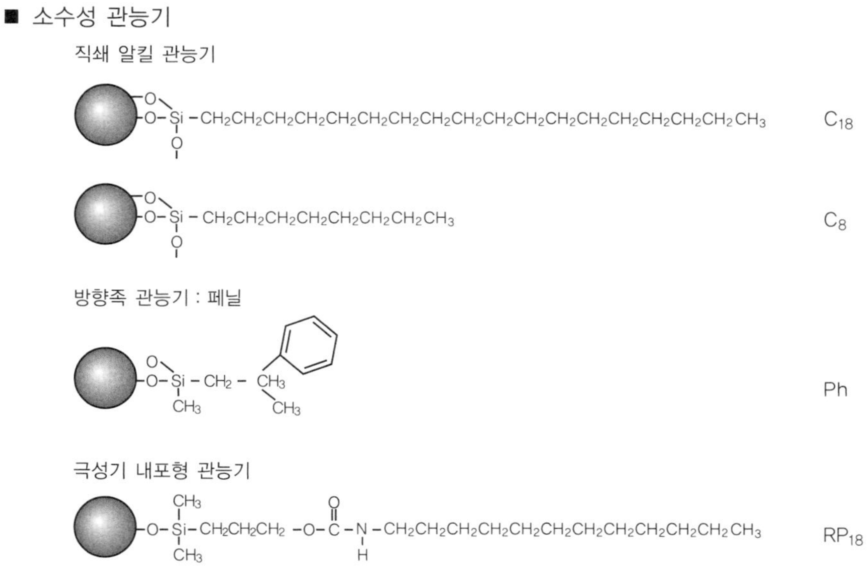

■ 소수성 관능기

직쇄 알킬 관능기

$$O-Si-CH_2CH_2CH_2CH_2CH_2CH_2CH_2CH_2CH_2CH_2CH_2CH_2CH_2CH_2CH_2CH_2CH_2CH_3 \qquad C_{18}$$

$$O-Si-CH_2CH_2CH_2CH_2CH_2CH_2CH_2CH_3 \qquad C_8$$

방향족 관능기 : 페닐

$$O-Si-CH_2-CH_2 \qquad Ph$$

극성기 내포형 관능기

$$O-Si-CH_2CH_2CH_2-O-C-N-CH_2CH_2CH_2CH_2CH_2CH_2CH_2CH_2CH_2CH_2CH_2CH_3 \qquad RP_{18}$$

〈그림 4.9〉 대표적인 역상 관능기

소계 관능기와 담체 사이에 극성기를 사이에 두고 극성기 내포형 역상 관능기로 불리는 것 등이 있다. 이들 관능기의 타입이 다르면 분리 선택성도 변화한다. 페닐 컬럼은 분석종에 방향족성이 있어 C_{18} 컬럼과는 다른 선택성을 주고 싶은 경우에 사용된다. 또 극성기 내포형 역상 관능기는 특이한 선택성을 가져 C_{18} 등의 상용 컬럼으로부터 선택성을 바꾸고 싶은 경우에 유효하다.

　각 컬럼 고정상의 선택성은 근간이 되는 담체와 관능기의 조합에 따라 정해져 같은 조건하에서도 고정상에 따라 분리 선택성이 다르다(그림 4.10). 그 때문에 신속히 분석법 개발을 실시하려면 적절한 컬럼의 선택이 필요 불가결하다.

[4] 역상 컬럼 선택성 가이드라인

　많은 가운데 적합한 컬럼 고정상을 선택하는 지표의 하나로 노이에(Neue)에 의해 개발된 컬럼 선택성 차트[8), 9)]가 있다. 컬럼 선택성 차트는 노이에 방법에 근거해 수많은

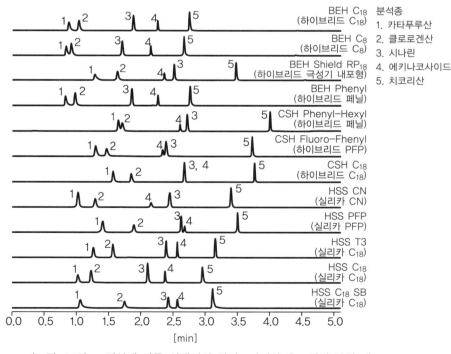

〈그림 4.10〉 고정상에 따른 선택성의 차이 : 카페산 유도체의 분석 예

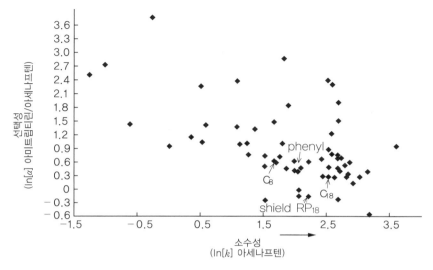

〈그림 4.11〉 역상 칼럼 선택성 차트 작성 예

칼럼에 대해 중성 조건으로 중성 화합물과 알칼리성 화합물을 분석해 소수성과 선택성의 2차원으로 플롯을 실시한 것이다. 이것에 의해 각 칼럼을 상대적으로 평가할 수 있어 칼럼을 선택하는 데 지표가 된다. 〈그림 4.11〉에 시판 칼럼에 대해 작성한 선택성 차트의 예를 나타내었다. 이 차트를 보면 x축은 오른쪽으로 갈수록 칼럼의 소수성이 강하고 역상 분배에 의한 머무름 능력이 강한 것을 알 수 있다. y축은 관능기와 담체가 동일한 칼럼 사이에서는 아래로 갈수록 실라놀 활성이 감소한다. 칼럼 선택성 차트를 이용해 소수성 화합물에 대한 역상 분배 머무름 능력을 증가시키고 싶은 경우에는 x축에서 오른쪽으로 플롯되어 있는 칼럼을 선택한다. 머무름이 너무 강한 화합물의 용출을 빠르게 하고 싶은 경우에는 반대로 왼쪽으로 플롯되어 있는 칼럼이 적합하다. 중성 화합물에는 차트의 y축은 큰 영향을 주지 않지만 이온성 화합물에 대해 선택성을 바꾸고 싶은 경우에는 y축 상에서 다른 위치에 플롯된 칼럼을 선택한다.

[5] 이동상으로 사용하는 유기 용매의 종류와 혼합비

역상 분배 크로마토그래피에 있어서 이동상 중의 유기 용매 혼합비를 변화시킴으로써 각 성분의 머무름 계수(k)를 변화시킨다. 이론적으로는 유기 용매 혼합비가 높게 될

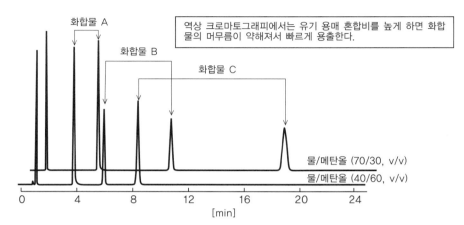

〈그림 4.12〉 동일 C_{18} 컬럼에 있어서 유기 용매 혼합비 변화의 영향 예

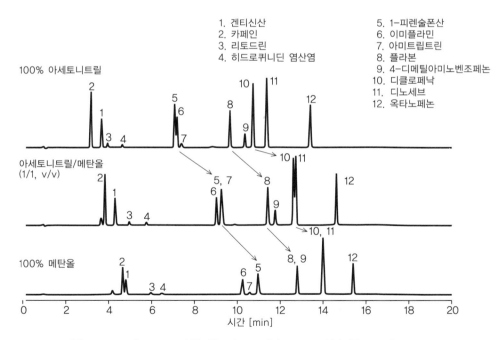

1. 겐티신산
2. 카페인
3. 리토드린
4. 히드로퀴니딘 염산염
5. 1-피렌술폰산
6. 이미플라민
7. 아미트립트린
8. 플라본
9. 4-디메틸아미노벤조페논
10. 디클로페낙
11. 디노세브
12. 옥타노페논

컬럼 : XBridge Shield RP18(안지름 4.6mm, 길이 100mm, 입자지름 3.5μm)
이동상 A : 포름산 암모늄 수용액 pH3
이동상 B : 100% 아세토니트릴, 아세토니트릴/메탄올(1/1) 또는 100% 메탄올
그레디언트 : 10% B → 90% B(15min)
유속 : 1.4mL/min

〈그림 4.13〉 유기 용매 종류에 따른 선택성의 변화 예

수록 머무름 계수는 작아진다.

통상은 2≦k≦10 정도의 범위에서 각 성분이 용출하도록 유기 용매 혼합비를 설정하지만 분리가 나쁜 경우는 한층 더 유기 용매 혼합비를 내리든지 그레디언트 용리에 의한 농도 경사를 완만하게 한다. 실라놀 활성의 영향이 없는 경우 유기 용매 혼합비는 선택성에 대해서는 큰 변화를 주지 않는다(그림 4.12).

역상 분배 크로마토그래피에 있어서 소수성이 유사한 화합물의 분리가 유기 용매 혼합비의 조정 및 그레디언트 용리 등으로 개선되지 않는 경우 사용하는 유기 용매의 종류를 변경하는 것으로 선택성을 바꿀 수도 있다. 〈그림 4.13〉에 예를 나타내었다.

〈그림 4.13〉에 메탄올을 사용했을 경우와 아세토니트릴을 사용했을 경우에 대해 피크 용출 순서가 변화할 정도의 선택성 변화가 나타나고 있다. 이 유기 용매종에 의한 선택성 변화는 복수종의 유기 용매를 사용하고 그 혼합비를 변화시킴으로써 컨트롤할 수 있다.

[6] 이동상 pH

역상 분배 크로마토그래피에 있어서 분석종이 이온성 화합물인 경우 혹은 분석종과 분리해야 하는 근접 성분이 이온성인 경우 그 분리 선택성은 이동상 pH의 영향을 받는다. 이것은 이온성 화합물이 pH에 따라 해리형과 분자형 사이를 가역적으로 이동해 화

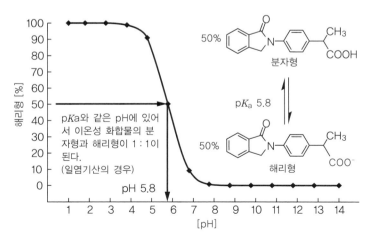

〈그림 4.14〉 산성 화합물(인도프로펜)의 해리와 pH의 관계

학적 특성이 변화하기 때문이다(그림 4.14).

역상 분배 크로마토그래피에 있어서 이온성 화합물은 분자형으로 가장 머무름이 강하게 된다. 〈그림 4.15〉는 산성, 중성, 알칼리성 화합물의 혼합계에 있어서의 이동상 pH와 역상 컬럼에로의 머무름의 강도를 나타낸 것이다. 이와 같이 이동상 pH에 따라 각 성분의 머무름 계수의 관계가 변화(즉, 분리 선택성이 변화)해 분리도가 바뀐다. 〈그림 4.16〉에는 산성, 중성, 알칼리성 화합물의 혼합물의 이동상 pH 변경에 따른 분리 선택성의 변화 예를 나타내었다.

pH에 의해 이온성 화합물의 분리 선택성을 변화시키는 경우 화합물의 pK_a를 알고 있으면 pK_a±2 이상 떨어진 pH로 하는 것으로 머무름 거동을 안정시킬 수 있다. 바꾸어 말하면 pK_a±2 이내의 pH에서는 이동상 pH를 아주 조금 변동시킨 것만으로 머무름이 크게 변화해 불안정한 분석 방법이 되어 버리기 쉽다. 다만 LC/MS에 대해서는 이동상의 pH가 이온화의 효율에도 영향을 주기 때문에 크로마토그래피에서의 분리와 이온화 효율의 밸런스로부터 이동상 pH를 선택할 필요가 있다

이동상 pH의 조정에는 각종 완충액이 이용된다. 〈표 4.3〉에 역상 분배 크로마토그래피에서 사용되는 대표적인 완충액과 그 적용 pH 범위에 대해 나타내었다. 컬럼에 따

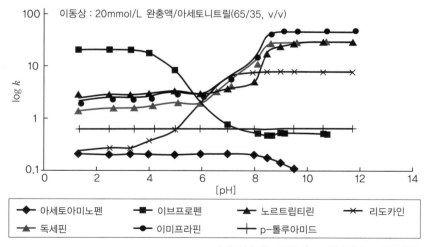

(주) 입자지름, 칼럼 온도, 유기 용매 농도는 일정

〈그림 4.15〉 머무름 계수 k에 대한 pH의 영향

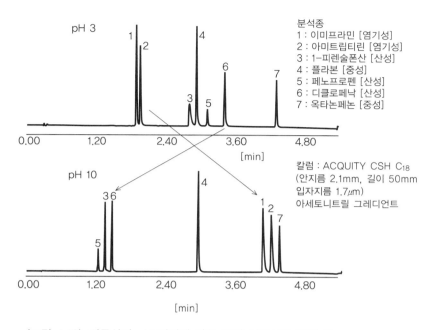

분석종
1 : 이미프라민 [염기성]
2 : 아미트립티린 [염기성]
3 : 1-피렌술폰산 [산성]
4 : 플라본 [중성]
5 : 페노프로펜 [산성]
6 : 디클로페낙 [산성]
7 : 옥타논페논 [중성]

칼럼 : ACQUITY CSH C$_{18}$
(안지름 2.1mm, 길이 50mm
입자지름 1.7μm)
아세토니트릴 그레디언트

〈그림 4.16〉 이동상의 pH 변경에 따른 분리 선택성의 변화 예

라 사용 가능 pH 범위가 다르기 때문에 사용 가능 범위 내의 완충액을 선택한다. 또 LC/MS에서는 이온화나 유로계의 막힘에 영향을 미치기 때문에 비휘발성 완충액의 사용은 바람직하지 않다. 예를 들어 LC 분석에서 잘 사용되는 인산염 완충액의 사용은 LC/MS에는 적합하지 않기 때문에 휘발성 완충액을 선택할 필요가 있다.

[7] 정리

이상 역상 분배 크로마토그래피의 특징, 칼럼 선택, 분석 조건 검토 시의 포인트에 대해 크로마토그래피의 분리에 초점을 맞혀 살펴봤다. 처음에도 말했듯이 역상 분배 크로마토그래피는 취급의 용이성과 높은 이론단을 가진 다양성에 있어 탁월한 고정상을 다종 사용할 수 있다는 점 등으로 HPLC 분석에 가장 많이 사용되는 분리 방식이다. LC/MS에 대해서는 분석종의 이온화와 LC 분리를 고려해, 많은 가운데서 적합한 칼럼 고정상을 선택하고 적절한 조건을 선택하는 것이 중요하다

⟨표 4.3⟩ 역상 분배 HPLC에서 사용되는 대표적 완충액 (pH 1~12)

완충제	pKa	완충 범위	휘발성 (완충 범위)	MS에의 사용	비고
트리플루오르 초산(TFA)	<1.0		휘발성	○	이온쌍 첨가제. MS 시그널 서프 레션의 가능성. 추천 사용 범위 : 0.02~0.1%
초산	4.76		휘발성	○	초산암모늄과 함께 사용한 경우에 최대의 완충능을 얻을 수 있다. 추 천 사용 범위 : 0.1~1.0%
포름산	3.75		휘발성	○	포름산암모늄과 함께 사용한 경우 에 최대의 완충 능력을 얻을 수 있다. 추천 사용 범위 0.1~1.0%
초산(암모늄)	4.76	3.76~ 5.76	휘발성	○	추천 사용범위 : 1~10mM. 나트륨 및 칼륨염은 불휘발성
포름산(암모늄)	3.75	2.75~ 4.75	휘발성	○	추천 사용 범위 : 1~10mM. 나트 륨 및 칼륨염은 불휘발성
인산	2.15	1.15~ 3.15	불휘발성	X	종래부터 잘 사용된 낮은 pH 완 충액. 양호한 UV 투과성
인산	7.2	6.20~ 8.20	불휘발성	X	pH 7 이상에서는 칼럼 수명을 길 게 하기 위해 온도·농도를 저감하 고, 가드 칼럼 사용을 추천
인산	12.3	11.3~ 13.3	불휘발성	X	pH 7 이상에서는 칼럼 수명을 길 게 하기 위해 온도·농도를 저감하 고, 가드 칼럼 사용을 추천
4-메틸몰포린	~8.4	7.4~9.4	휘발성	○	10mM 이하로 사용
암모니아 중탄산 암모늄 (NH_4HCO_3)	9.2 10.3 (HCO_3^-) 9.2 (NH_4^+)	8.2~ 10.2 8.2~ 11.3	휘발성 휘발성	○ ○	5~10mM(LC/MS의 경우는 이온 원 온도를 150℃ 이상으로 할 것) 암모니아 또는 초산으로 pH를 조 정. pH 10에서 양호한 완충능 (주) 중탄산암모늄(NH_4HCO_3)을 사용. 탄산암모늄(($NH_4)_2CO_3$)은 사용하지 않는다.
암모늄(초산)	9.2	8.2~10.2	휘발성	○	추천 사용 범위 : 1~10mM
암모늄(포름산)	9.2	8.2~10.2	휘발성	○	추천 사용 범위 : 1~10mM

〈표 4.3〉계속

완충제	pK$_a$	완충 범위	휘발성 (완충 범위)	MS에의 사용	비고
붕산	9.2	8.2~10.2	불휘발성	X	칼럼 수명을 길게 하기 위해 온도·농도를 저감하고, 가드 칼럼의 사용을 추천
CAPSO	9.7	8.7~10.7	불휘발성	X	양성 이온성 완충액. 아세토니트릴과 적합 추천 사용 범위 : 1~10mM
글리신	2.4, 9.8	8.8~10.8	불휘발성	X	양성 이온성 완충액
1-메틸 피페라진	10.3	9.3~11.3	휘발성	O	추천 사용 범위 : 1~10mM
CAPS	10.4	9.4~11.4	불휘발성	X	양성 이온성 완충액. 아세토니트릴과 적합 추천 사용 범위 : 1~10mM
트리에틸아민 (초산)	10.7	9.7~11.7	휘발성	O	추천 사용 범위 : 0.1~1%. 초산으로 적정한 경우만 휘발성 (염산, 인산의 경우는 불휘발성) DNA 분석에서는 pH 7~9에서 이온쌍으로 사용.
피로리딘	11.3	10.3~12.3	휘발성	O	마일드한 완충액

(주) 사용하는 컬럼의 사용 가능 pH 범위의 완충액을 선택할 것

▶ 4.2.2 순상 분배·흡착

[1] 순상 분배·흡착의 개요

'순상 분배·흡착 모드'는 액체 크로마토그래피의 초기에 가장 많이 사용되었던 것으로, 고정상에 고극성의 것(실리카겔이나 알루미나 등)을 이동상으로 저극성의 용매(헥산이나 클로로포름 등)를 이용하는 방법이다. 1906년에 츠웨트(M. S. Tswett)가 탄산칼슘을 고정상으로, 디에틸에테르를 이동상으로 사용해서 엽록소를 분리한 예를 발표하여[10] 크로마토그래피라고 명명했던 것이 현재의 LC의 시작이 되었으며, 이 실험의 원리가 '순상 분배·흡착 모드'이다. 각종 문헌이나 해설서에 따라 분배 모드의 일종인 '순상 분배'를 '흡착 모드'와 나누어 해설하는 경우가 있지만 고정상·이동상의 조합이 거의 같으므로 여기에서는 '순상 분배·흡착'이라고 하는 모드로 취급한다.

    순상 분배·흡착 모드에서는 비극성의 시료 성분은 용출이 빠르고 극성 성분일수록 고정상과 강하게 상호작용해 용출이 늦어진다. 한 예로 고정상에 실리카겔, 이동상에 헥산-초산에틸을 이용해 벤젠과 안식향산을 분리했을 경우의 개요를 〈그림 4.17〉에 나타내었다. 고정상의 실리카겔은 이동상보다 극성이 높기 때문에 실리카 표면에 존재하는 실라놀기(Si-OH)는 고극성의 안식향산과 강한 상호작용을 일으킨다. 거기에 대해 극성이 작은 벤젠은 상호작용이 약하기 때문에 빨리 용출한다. 따라서 시료 성분에 극성 화합물이 포함되어 있는 경우는 이동상으로 메탄올 등의 극성 용매를 더하는 경우가 있다.

    순상 분배·흡착 모드는 근년의 역상 분배 모드의 발전과 함께 분석용 LC로서의 이용 예가 적게 되었지만 목적에 따라서는 매우 유효한 것이 된다. 예를 들어 역상 분배 모드에서는 고정상에서의 머무름이 너무 강한 소수성이 높은 성분을 측정하는 경우나, 시료에 위치 이성체나 입체 이성체, 디아스테레오머가 포함되어 있는 경우에는 순상 분배·흡착 모드가 유효하다. 한 예로 토코페롤의 이성체나 당류, 물에 잘 녹지 않는 지용성 비타민이나 가수분해되기 쉬운 화합물의 측정에 이용되고 있다.

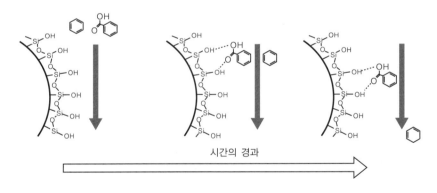

〈그림 4.17〉 순상 분배·흡착 모드의 개요

[2] 순상 분배·흡착에 있어서의 충전제와 이동상

순상 분배·흡착 모드에 사용되는 고정상으로 현재는 실리카겔이 가장 많이 사용되고 있지만 그 전까지는 탄산칼슘, 알루미나, 활성탄 등이 사용되어 왔다. 실리카겔은 형상에 따라 파쇄형과 구형으로 대별되고(그림 4.18), 각각 장점과 단점을 가지고 있다. 구형은 압력손실이 적고, 컬럼에 충전할 때 고압을 걸어도 문제가 없기 때문에 고압 사용 타입의 컬럼에 유효하다. 파

파쇄형 실리카겔　　　　　구형 실리카겔

〈그림 4.18〉 실리카겔의 형상

쇄형은 가격대가 낮기 때문에 분취용 대형 컬럼에 이용되는 예가 많고, 저압 사용 타입의 컬럼에서는 충전 상태가 구형보다 안정되므로 외부로부터의 충격을 받아도 성능이 열화되기 어렵다.

실리카겔의 물성으로서도 평균 입자지름, 입도분포, 세공지름, 세공부피, 표면적, 수분 값, 금속 불순물 등이 있어 분리 성능에 한층 더 영향을 준다. 평균 입자지름이 작을수록 컬럼 길이당 이론단이 높아지지만 사용 시 압력이 높아진다. 근래에는 사용 시 내압이 높은 LC 장치가 증가하고 있으므로 입자지름이 작은 제품이 증가하고 있는 경향이 있다. 또, 입도분포가 좁은 충전제가 양호한 분리 성능을 나타내고, 평균 입자지름에 대해 너무 미세한 충전제의 비율이 적게 되면 사용 시 압력도 낮아지므로 유용하다고 되어 있다. 세공지름, 세공부피, 표면적에 대해서는 대체로 다음 식의 관계가 성립된다.

$$표면적\,[m^2/g] = 세공부피\,[mL/g] \times 40,000 \div 세공지름(Å) \quad (4.6)$$

따라서 세공부피가 같은 경우 세공지름이 작을수록 큰 표면적의 충전제가 된다.

표면적이 큰 것이 높은 분리 성능을 얻을 수 있지만 펩티드나 단백질 등의 고분자 성분을 분리하는 경우에는 세공지름이 큰 충전제가 양호한 성능을 나타낸다(그림 4.19).

금속 불순물이 많아지면 테일링 등의 악영향이 발생하기 쉬우므로 가능한 한 고순도의 실리카겔을 선택하는 것이 좋다.또 실리카 표면을 화학 수식(修飾)한 아미노 프로필 실리카겔 충전제(통칭 NH2 실리카겔), 시아노프로필 실리카겔 충전제(통칭 CN 실리

카겔), 1,2-디히드록시-3-프로폭시프
로필 실리카겔(통칭 디올 실리카겔) 등
의 충전제도 사용되고 있다. 각 충전제
의 특징을 〈표 4.4〉에 나타내었다. 순상
분배·흡착 모드에 있어서의 이동상은
헥산 등의 저극성 용매를 베이스로서 초
산에틸이나 클로로포름, 알코올류 등을
혼합한다. 시료 성분에 극성 물질이 많
이 포함되는 경우에는 알코올류 등의 극
성 용매의 농도를 높게 설정하면 좋지만

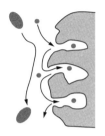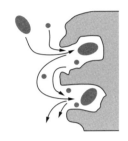

세공지름 : 작음　　　세공지름 : 큼

〈그림 4.19〉 고분자 화합물과 세공지름

충전제에 따라서는 고농도의 알코올을 사용하는 것이 추천되지 않는 경우가 있으므로
주의가 필요하다. 또 용매 상호간의 용해성을 고려해 중간 극성의 테트라히드로퓨란
등을 그레디언트 혼합하는 경우도 있다.

〈표 4.4〉 실리카 표면 수식형 충전제의 특징

충전제	사용 가능한 모드	응용 예
실리카(표면 수식 없음)	흡착 또는 순상 분배	비극성 화합물 전반
NH2 실리카겔	순상 분배 또는 HILIC 및 이온 교환	당질, 뉴클레오티드
CN 실리카겔	순상 분배 또는 역상 분배	스테로이드, 제4급 암모늄염
디올 실리카겔	순상 분배 또는 역상 분배	스테로이드, 펩티드

〈그림 4.20〉에 순상 분배·흡착 모드에서 사용되는 용매의 성질을 나타내었다. 순상
분배·흡착 모드에 사용하는 용매는 역상 분배 모드용의 이동상에 비해 인화성이나 발
화성이 높은 것이 많기 때문에 취급 시 충분히 주의해야 한다. 〈표 4.5〉에 이러한 용매
를 취급할 때의 주의점을 나타내었다. 또 클로로포름이나 디클로로메탄 등의 용매에는
특급 그레이드의 경우 에탄올 등의 안정제가 첨가되고 있어 분리에 영향을 줄 수 있다.
그러한 경우 탄화수소계의 안정제인 아밀렌을 함유한 클로로포름이나 디클로로메탄을
사용하면 좋다.

〈표 4.5〉 순상 분배·흡착 모드에 이용하는 용매의 주의점

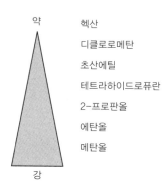

주요 주의점
① 열, 불꽃 등의 어떤 발화원도 가까이 하지 않는다.
② 적절한 보호 장갑, 보호 안경 등을 착용한다.
③ 미스트, 증기 등을 흡입하지 않도록 한다.
④ 환기가 좋은 장소에서만 사용한다.
⑤ 환경에의 방출을 피한다.
⑥ 이송, 교반 시 등에 용기 및 받는 접시를 접지한다.

〈그림 4.20〉 순상 분배·흡착 모드에 사용된
대표적인 용매

[3] LC/MS에 있어서의 주의점

순상 분배·흡착 모드를 이용하는 경우 UV 검출기 등을 이용한다. 일반적인 HPLC에 비해 LC/MS에서는 이동상의 선택에 주의가 필요하다. MS용의 이온원에 따라서는 순상 분배·흡착용 이동상을 이용하는 것이 곤란한 경우가 있으므로 주의한다. 순상 분배·흡착 모드에 있어서 가장 범용적 이동상인 헥산을 이용하는 경우 ESI 이온원에서는 에탄올 등의 극성 용매를 포스트 컬럼 시약으로서 혼합해야 한다. 포스트 컬럼 시약은 프로톤 이동을 촉진시키는 것이 가능해 헥산에 용해하는 것이 아니면 안 된다. 따라서 메탄올이나 아세토니트릴은 헥산에 용해하지 않기 때문에 포스트 컬럼 시약으로 사용할 수 없다. 또 시료 성분이 극성 용매에 용해하기 어렵다는 이유로 분리 모드로 순상 분배·흡착을 이용하고 있다면 시료 성분이 에탄올의 혼합에 의해 석출해 버리는 위험이 있으므로 주의가 필요하다. 게다가 이동상으로서 헥산에 2-프로판올을 20% 정도 이상 혼합한 것을 이용할 수 있으면 포스트 컬럼 시약을 이용하지 않아도 좋다. 덧붙여 APCI 이온원에서는 헥산이 90% 이상이어도 포스트 컬럼 시약이 불필요하다. 그 밖에 순상 분배·흡착 모드에 있어서 클로로포름을 이동상으로 이용하는 예도 있지만 LC/MS에서 음이온 측정 시에 $[M + Cl]^-$ 이온이 관측되기 쉽기 때문에 이 점도 주의해야 한다.

⤷ 4.2.3 HILIC

[1] HILIC (친수성 상호작용 크로마토그래피)

친수성 상호작용 크로마토그래피(hydrophilic interaction liquid chromatography; HILIC)는 고극성 고정상과 대부분이 유기 용매인 소수성 이동상(移動相)의 조합에 의한 머무름 모드이며, 역상(逆相) 분배가 어려운 고극성 화합물의 분리에 적절하다. HILIC의 특징은 다음과 같다.

① 극성이 높은 고정상(固定相)을 이용한다.

② 고극성 화합물일수록 머무름이 강해진다(그림 4.21).

③ 이동상의 용출강도가 역상 분배와 반대로 된다.

④ 정전기적 상호작용, 친수성 분배 등의 여러 가지 상호작용이 관여하고 있다.

역상 분배는 여러 가지 애플리케이션에 사용 가능한 응용 범위가 넓은 분리 기술이지만 높은 극성 화합물을 충분히 머무르게 하는 것이 어렵다. 따라서, 역상 컬럼으로 고극성 화합물의 분리 검토를 실시하려면 일반적으로는 이온쌍 시약의 사용, 혹은 머무름을 강하게 하기 위해 이동상의 물의 비율을 높게 하는 등의 대책을 강구할 필요가 있다. 이러한 대책은 이동상의 휘발성을 해치고 이온화 효율을 악화시키기 때문에 ESI-MS 사용 시 문제가 된다.

한편, HILIC에서는 고극성 화합물을 유도체화하는 일 없이 머무르게 할 수가 있고

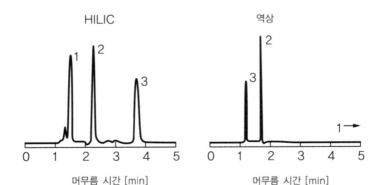

이동상 조건 : (HILIC) 아세토니트릴/10mM 초산암모늄 (pH 7) (60/40, v/v)
　　　　　　　 (역상) 아세토니트릴/10mM 초산암모늄 (pH 7) (5/95, v/v)
샘플 : (1) Phe-Gly-Gly-Phe, (2) Leu-Gly-Gly, (3) Gly-Gly-Gly

〈그림 4.21〉 펩티드의 분리에 있어서 HILIC과 역상 분배의 비교

유기 용매의 비율이 높은 이동상의 사용이 가능하며, 이온쌍 시약이 불필요하기 때문에 역상 분배 대신 HILIC 칼럼을 이용함으로써 많은 경우에 있어서 LC/MS, LC/MS/MS의 감도가 향상될 수 있다. 또 역상 분배와는 다른 선택성을 나타낸다. 이상의 장점 때문에 HILIC 칼럼은 제약, 식품, 화학 분야나 프로테오믹스, 메타볼로믹스 등의 바이오 분야에 있어 역상 칼럼의 보완적 역할로서 널리 쓰이고 있다. 여기에서는 HILIC 칼럼의 특징과 이용할 때의 주의점에 대해 설명한다.

[2] HILIC의 분리 메커니즘과 칼럼 선택에 대해

현재 거의 모든 칼럼 메이커를 통해 HILIC 칼럼이 판매되고 있지만 고정상의 종류는 각 메이커에 따라 여러 가지이고 각각 분리 특성이 크게 다르기 때문에 HILIC에 의한 메서드 개발을 할 때는 각종 HILIC 칼럼의 특성을 잘 이해해 올바른 칼럼을 선택하는 것이 중요하다. 분리 메커니즘에 대한 고찰[11]이나 칼럼의 분류·성능 평가에 관한 연구도 활발히 행해지고 있다.[12] HILIC 칼럼은 수식기의 종류에 따라, 플러스(+) 혹은 마이너스(−)의 전하를 가지는 전하형, 전하를 갖지 않는 중성형, 양쪽 모두의 전하를 가지는 양성(兩性) 이온형의 4종류로 분류할 수 있다(그림 4.22).

HILIC 모드에서는 충전제 표면에 수화층이 형성되는 것에 의한 친수성 분배가 주로 작용하고 있다고 알려져 있지만(그림 4.23) 그 외에도 정전기적 상호작용, 수소 결합

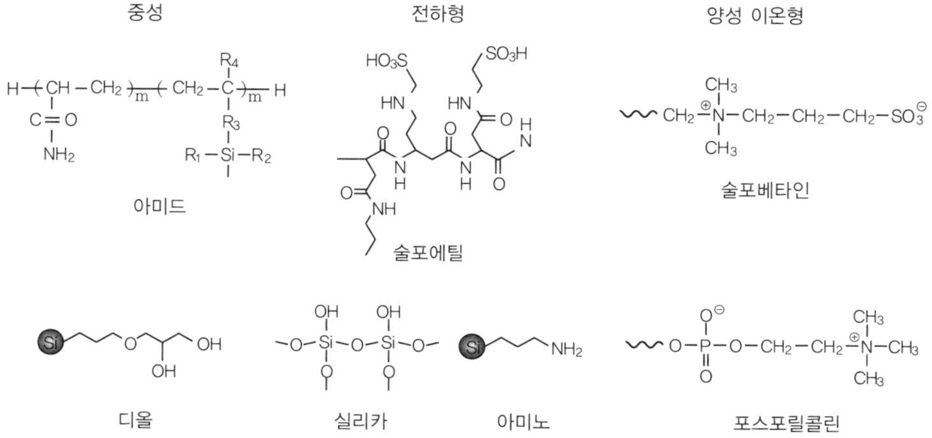

〈그림 4.22〉 HILIC형 고정상의 종류

133

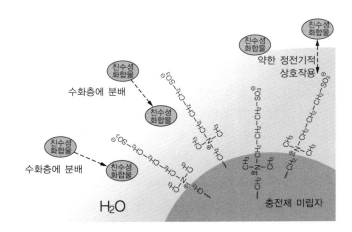

〈그림 4.23〉 양이온성(술포베타인)형 HILIC 컬럼에 있어서 친수성 분배에 의한 흐름 기구

등 역상 분배 모드와 비교하면 강한 상호작용이 복수 관여하고 있다고 생각되고 있다.

어떤 형태의 HILIC형 고정상도 정전기적 상호작용이 관여하고 있지만 전하형의 고정상은 특히 정전적 상호작용의 기여가 크고 pH나 이온 강도의 영향이 크기 때문에 이동상 중의 이온 강도를 강하게 할 필요가 있다. 양성 이온형 고정상의 경우는 고정상 표면은 전체적으로는 중성을 유지하기 때문에 정전적 상호작용은 비교적 작고, 저농도의 완충액으로 항상 안정되게 머무름을 얻을 수 있고, 또 양이온·음이온 등 여러 가지 고극성 화합물의 분리가 가능하다는 특징이 있으며, 이온 강도나 pH를 변화시키는 것으로 역상 컬럼에 이온쌍 시약을 사용했을 경우와 동일한 정도의 극적인 변화가 예상된다. 이와 같이 LC/MS로 사용 가능한 범위에서 이온 강도나 pH를 조정함으로써 머무름·선택성을 최적화할 수 있다는 점은 HILIC 컬럼의 매력이라고 할 수 있다.

[3] 전형적인 이동상 조건

HILIC에 있어서의 이동상의 용출강도는 다음과 같이 역상 분배에서 관찰되는 순서와 거의 역전하고 있어 극성이 높은 이동상일수록 용출력이 강해진다.

테트라하이드로푸란 < 아세톤 < 아세토니트릴 < 2-프로판올 < 에탄올 < 메탄올 < 물

HILIC의 전형적인 이동상에는 40~97%의 아세토니트릴을 포함한 물(휘발성 완충액)이 이용된다. 고정상 표면의 수화층을 형성시키기 때문에 적어도 3% 정도의 물이

이동상에 포함되어 있을 필요가 있다.

HILIC-LC/MS에서는 점도가 낮아 휘발하기 쉬운 것과 물과의 혼화성이 좋은 점 때문에 이동상 유기 용매로는 아세토니트릴이 가장 적합하다. 초기 검토 조건으로는 80~85%의 아세토니트릴과 15~20%의 완충액(이동상 중 총 이온 강도가 5~10mM 정도)이 추천된다. pH는 중성 부근에서 양호한 결과를 얻을 수 있는 것이 많아 pH 조정을 하지 않고서도 중성 부근을 나타내는 초산암모늄은 휘발성·아세토니트릴에의 용해성이 좋다는 점 때문에 HILIC의 이동상 완충액으로서 매우 사용하기 쉽다.

[4] 그레디언트 용리

아이소크래틱 분리로 모든 분석종에 대해 이상적인 머무름 계수(k=2~10)의 범위에서 양호한 분리를 얻을 수 있는 것은 적고, 이동상의 조성 경우에 따라서는 pH나 이온 강도를 변화시키면서 용출하는 그레디언트 용리를 검토할 필요가 있다. HILIC에서는 고극성 용매가 용리력이 강한 용매가 되기 때문에 그레디언트 조건은 유기 용매의 비율이 높은 상태부터 개시해서 서서히 유기 용매의 비율을 줄여 가는 프로그램이 된다. 따라서 HILIC에서는 그레디언트 용리를 실시하면 칼럼 배압이 서서히 높게 된다.

또 이동상을 조제하려면 A, B 보틀 각각을 100% 유기 용매와 100% 물(완충액)로 하는 것이 아니라 5% 정도씩 혼합한 상태로 조제해야 한다. 이것은 펌프에 의한 혼화가 충분히 이루어지도록 하기 위한 목적뿐만 아니라 염의 석출을 막고 그레디언트 프로그램을 보다 정확하게 시행하도록 하기 위해서다.

[5] 추천 완충액

LC/MS에서 가장 일반적으로 사용되는 것은 0.1% 정도의 초산 또는 포름산이다. 단산만을 첨가했을 경우 포름산암모늄·초산암모늄 등의 염을 첨가하는 경우와 비교하면 동일한 정도의 데이터 견고성은 얻을 수 없는 것을 염두에 두어야 한다. HILIC에 사용하는 완충액으로는 전술한 대로 중성(pH 4.5~7)의 범위에서는 초산 또는 포름산의 암모늄염이 최적이다. 인산염의 불휘발성 염은 고농도의 유기 용매 중에서 석출해 버릴 가능성이 있기 때문에 특히 HILIC 칼럼으로 LC/MS 분석을 실시하는 경우에는 적합하지 않다. 높은 pH 조건으로 하는 경우는 중탄산암모늄이나 암모니아수를 첨가해 pH를 조정한다. TFA는 역상 칼럼에서는 단백질이나 펩티드의 분리 개선을 위해 이온쌍 시약으로 일반적으로 사용되지만 특히 네거티브 ESI-MS에서는 강한 이온 서프레션의 원인이 될 수 있고 HILIC에서는 이온쌍 시약으로 작용하면 머무름을 얻을 수 없기 때문에 사용을 권하지 않는다.

[6] 컬럼의 평형화

그레디언트 용리 종료 후에는 다음의 샘플을 주입하기 전에 컬럼 내부가 초기 이동상 조건이 되도록 평형화를 충분히 실시할 필요가 있다. HILIC에서는 역상 분배 이상으로 평형화가 불충분한 경우의 머무름 시간 변동이나 재현성 저하로 크게 영향이 미칠 수 있다. 이 이유는 HILIC의 고정상 표면의 수화층이 이동상 중의 물로부터 형성되고 있기 때문에 이동상 조성의 미묘한 변화가 수화층 형성에 크게 영향을 주기 때문이다. 평형화 사이에는 컬럼 내압의 범위 내에서 유속을 빨리해도 문제가 없고 단시간에 끝마칠 수 있다.

[7] 블리딩

컬럼으로부터의 블리딩은 LC/MS로 분석을 실시할 때에 이온 서프레션의 원인이 되어 감도 부족으로 연결될 리스크가 있다. 시판되고 있는 HILIC 컬럼에 대해 LC/MS에서의 블리딩 비교를 실시한 결과를 〈그림 4.24〉에 나타내었다. 블랭크의 1.5배 정도의

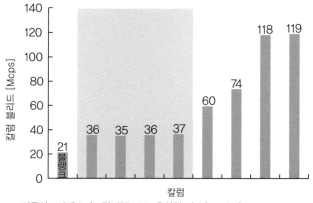

이동상 : 아세토니트릴 /25mM 초산암모늄 (pH 6.5)
유속 : 0.1mL/min, 온도 : 50℃, 컬럼 크기 : 안지름 2.1mm, 길이 100mm

〈그림 4.24〉 LC/MS에 있어서 시판 HILIC 컬럼의 블리딩 비교

시그널과 꽤 낮은 블리드를 달성하고 있는 HILIC 컬럼도 판매되고 있다. 가능한 한 블리딩이 적은 컬럼을 사용하는 것은 감도 향상과 정확한 데이터를 얻기 위해 중요하다.

여기서는 LC/MS의 분리 수단으로 HILIC 컬럼을 사용할 경우에 특히 주의가 필요한 점을 중심으로 살펴봤다.

➡ 4.2.4 이온교환

[1] 처음에

HPLC의 분리 원리는 흡착, 분배, 이온교환, 크기 배제로 크게 분류된다.[13] 이온교환 크로마토그래피는 아미노산 등 유기 화합물의 분석을 시작으로 단백질 등 생체 고분자의 분리·정제 등에 널리 이용되고 있다. 이온교환 모드는 이온교환기를 흡착점으로 하는 흡착 크로마토그래피의 일종으로 간주해야 하지만 용도가 다르기 때문에 편의상 구별하고 있다. 똑같이 이온 크로마토그래피는 이온교환 크로마토그래피의 일종으로 무기 이온을 분석하는 방법으로 용도를 확대했기 때문에 현재는 별종의 크로마토그래피로 다루어지고 있다.

그런데 LC/MS에서는 단백질 등 생체 고분자의 분리에 오로지 역상 분배 모드가 이용되고 있는데, 그 이유는 LC/MS에서 취급하기 쉬운 이동상에 있다고 생각된다. LC/MS에서는 아세토니트릴 등 휘발성 용매를 이용하는 것이 바람직하다. 또 LC/MS에 이온교환 모드를 이용하지 않아도 휘발성이 높은 이온쌍 시약이 보급되어 있기 때문에 역상 분배 모드에 근거한 이온쌍 크로마토그래피를 이용할 수 있다는 배경이 있다.

한편, 이온교환 모드에서는 다음에 설명하듯이 이동상으로 완충액을 이용하는 경우가 많다. 예를 들어 인산나트륨염 등의 완충액을 사용하는 경우, 염의 석출에 의해 인터페이스부를 오염시키기 때문에 LC/MS에서는 이온교환 모드는 이용하기 어려울 것이다. 다만 향후 휘발성이 있는 포름산암모늄염이나 초산암모늄염의 수용액을 이동상으로 이용하는 이온교환 모드가 LC/MS에 사용될 가능성은 있다고 생각된다.

여기에서는 이온교환의 기본적 기술을 설명한 후에 응용 데이터를 소개한다.

[2] 분리 모델

이온교환 모드에서는 샘플 중 용질 성분은 이온화하는 물질이 아니면 안 되지만 이

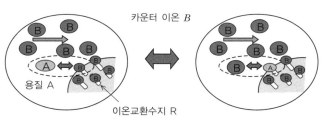

이온교환의 반응식(양이온교환의 예)
$$A^+ + (B^+ - R^-) \Leftrightarrow B^+ + (A^+ - R^-)$$

카운터 이온 B

용질 A

이온교환수지 R

〈그림 4.25〉 이온교환 모드의 분리 모델

요건은 LC/ESI-MS와 합치한다. 고정상의 이온교환체와 이동상 용리액 사이에 용질
이 가역적인 이온교환을 실시한다. 각종 용질 이온은 용리액 중에서 이온교환체와 각
각 독자적인 평형 상태를 유지하기 때문에 이 교환 평형상수의 차이에 의해 이온교환
모드의 분리가 가능해진다. 1가의 양이온교환을 예로 든 간단한 모델(그림 4.25)을 나
타내 기본적인 생각을 설명한다.

우선 이온교환의 반응식을 나타낸다(식(4.7)).

$$A^+ + (B^+ - R^-) \Leftrightarrow B^+ + (A^+ - R^-) \tag{4.7}$$

여기서 R은 이온교환체, A는 용질, B는 용리액 중의 양이온(카운터 이온)을 나타낸
다. 양이온 B를 기준으로 한 용질 A의 선택계수 $K_B{}^A$는

$$K_B{}^A = \frac{[A^+ - R^-][B^+]}{[A^+][B^+ - R^-]} \tag{4.8}$$

로 나타낼 수 있다. 용질 A에 비해 양이온 B의 농도가 대과잉이기 때문에 $[B^+ - R^-]$은
이온교환체의 교환 용량으로 간주할 수 있다. 용질 A의 머무름 계수 k를 도입하면

$$k = \frac{v_s [A^+ - R^-]}{v_m [A^+]} \tag{4.9}$$

이고, 여기서 v_s와 v_m는 각각 고정상과 이동상의 체적이다. 머무름 계수 k는 선택계수
$K_B{}^A$를 이용한 것으로, 용질 이온 A 대신에 양이온 B에 의한 표현의 식으로 변형할 수
있다(식 (4.10)).

$$k = \frac{v_s}{v_m} K_B{}^A \frac{[\text{B}^+ - \text{R}^-]}{[\text{B}^+]} \tag{4.10}$$

k는 전술한 이온교환 용량 $[\text{B}^+ - \text{R}^-]$에 비례하고, 또 용리액의 양이온 농도 $[\text{B}^+]$에 반비례하는 것을 알 수 있다. 이것으로부터 간단히 말하면 머무름 시간은 대체로 교환 용량에 비례해 늘어나고 또 용리액 중의 카운터 이온 농도에 반비례해 용출이 앞당겨지는 경향이 있는 것을 이해할 수 있다. 머무름 시간과 이동상 성분의 농도의 관계가 역상 분배 모드와 크게 다르기 때문에 주의해야 한다. 예를 들어 역상 분배 모드에서는 아세토니트릴 등 이동상 중의 유기 용매 농도 변화는 머무름 시간을 지수함수적으로 변화시킨다.

한편 이온교환 모드에서는 이동상 중의 염농도 변화는 머무름 시간에 대해 식 (4.10)이 가리키는 대로 반비례적으로 작용하기 때문에 역상 분배 모드만큼 극적인 변화를 일으키지 않는다. 이와 같이 이온교환 모드에서의 염농도의 그레디언트 용리법은 머무름 시간의 섬세한 컨트롤에 유효한 방법이 된다. 여기에서는 단순하게 1가의 이온교환 모델의 예를 나타냈지만 용질의 가수(價數)가 늘어나면 머무름 계수 k는 교환 용량에 대해 가수의 제곱에 비례하는 경향이 있다. 한편 이온 농도에 대해서는 가수의 제곱에 반비례하게 된다.

실제의 이온교환 크로마토그래피에서는 이러한 단순한 모델에서는 취급할 수 없을 것 같은 머무름 거동도 자주 나타난다. 이것은 충전제 매트릭스(모체)와의 소수성 상호작용 등 몇 개의 분리 메커니즘이 복잡하게 관련해 분리가 진행되고 있기 때문이라고 생각한다.

[3] 이온교환 체

〈그림 4.26〉에 나타낸 대로 양이온에 대해 상호작용하는 것은 양이온교환수지로 부르고 술폰산기가 널리 이용되고 있다. 한편 음이온교환수지에는 제4급 암모늄기가 이용되고 있다. 이것들은 모두 해리가 강한 이온교환체이지만 해리가 약한 양이온교환수지에는 카르복시메틸기(CM)가, 약염기성 음이온교환수지에는 제3급 아민인 디에틸아미노에틸기(DEAE)가 일반적으로 이용되고 있다.

충전제 매트릭스에는 폴리머 및 실리카겔이 이용되고 있다. 폴리머에서는 폴리스틸렌디비닐벤젠이 널리 이용되지만 친수성의 폴리히드록시메타크릴레이트 등도 이용되

양이온교환수지
(술폰기)

[해리가 약한 이온교환체]
산성 양이온교환 : 카르복시메틸기 (CM)
염기성 음이온교환 : 제3급 아민으로서
디에틸아미노에틸기(DEAE)

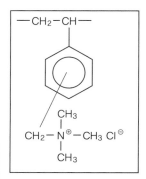

음이온교환수지
(제4급 암모늄기)

〈그림 4.26〉 이온교환체의 예

고 있다.

[4] 응용 데이터

이온교환 모드로 다성분을 분리하는 예로 아미노산 분석을 소개한다. 여기에서는 폴리스틸렌 디비닐벤젠에 술폰산이 수식된 강산성 양이온교환수지(입자지름 3μm)를 사용한다.[14] 컬럼은 안지름 4.6mm이고 길이 60mm이다. 용리액에는 pH와 염농도가 다른 4종류의 구연산 리튬 완충액을, 재생액에는 수산화리튬 수용액을 이용한다. 아미노산 각 성분의 해리 상태를 용리액의 pH로 컨트롤하면서 염농도를 서서히 높여 가듯이 스텝와이즈 용리법과 그레디언트 용리법을 병용한다. 이 결과, 대체로 산성 아미노산부터 중성, 알칼리성 아미노산에의 용출 순서로 전개된다. 〈그림 4.27〉과 같은 크로마토그램을 얻기 위해서는 주요 분리 모드의 이온교환에 더해 소수성 상호작용에 의한 분리 효과를 이용하는 것이 중요하다.

장치에는 L-8900형 히타치(日立) 고속 아미노산 분석계를 이용하고 용리액의 유량은 0.36mL/min를 송액했다. 컬럼 온도는 30~70℃의 범위를 시간 프로그램에 의해 가변 설정했다. 포스트 컬럼 유도체화 반응액으로서 유량 0.30mL/min의 닌히드린 시약을 송액·합류해 반응온도 135℃로 발색시킨 후 가시광선 파장 570nm에서 검출했다. 아미노산 표준 혼합액(각 성분 2nmol)은 20μL를 주입했다.

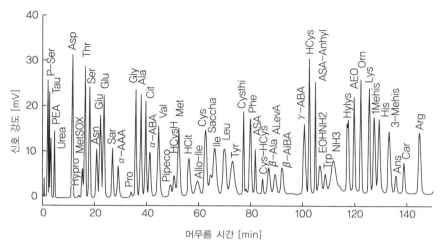

〈그림 4.27〉 아미노산 53성분 혼합 표준 시료의 분석 예

➡ **4.2.5 크기 배제**

크기 배제 크로마토그래피(size exclusion chromatography, SEC)란 분석종과 충전제 표면 사이의 분배나 흡착 등의 화학적인 상호작용을 이용하지 않고, 분자 크기만을 분리 파라미터(parameter)로 한 분리 모드이다. 분리의 메커니즘을 〈그림 4.28〉에 나타내었다. 이동상을 칼럼에 통액했을 경우 충전제 표면에 있는 세공 내부의 용매는 정지 혹은 정지에 가까운 상태가 된다.

세공보다 큰 크기의 분자는 세공 내부에 들어갈 수 없기 때문에 충전제의 바깥쪽을 이동하는 용매와 함께 이동해 평균 이동속도는 빨라진다. 한편, 세공보다 작은 크기의 분자는 세공 내부 깊이까지 확산할 수 있기 때문에 세공 내부에서의 머무름 시간이 길어져 평균 이동속도는 늦어진다. 이러한 분리기구에 근거해 크기가 큰 분자는 빨리 용출하고, 크기가 작은 분자일수록 늦게 용출한다. SEC는 합성 고분자나 생체 고분자 등의 평균 분자량 측정이나 분자량 분포 측정을 목적으로 해 사용되는 경우가 많지만 시료 용액으로부터의 탈염이나 저분자 물질의 측정을 목적으로 한 경우의 고분자 성분 제거 등의 전처리적인 용도에서도 사용되고 있다.

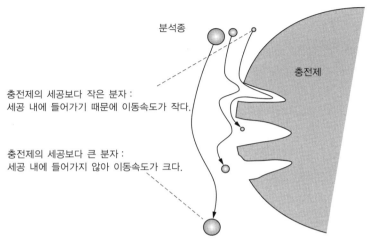

분석종

충전제

충전제의 세공보다 작은 분자 :
세공 내에 들어가기 때문에 이동속도가 작다.

충전제의 세공보다 큰 분자 :
세공 내에 들어가지 않아 이동속도가 크다.

〈그림 4.28〉 SEC에 있어서 분리 메커니즘

[1] SEC/MALDI-MS에 의한 고분자의 정밀 분자량 측정

일반적인 SEC 측정에 대해서는 검출기로서 시차 굴절률 검출기(RI 검출기)가 범용으로 사용된다. 이 검출기에 의해 얻어진 분자량 값은 이미 분자량 값을 아는 표준 물질을 이용한 교정곡선으로부터 산출한 상대 분자량이므로 분석종과 표준 물질의 구조가 다른 경우, 얻어진 결과는 진정한 분자량(절대 분자량)과 다르다. 또 분자 자체의 크기가 아니라 용매화한 분자 크기에 의해 분리를 하기 때문에 용매의 종류나 조성이 산출되는 분자량 값에 영향을 주는 경우가 있다.

절대 분자량의 측정을 목적으로 해 시차 굴절률 검출기 외에 점도 검출기나 광산란 검출기도 이용되고 있지만 최근에는 매트릭스 지원 레이저 이탈 이온화법(matrix-assisted laser desorption/ionization; MALDI)과 조합한 SEC/MALDI-MS에 의한 분자량 측정의 예도 보고되고 있다.[15] MALDI-MS만으로도 절대 평균 분자량을 구하는 것은 가능하지만 다분산도가 1.1을 넘으면 다른 분자량을 가진 성분 간의 이온화 효율 및 검출 효율의 차이에 의해 정확성이 저하된다.

그 때문에 SEC와 조합해 다분산도가 1.1 이하가 되도록 분취를 실시해 각 분획의 MALDI-MS 측정을 실시한다. 이 방법에서는 각 분획의 MALDI 매스 스펙트럼의 피크 강도를 대응하는 시차 굴절률 검출기의 크로마토그램 상의 피크 강도에 보정을 실시해 보정 후의 전 분획의 피크 강도의 합에 의해 절대 평균 분자량과 분자량 분포를 산출한다. 그 때문에 컬럼의 사용에 의한 피크 확대의 영향을 받지 않고 정확한 분자량 측정이 가능해지고 있다.

[2] 광산란 검출기와 MALDI-MS의 병용에 의한 절대 분자량 측정

SEC와 광산란 검출기를 조합한 SEC-광산란법(SEC/LS)은 SEC/MALDI-MS와 같이 절대 분자량 교정곡선을 작성할 수 있으므로 고분자의 절대 분자량 및 분자량 분포를 구하는 방법으로서 유효하다.[16] 그렇지만 SEC/LS는 분자량 약 1만 이하의 저분자량 범위의 감도가 낮은 한편 SEC/MALD-MS는 분자량 약 10만 이상의 고분자량 범위의 감도가 낮은 등, 어느 방법도 분자량 분포가 넓은 고분자의 측정에 대해 근사에 의한 외삽의 절대 분자량 교정곡선의 작성이 필요하다.

이 문제를 해결하기 위해 양 검출법을 조합해 분자량 범위가 넓은 교정곡선을 작성하는 방법이 보고되고 있다.[17] 이 보고에서는 광산란 검출기로서 저각도 레이저 광산란 검출기(LALLS 검출기)를 사용하고 있다. SEC/LS에 의해 얻어진 RI 곡선과 LALLS

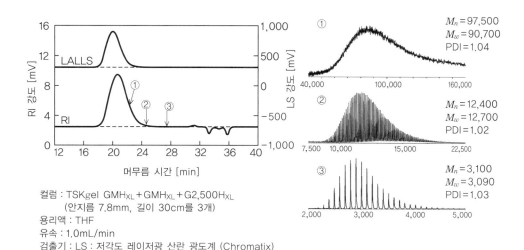

컬럼 : TSKgel GMH$_{XL}$+GMH$_{XL}$+G2,500H$_{XL}$
　　　(안지름 7.8mm, 길이 30cm를 3개)
용리액 : THF
유속 : 1.0mL/min
검출기 : LS : 저각도 레이저광 산란 광도계 (Chromatix)
　　　　RI : RI-8020 (도소)
　　　　MALDI-MS : AXIA-CFR plus (시마즈제작소)

〈그림 4.29〉 NIST SRM 706a 폴리스티렌의 SEC 크로마토그램 및 각 분획의 MALDI 질량 스펙트럼

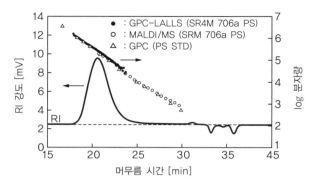

〈그림 4.30〉 NIST SRM 706a 폴리스티렌의 SEC 크로마토그램과 각 용출위치에 있어서 분자량값

곡선 및 각 프렉션(fraction) ①-③에서의 MALDI 질량 스펙트럼을 〈그림 4.29〉에 나타내었다. LALLS 곡선에서는 분자량 수 만 이상에서 시그널이 검출되고 있는데 대해 MALDI-MS에서는 분자량 수 10,000 이하에서 고감도인 시그널을 얻을 수 있다. 앞에서 살펴본 대로 LALLS 검출기는 저분자량 범위의 감도가 낮고 MALDI-MS에서는 고분자량 범위의 감도가 낮다.

이 결과를 기초로 SEC/LS법(●) 및 SEC/MALDI-MS 측정(○)으로부터 구한 각 용출시간과 분자량의 관계를 〈그림 4.30〉에 나타내었다. 두 방법으로부터 작성된 절대 분자량 교정곡선은 분자량 10만 부근에서 접속할 수 있어 단분산 표준 폴리스티렌을 이용해 작성한 교정곡선(△)과도 일치하고 있다. 게다가 이 교정곡선을 이용해 산출한 SRM 706a 폴리스티렌의 중량 평균 분자량(M_w 2.79×10^5)은 공칭 값(M_w 2.85×10^5 $\pm 0.23 \times 10^5$)과도 일치해 타당성이 있는 것으로 확인되었다.

[3] 폴리머 중의 고분자 첨가제의 분석

폴리머 중에 포함되는 산화 방지제나 자외선 흡수제 등의 정량을 실시하는 경우 속실렛 추출 등의 전처리를 실시한 후 GC나 GC/MS 혹은 HPLC(역상 크로마토그래피)를 이용해 측정하는 것이 일반적으로 행해지고 있다. 그렇지만 고분자 성분과 저분자 성분의 분리가 가능한 SEC의 특징을 이용함으로써 번잡한 전처리를 실시하지 않고 MS 검출기로 직접 분석할 수 있다. 분자량 37,900의 표준 폴리스티렌을 매트릭스로 하여 4종의 폴리스티렌 첨가제를 첨가한 모델 시료를 작성해 분석을 실시한 예를 〈그

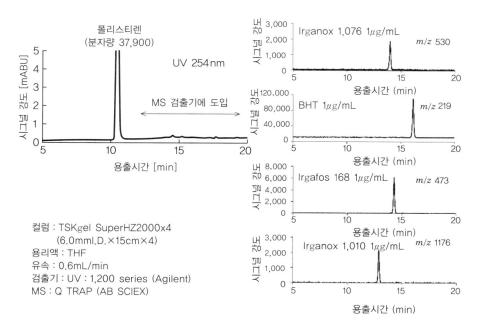

〈그림 4.31〉폴리스티렌(분자량 37,900)의 SEC 크로마토그램과 고분자 첨가제의 SIM 크로마토그램

림 4.31에 나타내었다. 폴리스티렌과 분자량 수 1,000 이하의 첨가제를 분리하기 위해 저분자 분획의 분리가 양호한 칼럼을 이용했다. 이번 예에서는 용출시간 12분 이후를 MS 검출기(이온화법, APCI)에 도입하였다.

4.2.6 어피니티

어피니티 크로마토그래피(affinity chromatography; AFC)란 충전제와 분석종 사이의 특이적인 친화력(어피니티)을 이용한 흡착 크로마토그래피이다. AFC 분리의 대표적인 메커니즘을 〈그림 4.32〉에 나타내었다. 충전제로는 비활성 담체에 스페이서를 개입시켜 분석종에 친화성이 있는 물질을 리간드로서 화학 결합시킨 것이 사용된다. 여기에 분석종을 포함한 시료를 주입하면 리간드와 친화성이 있는 분석종만이 흡착된다. 이때 소수적 상호작용, 이온적 상호작용, 수소 결합, 공유 결합 등의 상호작용이 복잡하게 작용하는 것으로 선택적인 특정 분자 구조를 식별할 수 있다. 그런 다음 용리액 조성을 변경(이온종이나 염농도 등의 변경 혹은 펄스법의 사용)하는 것으로 분석종이

145

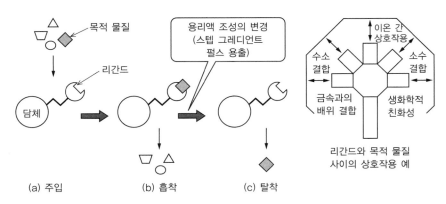

〈그림 4.32〉 AFC에서의 분리 메커니즘

탈착된다.

항체와 항원, 호르몬과 수용체 효소와 인히비터의 관계처럼 특이성이 높을수록 선택성이 높은 분리가 가능하다. 분석종마다 특이적 흡착을 나타내는 다른 종류의 리간드를 도입한 오리지널 충전제를 합성해 사용하는 것으로 높은 선택성을 얻을 수 있지만 논타깃 분석을 목적으로 하는 것 같은 경우 등에서는 이 방법은 현실적이지 않다. 여기

〈표 4.6〉 시판되고 있는 군특이적 어피니티용 충전제 예

리간드	대상 물질의 예
페닐붕산	당단백질, 세린프로테아제, 카테콜아민, 뉴클레오시드
헤파린	혈액응고인자, 리파아제
시바크론블루-3GA	NAD^+ 및 $NADP^+$ 의존성 효소, 인터페론
프로테인A, 프로테인 G	IgG
리신	플라스미노겐
렉틴	당단백질
알기닌	플라스미노겐, 악티벡터, 프로칼리크레인
IgG	프로테인 A 융합 단백질
콘카나발린A	당단백질, 막단백질
P-아미노벤즈아미딘	트립신 유사 프로테아제, 혈액응고인자
킬레이트(IMAC)	His-Tag 단백질

서 〈표 4.6〉에 나타낸 것 같은 군 특이적 어피니티용 충전제로 불리는 충전제가 시판되고 있다. 이들은 특정 아미노산이나 단백질, 저분자 화합물을 리간드로서 담체에 수식한 것이고 이러한 리간드에 친화성을 나타내는 한 무리의 물질에 대해서 흡착력을 나타낸다.

AFC 가운데 특히 분석종과 중금속 사이의 친화력 유무에 의해 분리를 실시하는 방법은 금속 이온 어피니티 크로마토그래피(immobilized metal ion affinity chromatography; IMAC)라고 부른다. 이미노2초산 등의 킬레이트 형성능이 있는 물질을 도입한 담체에 아연 등의 중금속 이온을 고정화함으로써 고정화한 이러한 중금속 이온에 대해 친화성을 나타내는 생체 고분자를 머무르게 한 것이다. 금속 단백질뿐만 아니라 히스티딘 잔기인 이미다졸기나 시스테인 잔기인 티올(thiol)기 또는 트립토판 잔기를 가지는 단백질도 중금속 이온에 대해 친화성을 나타낸다. 또 중금속 이온은 칼슘 결합 부위나 인산기와도 결합하기 때문에 많은 단백질이 친화성을 나타낸다.

〈표 4.7〉에 분석종과 금속 이온의 대표적인 조합을 나타내었지만 금속 이온으로서 아연 외에 구리나 니켈도 사용된다.

종래 AFC의 개념에는 없었던 일부의 흡착 크로마토그래피도 화학적 친화력(케모어피니티)을 이용한 분리 방법으로 설명할 수 있다. 대표적인 것으로서 불포화 지방산과 포화 지방산을 분리하기 위해 이중 결합에의 착체 형성을 이용한 은담지 충전제, 당류를

〈표 4.7〉 IMAC에 있어서의 측정 대상 물질과 금속 이온의 조합 예

목적 물질	금속 이온
리폭시다아제, 말릭산 탈수소효소	$Cu,^{2+} Zn^{2+}$
플라스미노겐 액티베이터	Zn^{2+}
혈청 단백질	Zn^{2+}
미토콘드리아 막단백질	Zn^{2+}
리소자임, 오브알부민, BSA	Cu^{2+}
단일 클론항체	$Cu,^{2+} Zn,^{2+} Ni^{2+}$
펩티드	$Cu,^{2+} Zn,^{2+} Ni^{2+}$
서브틸리신	Cu^{2+}
센다이바이러스 막단백질	Zn^{2+}

머무르게 하기 위해 수산기와의 착체 형성을 이용한 붕산 결합형 충전제, 카테콜아민류를 머무르게 하기 위해 수산기와의 상호작용을 이용한 알루미나 등을 들 수 있다. 특히 인산 화합물에 대해 특이적인 흡착을 나타내는 이산화티타늄(TiO_2)이나 지르코니아(ZrO_2)는 인지질이나 뉴클레오티드 등의 인산 화합물의 분리·농축 등에 폭넓게 이용되고 있다.

　AFC는 높은 시료 부하량이나 고분리 선택성이 뛰어난 장점이 있지만 컬럼으로부터의 용출액이 높은 염농도이거나 EDTA 등의 성분을 포함하거나 하는 경우가 있기 때문에 온라인 상에서 LC/MS로 분석을 실시한 보고 예는 적다. 오프라인법에 의해 MALDI-MS와 조합해 해석을 실시하는 예나 특이적 흡착을 이용한 정제 또는 농축 목적의 전처리에 이용하는 예가 많이 보고되고 있다.

[1] 복수의 AFC 충전제와 MALDI-MS에 의한 당화 펩티드의 해석

　〈표 4.6〉에 나타낸 것 같은 군 특이적 어피니티용 충전제를 복수 조합해 당단백의 소화에 의해 얻어진 당화 펩티드의 구조 해석을 실시한 예가 보고되고 있다.[18] 렉틴의 일종인 *Sambucus nigra* 아글루티닌(SNA)은 시알산 $\alpha-2$, 6 당사슬을 특이적으로 흡착한다. 또 콘카나발린 A는 높은 만노스형 당사슬을 특이적으로 흡착하고, 복합형 당사슬에는 흡착을 나타내지 않는다. 이러한 담체를 충전한 팁을 복수 조합해 흡탈착의 전처리를 실시하는 것으로 복잡한 시료 조성 중에 포함되는 미량의 시알산 $\alpha-2$, 6 당사슬과 높은 만노스형 당사슬 구조를 가진 당펩티드를 특이적으로 정제할 수 있다. 검출법으로서 MALDI-TOF-MS 및 MALDI-QIT-TOF-MS^{n}을 조합한 것으로 시퀀스 해석에 의한 용이한 구조 해석도 가능하다.

[2] 인산화 펩티드의 MALDI-QTOF-MS/MS에 의한 직접 분석

　AFC에 의해 단리한 생체 성분의 절대 분자량 측정을 ESI-MS/MS를 이용해 실시하는 경우 충전제로부터의 용출이나 탈염 조작을 필요로 하기 때문에 시료의 회수율이 저하되는 경우가 있다. 그 문제를 해소할 목적으로 MALDI의 타깃 위에 IMAC 충전제와 시료 용액을 적하하고 인산화펩티드를 결합시켜 결정화해 직접 MALDI-QTOF-MS/MS에 의한 분석을 실시하는 예가 보고되고 있다.[19]

[3] 이뮤노어피니티 칼럼을 이용한 마이코톡신의 분석

이뮤노어피니티 칼럼이란 분석종에 특이적 흡착을 나타내는 항체를 비활성 담체에 고정화한 것이고 분석종을 부하해 흡착시킨 후 유기 용매를 통액하여 항체를 변성시켜 용출시키는 방법으로 사용한다. 특히 오클라톡신이나 아플라톡신 등의 곰팡이 독의 분석에 있어서는 마이코톡신 특이 항체를 결합시킨 많은 종류의 칼럼이 시판되고 있어 통상의 고상 칼럼과 비교해 선택성이 높으므로 널리 사용되고 있다.[20]

➡ 4.2.7 키랄

의약·농약 등 일반 화학물질에는 광학 활성(키랄) 화합물이 많은 광학 이성체 사이에 큰 차이가 예상되는 생리 활성을 조사하기 위해서는 정밀한 분리 분석 기술이 필요하지만, 그 중 HPLC법은 키랄 분리에 중요한 역할을 한다. HPLC에 의한 키랄 분리에 관해서는 참고서적 등에 상세히 소개되고 있지만[21~23] 여기에서는 액체 크로마토그래피로 분석사 초단~2단 레벨에서 예상되는 예제를 나타내 키랄 분리의 기본적 사항을 해설하고자 한다.

[1] 키랄 고정상에 대해

[예제 1) 광학 이성체 분리에 관한 다음 기술 가운데 올바른 것은 어떤 것인가?
① HPLC로 광학 이성체를 분리하기 위해서는 키랄 고정상을 이용할 필요가 있다.
② 시클로덱스트린 유도체를 결합한 고정상은 키랄 고정상의 일종이다.
③ 키랄 고정상에서는 광학 이성체 이외의 이성체는 분리할 수 없다.
④ ODS 칼럼을 광학 이성체의 분리 분석법으로 사용할 수 없다.

[예제 2] ODS 칼럼을 이용해 인산염 완충액과 메탄올 혼합액을 이동상으로 하여 측정했을 때 직접 분리할 수 없는 이성체는 어떤 것인가?
① 디아스테레오 이성체
② 아트로프 이성체
③ 위치 이성체
④ 시스-트랜스 이성체

키랄 고정상이란 키랄 식별능을 가지는 화합물(키랄 셀렉터)을 기재(基材)에 화학 결합 또는 담지시킨 것이다. HPLC를 이용해 광학 이성체를 분리하는 방법은 〈표 4.8〉에 나타낸 것처럼 분류할 수 있지만 키랄 고정상을 이용해 직접 정량하는 방법 외 시료에 광학 활성인 시약을 반응시켜 디아스테레오머 유도체로 하여 ODS 등 일반의 컬럼으로 분리하는 방법도 있으므로 [예제 1]의 선택사항 ①. ④는 잘못이다. 다만 현재는 성능이 뛰어난 많은 키랄 고정상이 실용화되고 있어 간편성이나 재현성 등의 면에서 키랄 분리 HPLC 중 키랄 고정상법을 사용하는 것이 대부분이다. 키랄 고정상에 이용되는 키랄 셀렉터에는 많은 종류가 있다(그림 4.33. 표 4.9). 시클로 덱스트린형 고정상은 호스트 게스트 상호작용에 근거해 시료를 분리해서 키랄 분리 이외의 용도에도 이용하고 있다. 키랄 고정상의 일종이므로 [예제 1]의 ②는 올바르다. 키랄 고정상은 광학 이성체

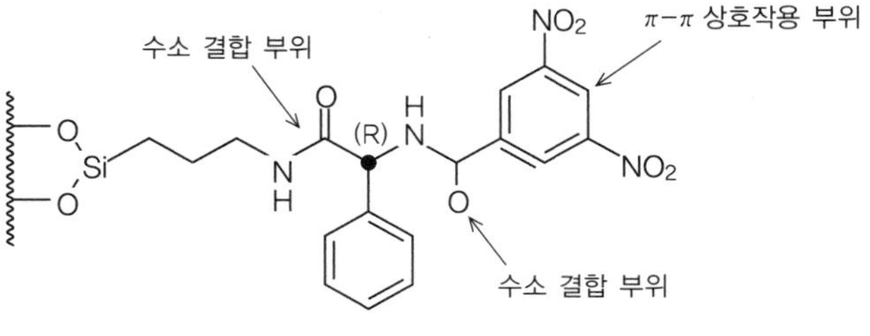

(a) 퍼클형 키랄 고정상

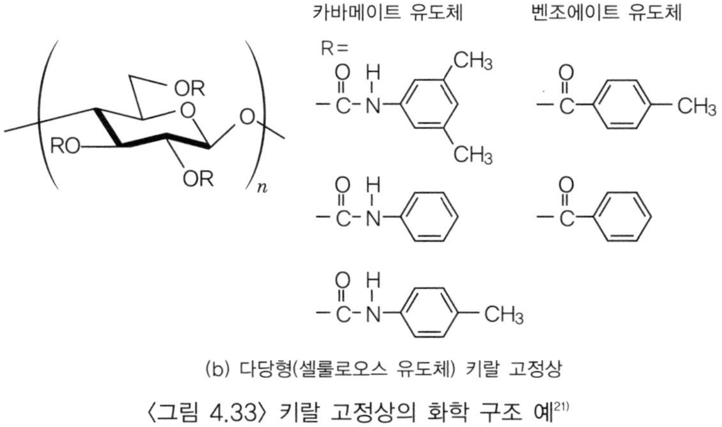

(b) 다당형(셀룰로오스 유도체) 키랄 고정상

〈그림 4.33〉 키랄 고정상의 화학 구조 예[21]

〈표 4. 8〉 HPLC에 의한 키랄 분리법의 종류

명칭	분류	방법	장점	단점
키랄 유도체화법(디아스테레오머법)	간접 분리	시료에 키랄 시약을 반응시켜 디아스테레오머 유도체화한 후 ODS 등의 일반적인 칼럼으로 분리	• 값싼 일반 칼럼으로 분석 가능	• 시료 구조 중 관능기가 없으면 유도체화가 불가능 • 시약의 광학 순도가 분석 결과에 영향을 미침
키랄 이동상법	직접 분리	이동상 중에 키랄 셀렉터를 첨가해 ODS 등의 일반적인 칼럼으로 분리	• 값싼 일반 칼럼으로 분석 가능	• 첨가하는 키랄 셀렉터의 선택이 어렵고, 분리 대상이 약간 한정됨
키랄 고정상법	직접 분리	키랄 셀렉터를 기제에 결합 또는 담지시킨 키랄 고정상을 이용하여 분리	• 분석 조작이 간편 • 재현성, 정량성이 좋음	• 키랄 고정상의 종류가 많고, 선택이 어려운 경우가 있음

〈표 4.9〉 주된 키랄 고정상의 종류

분류	고정상의 타입 또는 키랄 셀렉터	분리 모드	주된 대상화합물
저분자계 키랄 고정상	전하 이동·수소 결합형 (퍼클형 등)	역상(극성 이온 모드) 순상	카르본산, 아미노산 N 보호체, 농약, 기타 각종 화합물
	키랄 배위자	역상(구리 이온 함유)	아미노산, 히드록시산
	큰 고리상 글리코펩티드 화합물	역상	아미노산
	키니네 유도체	역상	카르본산
	시클로덱스트린 유도체	역상	각종 화합물(방향족 화합물 전반, 의약 중간체 등)
	크라운에테르	역상 순상	아미노산, 1급 아민 화합물
고분자계 키랄 고정상	다당류(셀룰로오스 유도체, 아밀로오스 유도체 등)	순상 역상	각종 화합물(의약, 의약 중간체 등)
	단백질(산성 당단백질 등)	역상	
	합성 고분자	역상, 순상	

분리를 위해 설계된 것으로 다른 이성체나 구조 유연체의 분리에는 적합하지 않는 경우도 있지만 분리할 수 없는 것은 없으므로 ③은 잘못이다.

ODS 컬럼에서는 광학 이성체를 직접 분리할 수 없지만 위에서 설명한 바와 같이 디아스테레오머로 유도체화한 후 분리하거나 이동상에 광학 활성인 시약을 첨가하면 분리 가능한 경우가 있다. [예제 2]의 ② 아트로프 이성체란 분자 내의 회전 장해에 의해 부제축(不齊軸) 또는 부제면(不齊面)을 가진 광학 이성체이며, ODS 컬럼으로 직접 분리할 수 없지만 ①, ③, ④의 이성체는 직접 분리할 수 있다.

[2] 화합물별 키랄 고정상의 선택

키랄 고정상은 많은 종류가 있어 특징이나 선택성이 다르기 때문에 분리하고 싶은 화합물의 구조에 대응해 최적의 키랄 고정상을 선택하는 것이 중요하다.

[예제 3] 화합물과 그 광학 이성체를 분리하기 위한 키랄 고정상으로서 분명히 부적절한 조합은 어떤 것인가 ?
  ① 아미노산······················배위자 교환형 키랄 고정상
  ② 젖산·························크라운 에테르형 키랄 고정상
  ③ 의약 중간체··················다당형 키랄 고정상
  ④ 피레스로이드계 살충제·········퍼클형 키랄 고정상

[예제 4] 광학 이성체 분리에 관한 다음의 기술 가운데 올바른 것은 어떤 것인가?
  ① 같은 키랄 고정상이면 이동상이나 측정 조건을 바꾸어도 광학 이성체의 용출 순서는 변함이 없다.
  ② 아미노산의 광학 이성체를 분리하는 경우 아미노기나 카르복시기의 어느 한쪽 혹은 양쪽 모두를 유도체화할 필요가 있다.
  ③ 단백질형 키랄 고정상은 이동상으로 초산염 완충액을 사용할 수 있다.
  ④ 다당형 키랄 고정상은 LC/MS에 직결해 사용할 수 없다.

일반적인 아미노산의 광학 이성체는 키랄 배위자 교환형이나 큰 고리 모양 글리코펩티드형의 키랄 고정상을 이용하여 유도체화하는 일 없이 분리하는 것이 가능하고, [예제 3]의 ①은 적절, [예제 4]의 ②는 잘못이다. 한편, 감도 향상을 목적으로 아미노

산의 아미노기를 형광 라벨화한 후 키랄 고정상으로 분리하는 방법도 D-아미노산의 미량 분석법으로 활용되고 있다.[24] 크라운 에테르형 키랄 고정상은 1급 아미노기를 가지는 키랄 화합물을 분리 대상으로 해서 젖산은 분리할 수 없기 때문에 [예제 3]의 ②는 부적절하다. 의약품이나 그 중간체 등은 광학 활성인 화합물이 많아 키랄 분리의 요구가 크지만 복잡한 구조를 가지고 있으므로 키랄 고정상 선정이 어려운 경우가 많다. 키랄 식별의 범용성이 큰 다당형이나 단백질형, 시클로덱스트린형의 키랄 고정상이 유력한 선택사항이 된다. 피레스로이드계 살충제의 분리 분석에는 퍼클형 키랄 고정상을 이용한 분리 분석법도 채용되고 있어 [예제 3]의 ③, ④는 적절하다고 할 수 있다. 키랄 분리법 작성에 대해서는 이성체의 용출 순서를 고려해 둘 필요가 있다.

특히 미량 분석에서 이성체의 피크가 근접하고 있어 미량 성분이 후에 용출하는 경우 주성분이 큰 피크의 테일링상으로 미량 피크가 출현해 측정이 곤란하게 되어 미량 이성체가 앞에 용출하는 고정상을 이용하는 것이 양호한 결과를 얻을 수 있는 경우가 많다. 같은 고정상에서도 측정 조건에 따라서는 선택성이 바뀌어 이성체의 용출 순서가 바뀌는 경우도 있다. 저분자계의 키랄 고정상에서는 키랄 셀렉터가 대장체(對掌體)가 된 '역전 칼럼'을 이용하면 분리능은 같고 의도적으로 용출 순서를 역전시킬 수 있다. 한편, 고분자계 고정상 등으로는 원리적으로 용출 순서를 바꾸는 것은 어렵지만 이동상의 조건 등을 검토할 수 있을 뿐 미량 성분이 앞에 용출하는 조건을 이용하는 것이 좋다. [예제 4]의 ①은 틀렸다.

[3] LC/MS와 키랄 분리

LC/MS에서는 분석 대상 화합물이 이온화하기 쉬운 이동상을 선택하는 것이 중요하다 그리고 LC/MS의 이온화에 적절한 이동상이 키랄 고정상에서의 분리에 적합한지 어떤지가 문제가 된다. 일반적으로 LC/MS에서는 물/메탄올, 물/아세토니트릴계의 역상 이동상이나 여기에 포름산이나 초산암모늄 등의 휘발성 첨가제를 더한 이동상이 잘 이용된다. 인산염 완충액 등의 비휘발성 이동상은 적합하지 않다.

[예제 4]의 ③은 올바르고, 단백질형 키랄 고정상은 초산염 완충액을 이동상으로 사용할 수 있으므로 LC/MS에 접속 가능한 고정상이다. 또 다당계의 키랄 고정상도 역상계의 이동상으로 LC/MS 측정이 가능하므로 [예제 4]의 ④는 틀렸다. 그 외 LC/MS 측정에 적절한 키랄 고정상으로서 초산암모늄과 같은 휘발성 염을 포함한 메탄올 용액을

이동상으로 사용할 수 있는 대환상 펩티드형 고정상이나 일부 퍼클형 고정상을 들 수 있다.

현재 뛰어난 키랄 고정상이 개발, 실용화되어 키랄 분리 분석법 작성은 꽤 간단해졌지만 화학 구조의 약간의 차이에 의해 최적의 고정상이 다를 수도 있어 시행착오가 불가피한 면도 있다. 이러한 경우 문헌조사나 인터넷으로 키랄 분리 데이터베이스 등의 검색 외에 키랄 고정상의 각 메이커가 제공하고 있는 애플리케이션 데이터도 참고할 필요가 있다.

■ 인용문헌

1) G. Desmet, et al. : *Anal. Chem.*, 77, pp.4058-4070（2005）
2) J. H. Knox, et al. : *Chromatographia*, 10, pp.279-288（1977）
3) H. Poppe : *J. Chromatogr.*, A. 778, pp.3-21（1997）
4) G. Guiochon, et al. : *J. Chromatogr.*, A. 99, pp.357-376（1974）
5) 伊藤正人他：*CHROMATOGRAPHY*, 28, pp.101-104（2007）
6) 和田宏之他：*THE HITACHI SCIENTIFIC INSTRUMENTNES*, 57（1）, pp.30-34（2014）
7) U. D. Neue : *J. Chromatogr.*, A. 1184, pp.107-130（2008）
8) Uwe D. Neue, et al. : *J. Chromatogr.*, A849, 87（1999）
9) Uwe D. Neue, et al. : *J. Chromatogr.*, A849, 101（1999）
10) M. S. Tswett : *Trudy Varshavskogo Obshchestva Estestvoispytatelei Otdelenie Biologii*, 14, pp.20-39（1903）
11) E. Wikberg, T. Sparrman, C. Viklund, T.Jonsson and K. Irgum : *J. Chromatogra*. A, 1218, pp.6630-6638（2011）
12) Y. Kawachi, T. Ikegami, H. Takubo, Y.Ikegami, M. Miyamoto and N. Tanaka : *J. Chromatogra*. A, 1218, pp.5903-5919（2011）
13) 中村 洋監修：ちょっと詳しい液クロのコツ　分離編, 丸善（2007）
14) 伊藤正人：アミノ酸分析計の 50 年, ぶんせき, pp.145-146（2010）
15) H. Sato, N. Ichieda, H. Tao and H. Ohtani : *Analytical Sciences*, 20, pp.1289-1294（2004）
16) ISO16014-5：2012 Plastics – Determination of average molecular mass and molecular mass distribution of polymers using size-exclusion chromatography – Part 5：Method using light-scattering detection.
17) 河越弘明, 高井良浩, 大石学, 佐藤浩昭, 田尾博明：第 11 回高分子分析討論会要旨集, 日本分析化学会高分子分析研究懇談会（2006）
18) K. Kubota, Y. Sato, Y. Suzuki, N. Goto-Inoue, T. Toda, M. Suzuki, S. Hisanaga, A. Suzuki and T. Endo : *Anal. Chem.*, 80, pp.3693-3698（2008）
19) C. S. Raska, C. E. Parker, Z. Dominski, W. F. Marzluff, G. L. Glish, R. M. Pope and C. H. Borchers : *Anal. Chem.*, 74, pp.3429-33（2002）
20) S. Noba, M. Omote, Y. Kitagawa and N. Mochizuki : *J. Food Prot.*, 71, pp.1038-1042（2008）
21) 中村 洋監修：ちょっと詳しい液クロのコツ　分離編, 丸善（2007）
22) 今井一洋, 後藤順一, 津田孝雄編集：キラル分離の理論と実際 – 分離例集, データリスト-, 学会出版センター（2002）
23) 大井尚文：キラルクロマトグラフィー入門, 丸善（1996）, 大井尚文：キラルクロマトグラフィーの進歩, 丸善（2000）など
24) K.Hamase, A.Morikawa, S. Etoh, Y. Tojo, Y. Miyoshi and K. Zaitsu : *Anal. Sci.*, 25, 961（2009）など

LC/MS

5.1 ─ LC/MS에서의 이온화법

➔ 5.1.1 일렉트로 스프레이 이온화법

일렉트로 스프레이 이온화법(electrospray ionization; ESI)은 현재의 LC/MS에 채용되고 있는 이온화법 중에서 가장 범용적으로 사용되고 있다. 일렉트로 스프레이란 금속제의 캐필러리 등에 흐르는 전기 전도성의 액체에 고전압을 인가(印加)해 분무하면 고도로 대전한 액체 방울이 생성하는 물리 현상을 말한다. 펜(Fenn)은 이 현상을 질량분석에 응용해 ESI 이온화법을 개발하여[1] 단백질 등의 생체 고분자를 부수지 않고

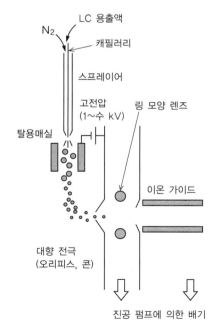

〈그림 5.1〉 ESI 이온원의 개략도

질량분석하는 것을 가능하게 한 업적으로 1992년에 노벨 화학상을 수상했다.

[1] ESI 이온원의 구조와 이온화 기구

〈그림 5.1〉에 ESI 이온원의 개념도를 나타내었다. 분석종 등을 포함한 HPLC 컬럼으로부터 용출액은 스프레이어와 대향 전극 사이에 가한 전압 및 고압 질소가스에 의해 스프레이어 출구에서 대전 액체 방울이 된다. 전압의 작용으로 대전 액체 방울이 생성되는 모습을 〈그림 5.2〉에 나타내었다.

대전 액체 방울이 생성되는 모습은 전기분해를 생각하면 이해하기 쉽다. 전해질을 용해한 물에 양·음의 전극을 가해 전압을 가하면 물 속의 전해질은 전기분해되어 양이온은 음극(−)으로, 음이온은 양극으로 끌어들일 수 있다.

〈그림 5.2〉에서 MS가 정이온을 검출하는 모드로 되어 있는 경우 캐필러리에는 대향전극에 대해 상대적으로 플러스 전압이 가해진다. 앞의 전기분해를 예로 들면 캐필러리가 양극, 대향 전극이 음극으로 작용하게 된다. 캐필러리 선단부 부근에서 액상(液相)과 기상(氣相)의 계면 근처를 중심으로 액상 측에서 전기분해와 같은 현상이 일어나 분석종 분자는 프로톤 등을 받음으로써 정(+)으로 대전해 액체 방울이 되어 대향 전극을 향해 비행하고, 비행 중에 탈용매를 거쳐 분석종은 단분자 이온이 되어 대향 전극의 세공으로부터 MS 내부로 이끌린다.

대전 액체 방울이 탈용매를 거쳐 이온이 생성하는 과정의 모식도를 〈그림 5.3〉에 나타내었다.

캐필러리 선단에서 생성한 초기의 대전 액체 방울은 수μm~수십 μm 정도의 크기이며 다수 이온의 주위를 용매가 둘러싸고 있는 것 같은 상태라고 추측된다. 탈용매를 받

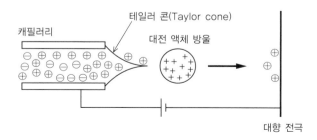

〈그림 5.2〉 ESI에 있어서 대전 액체 방울 생성

159

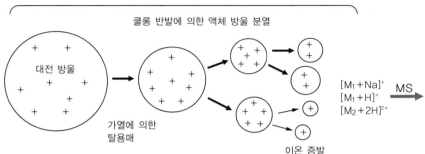

〈그림 5.3〉 ESI에 있어서 이온 생성 과정

아 액체 방울의 크기가 작아지면 이온끼리의 전하 반발은 서서히 커진다. 이온끼리의 전하 반발력이 용매의 표면장력보다 커지면(양자가 어우러져 있는 상태를 레일리 리미트라고 부른다) 액체 방울이 분열을 일으킨다.

최종적으로 이온을 생성하는 모델로서는 전기 액체 방울의 분열을 반복해 최종적으로 하나 하나의 이온을 생성하는 "전하 잔류 모델"[2]과 액체 방울이 어느 정도의 크기까지 작아지면 액체 방울 표면으로부터 이온이 증발하는 '이온 증발 모델'[3]의 양쪽 모두가 알려져 있다.

일본에 처음으로 ESI-MS가 도입된 것은 1990년경이다. 그 무렵의(초기의) ESI 이온원(그림 5.4)은 고전압의 작용만으로 대전 액체 방울을 생성하는 방식이었으며, 시료

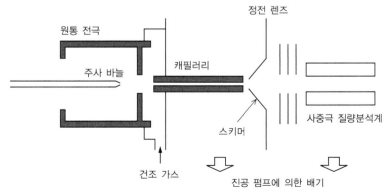

〈그림 5.4〉 초기형 ESI 이온원의 개략도

용액의 도입량이 수 μL/min 정도로 제한되고 있었기 때문에, HPLC와의 직결은 곤란하고 오로지 시린지 펌프에 의한 연속 시료 도입이 이용되었다. 수 μL/min 정도의 이동상 유량을 제어할 수 있는 HPLC 시스템이 아직 시판되고 있지 않았던 것도 당시의 ESI-MS와 HPLC의 직결이 곤란했던 요인이다.

최근의 시판 ESI 이온원은 〈그림 5.1〉에 나타낸 것처럼 고압 질소가스에 의해 액체 방울의 생성을 보조하는 기능이 부가되어 있을 뿐만 아니라 탈용매의 효율도 향상시키고 있기 때문에 수 μL~1 mL/min의 액체를 도입할 수 있어 HPLC와의 직결이 용이하게 되었다.

[2] 이온 수송 기술

저진공 영역에 있어서의 이온 수송부는 ESI 외 아래에 설명하는 APCI나 APPI에 대해서도 공통되기 때문에 여기서 살펴본다. 1990년대의 ESI 이온원(그림 5.4)에서는 저진공 영역에 있어서의 이온 수송부에는 정전 렌즈만이 이용되었다. 저진공 영역에서 복수의 정전기 렌즈를 이용해 이온 집속을 실시하는 방식으로는 이온이 렌즈를 통과할 때마다 가속시킬 필요가 있었다. 정전기 렌즈부에서 가속된 이온은 잔존 가스와 충돌하기 때문에 다음 스테이지로 나아갈 수 없었다. 따라서 이 무렵의 ESI 이온원은 대기압에서 생성한 이온을 질량 분리부까지 도입하는 효율이 낮았다.

최근의 ESI 이온원의 이온 수송부(그림 5.1)에는 고주파 교류전압의 인가에 의해 이온을 집속시키는 기능을 가지는 사중극 이온 가이드 등의 고주파 디바이스가 채용되고 있다. 고주파 디바이스를 통과시킬 때 이온은 거의 가속시킬 필요가 없기 때문에 고주파 디바이스의 개발에 의해 대기압에서 생성한 이온을 효율 좋게 질량 분리부까지 도입하는 것이 가능해졌다.

스프레이어와 대향 전극(오리피스 등)은 직교 혹은 축을 비켜 놓은 위치에 배치시키는 경우가 대부분이어서 이온화되지 않았던 중성입자 등이 진공 영역에 침입하는 것을 막을 수 있게 되어 S/N의 향상에 기여하고 있다. 오리피스 직후에는 오리피스를 통과한 이온이 점성류의 영향으로 확산하는 것을 막기 위해 링 상태의 전극 등이 배치되고 있다.

[3] ESI로 생성하기 쉬운 이온종

ESI로 생성하는 이온종은 정이온 검출로 $[M+H]^+$, 부이온 검출로 $[M-H]^-$가 주가 된다. 그 외에 이동상 용매의 종류나 산 등의 첨가제 종류에 의해 정이온 검출에서는 $[M+Na]^+$, $[M+NH_4]^+$ 등이, 또 부이온 검출에서는 $[M+Cl]^-$이나 $[M+CH_3COO]^-$ (이동상으로 초산이나 초산암모늄이 첨가되고 있는 경우) 등이 생성된다. 정이온 검출 에서의 $[M+Na]^+$와 $[M+NH_4]^+$ 생성의 용이함에 대해서는 사용하는 이동상 용매 중 유기 용매의 종류에 어느 정도 의존하는 것이 경험적으로 알려져 있다. 즉, 유기 용매 로서 메탄올을 사용하면 $[M+Na]^+$가, 아세토니트릴을 사용하면 $[M+NH_4]^+$가 생성하 기 쉽다는 것이다(이동상 용매에 Na^+원이나 NH_4^+원이 되는 것 같은 첨가제 등이 포함 되지 않아도).

ESI에 의한 이온화가 적합한 화합물은 일반적으로는 물이나 메탄올 등의 극성 용매 에 용해하기 쉬운 중~ 고극성의 성질을 가지는 것으로 알려져 있다. 실제로는 클로로 포름 등의 저극성 용매에 용해하기 쉬운 금속 착체 등의 화합물의 이온화도 가능하다. 열적 안정성에 특히 제한은 없고, 저분자부터 고분자까지 광범위한 화합물이 측정 대 상이 될 수 있다. 펩티드나 단백질과 같이 고분자 화합물로 분자 내에 프로톤의 수수에 관여할 수 있는 관능기가 복수 존재하는 화합물의 경우 다가 이온을 생성하기 쉽다는 특징이 있다

[4] ESI 이온화와 이동상 유량

ESI의 이온화에서는 이동상(移動相) 용매의 유량이 적은 것이 스프레이어 선단에서 생성하는 액체 방울 크기를 작게 하는 경향이 있기 때문에(실제로는 이동상 유량만으 로 액상 크기가 바뀌는 것은 아니겠지만) 주입한 시료량이 같으면 이동상 유량이 적을 수록 생성하는 액체 방울 크기가 작아져 탈용매에 필요한 시간도 짧아지므로 결과적으 로 액체 방울로부터 이온을 꺼내는 효율이 높아진다고 할 수 있다. 따라서 LC/ESI/MS에 사용하는 컬럼은 일반적으로는 안지름 4.6mm의 범용 크기인 것보다 안지름 2.0mm나 1.0mm 등의 세미 마이크로 크기가 보다 적합하다고 할 수 있다. 컬 럼 안지름에 대한 최적인 이동상 유량은 안지름 4.6mm에 대해서 1 mL/min, 안지름 1.0 mm에 대해서는 0.05mL/min이다.

이 컬럼의 다운사이징에는 액체 방울의 미세화라고 하는 효과 외에 컬럼 내에서의

성분의 가로 방향으로의 확산이 억제됨으로써 피크가 샤프하게 된다는 효과도 있다. 다만 광범위한 이동상 유량에 대응할 수 있는 ESI 이온원이어도 어느 근처의 흐름 영역에서 가장 효율 좋게 이온이 생성하는지는 이온원의 설계에 따라 바뀌는 것이므로 자세한 것은 메이커에 문의해야 한다.

[5] ESI 이온원의 파라미터 설정

최근의 시판 ESI 이온원은 대부분의 메이커나 기종에서 수 μL~1mL/min의 광범위한 이동상 도입량에 대응하고 있다. 그러나 낮은 유량 시와 높은 유량 시에는 이온원의 각종 파라미터(parameter) 설정이 대부분 다르다. 이동상 도입량에 의존해 변화되는 파라미터를 〈그림 5.5〉에 나타내었다. 파라미터란 액체 방울의 생성을 보조하는 네블라이저 가스, 스프레이어와 대향 전극의 위치(그림 중 A, B), 스프레이어 선단부의 캐필러리의 나온 상태(그림 중 a), 탈용매 온도 등이다.

네블라이저 가스의 유량은 이동상 도입량이 적을 때에는 적게, 많을 때에는 많이 설정한다. 스프레이어와 대향 전극의 위치는 이동상 도입량이 적을 때에는 가깝게, 많을 때에는 멀리 설정한다.

스프레이어 선단부의 캐필러리의 상태에 대해서는 이동상 도입량이 적을 때에는 스프레이어 선단으로부터 캐필러리가 1~2mm 정도 나오도록, 액체 도입량이 많을 때에는 캐필러리가 조금(예를 들면 0.5 mm 이하) 나오도록 한다. 탈용매 온도는 액체 도입

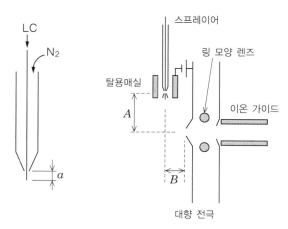

〈그림 5.5〉 ESI 이온원에서의 설정 파라미터

량이 많을 때나 액체 중의 물 함유량이 많을 때에는 높게, 적을 때에는 낮게 설정하면 좋다. 이들 설정의 기준은 어디까지나 일반적인 것이므로 자세한 것은 사용하는 장치의 취급 설명서를 참조하기 바란다.

➡ 5.1.2 대기압 화학 이온화법

대기압 화학 이온화(atmospheric pressure chemical ionization; APCI)는 현재 LC/MS에서 ESI에 이어 빈번하게 이용되고 있는 이온화법이다.

[1] APCI 이온원의 구조와 이온화 기구

APCI 이온원의 개략을 〈그림 5.6〉에 나타내었다. 그 구조는 ESI 이온원의 그것과 유사하다. 분석종 등을 포함한 HPLC로부터의 용출액은 스프레이어 선단에서 고압 질소가스(네블라이저 가스)에 의해 분무되어 미세 액체 방울이 된다. ESI와 달리 스프레이어와 대향 전극의 사이에는 전압이 인가되지 않기 때문에 여기서 생성한 액상은 전

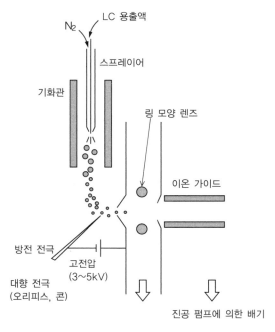

〈그림 5.6〉 APCI 이온원의 개략도

하를 가지지 않으며 중성 상태이다. 액체 방울은 기화관에서의 가열에 의해 기화된다.

APCI 이온원에는 대향 전극 근처에 선단이 뾰족한 침상의 방전 전극이 위치하고 있다. 방전 전극과 대향 전극 사이에는 수 kV의 전압이 가해져 코로나 방전이 발생한다. 기화된 이동상 용매나 분석종은 이 코로나 방전의 영역에 침입하면 분석종에 대해 대과잉으로 존재하는 이동상 용매가 우선 이온화해 용매 이온과 분석종 분자 사이에서 발생하는 프로톤 이동에 의해 분석종이 이온화된다.

APCI의 이온화에 있어서 분석종 분자는 이온화한 용매를 개입시켜 이온화된다. 대기압하에서의 기상 화학 이온화이며 높은 이온화 효율을 얻기 위해서는 액체 방울은 가열에 의해 완전하게 탈용매되는 것이 유리하다. 그 때문에 APCI에 있어서의 탈용매 온도는 ESI의 그것보다 높게 설정되는 것이 대부분이고 APCI에서는 가열에 의해 분석종 분자가 열분해를 일으킬 수도 있다. 따라서 APCI는 열에 불안정한 화합물의 이온화에는 적합하지 않다.

[2] APCI로 생성하기 쉬운 이온종

APCI로 생성하는 이온종은 기본적으로는 ESI와 같이 양(+)이온 검출로 $[M+H]]^+$, 음(−)이온 검출로 $[M-H]^-$가 주요하다. 그 외 이동상 용매의 종류나 산 등의 첨가제 종류에 의해 정이온 검출에서는 $[M+H+용매]^+$나 $[M+NH_4]^+$ 등이, 부이온 검출에서는 $[M+Cl]^-$나 $[M+CH_3COO]^-$(이동상에 초산이나 초산암모늄이 첨가되어 있는 경우) 등이 생성된다.

정이온 검출 ESI에 대해서는 유기 용매로서 메탄올을 사용하면 $[M+Na]^+$가, 아세토니트릴을 사용하면 $[M+NH_4]^+$가 생성되기 쉽다고 말했는데, APCI에서는 특히 그러한 경향은 없다. 용매 분자의 부가 이온이 관측되기 쉬운 것이 ESI에서는 일어나기 어렵다는 것이 APCI의 특징이다. 또 분석종 분자가 탈용매를 위한 가열에 의해 열분해를 일으켜 그 단편이 $[M+H]^+$ 등에 부가한 이온이 보기 드물게 관측되는 경우가 있다. ESI와 APCI에 대해 이온화 모드와 이동상 용매에 따라 생성하기 쉬운 이온종을 〈표 5.1〉에 나타내었다.

〈표 5.1〉 ESI, APCI에서의 검출 극성·이동상 용매·생성 이온

이온화법	극성	이동상 용매	생성하기 쉬운 부가 이온
ESI	+ + +	메탄올 아세토니트릴 초산 함유 암모늄	$[M+H]^+$, $[M+Na]^+$, $[M+K]^+$ $[M+H]^+$, $[M+NH_4]^+$, $[M+Na]^+$ $[M+H]^+$, $[M+NH_4]^+$
APCI	+ + +	메탄올 아세토니트릴 초산 함유 암모늄	$[M+H]^+$, $[M+H+CH_3OH]^+$ $[M+H]^+$, $[M+H+CH_3CN]^+$ $[M+H]^+$, $[M+NH_4]^+$
ESI	− − − −	산을 함유하지 않은 계 초산 함유, 초산암모늄 포름산 함유 초산 함유 암모늄	$[M+H]^-$, $[M+Cl]^-$ $[M-H]^-$, $[M+CH_3COO]^-$ $[M-H]^-$, $[M+HCOO]^-$ $[M-H]^-$, $[M+CH_3COO]^-$
APCI	− − − −	산을 함유하지 않은 계 초산 함유, 초산암모늄 등 포름산 함유 초산 함유 암모늄	$[M-H]^-$, $[M+Cl]^-$ $[M-H]^-$, $[M+CH_3COO]^-$ $[M-H]^-$, $[M+HCOO]^-$ $[M-H]^-$, $[M+CH_3COO]^-$

[3] APCI 이온화와 이동상 유량

사용하는 컬럼의 안지름과 이동상 용매의 유량에 있어서 LC/ESI/MS에서는 안지름 4.6mm의 범용 크기보다 안지름 2.0mm나 1.0mm 등의 세미 마이크로 크기가 보다 적합하다고 기술했지만 LC/APCI/MS에 있어서는 반대의 경향을 나타낸다. 즉, 안지름 2.0mm나 1.0mm 등의 세미 마이크로 크기의 컬럼보다, 안지름 4.6mm의 범용 크기가 적합하다. APCI에 있어서의 이온화에서는 코로나 방전에 의해 이온화된 이동상 용매 분자가 반응 가스로서 작용한다. 이동상 유량이 많은 것이 반응 가스가 대량으로 존재하게 되어 안지름 4.6mm의 범용 컬럼을 이용해 이동상 유량을 1 mL/min으로 설정한 조건이 적합하다고 말할 수 있다

APCI에 의한 이온화가 적합한 분석종은 일반적으로는 ESI에 적합한 화합물과 비교하면 저극성인 화합물로 되어 있다. 열에 비교적 안정되고 저분자부터 분자량 2,000 정도까지의 중분자 화합물을 측정 대상으로 할 수 있다. 펩티드나 올리고당과 같이 분자 내에 개열하기 쉬운 결합을 가지는 화합물에서는 프레그먼트 이온이 주로 관측되기 때문에 이와 같은 화합물의 분석에는 적합하지 않다. 다만 그 종의 화합물라도 분자량이 작으면(펩티드라면 3잔기(殘基) 정도까지) 프로톤 부가 분자 등의 이온이 관측될 수

있다. APCI는 ESI와 비교하면 저극성 화합물의 이온화에 적합하다고 설명했지만 실제로는 매우 고극성 화합물이라도 이온화하는 것이 가능하다.

[4] APCI 이온원에서의 파라미터 설정

APCI는 코로나 방전의 에너지를 이용한 이온화이기 때문에 APCI 이온화원에 있어서 가장 중요한 파라미터는 방전 전극의 전압 설정일 것이다. 방전 전극에 인가하는 전장을 설정하는 타입과 방전 전극과 대향 전극 사이에 흐르는 전류 값을 설정하는 타입이 있으며 메이커나 기종에 따라 다르다.

➡ 5.1.3 대기압 광이온화법

대기압 광이온화(atmospheric pressure photoionization; APPI)는 자외선 램프에 의한 광조사 에너지를 이용하는 대기압 이온화법의 일종이다. APPI는 ESI나 APCI로 이온화되지 않는 분석종에 대하여 상호보완적으로 사용되는 경우가 많다.

[1] APPI 이온(ion)원의 구조와 이온화 기구

APPI 이온원의 개략도를 〈그림 5.7〉에 나타내었다. 그 구조는 ESI나 APCI 이온원의 개략도와 유사하다. APPI 이온원은 APCI에서 방전 전극이 배치되어 있는 위치에 자외선 램프가 배치되고 있다.

분석종 등을 포함한 HPLC로부터의 용출액은 스프레이어 선단에서 고압 질소가스(네블라이저 가스)에 의하여 분무되어 미세 액체 방울로 된다. APCI와 마찬가지로 스프레이어와 대향 전극 사이에는 전압이 인가되지 않기 때문에 여기서 생성한 액체 방울은 전하를 가지지 않은 중성의 상태이다. 액체 방울은 기화관에서의 가열에 의해 기화된다.

자외선 램프로부터 조사된 광이 기화한 분석종이나 이동상 용매에 조사된다. 자외광의 에너지는 시판되는 장치의 경우 10 또는 10.6 eV의 것이 많고, 분석종의 이온화 에너지가 자외광의 에너지보다 낮은 경우 분석종은 광에너지를 흡수하는 것으로 여기되고 이온화한다. 한편 분석종의 이온화 에너지가 자외광의 에너지보다 높은 경우 도판트(dopant, 불순물)로 불리는 이온화 보조를 첨가함으로써 이온화할 수 있다. 톨루엔, 아세톤, 클로로벤젠 등 이온화 에너지가 자외광의 에너지보다 낮은 화합물이 도판트로 알려져 있다.

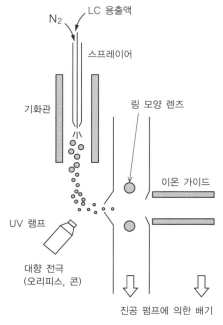

〈그림 5.7〉 APPI 이온원의 개략도

[2] APPI로 생성하기 쉬운 이온종

APPI로 생성하는 이온종은 정(+)이온 검출에서는 M^+나 $[M+H]^+$ 등이 주요하다. 분석종의 이온화 에너지가 자외광의 에너지보다 낮은 경우 분석종 분자는 빛에 의해 직접 여기되어 전자를 방출해 $M^{+\cdot}$가 된다. 혹은 여기되었을 때에 공존하는 함수소 용매로부터 프로톤을 받아 $[M+H]^{+\cdot}$가 되는 분석종의 이온화 에너지가 자외광의 에너지보다 높은 경우 공존하는 도판트가 빛에너지에 의해 여기되어 $D^{+\cdot}$가 되고 분석종 분자는 도판트 이온 $D^{+\cdot}$으로부터 전자를 빼앗겨 $M^{+\cdot}$가 된다.

[3] APPI 이온화와 이동상 유량

사용하는 컬럼의 안지름과 이동상 용매의 유량에 대해 LC/APPI/MS에서는 적합한 이동상 유량은 분석종의 성질에 의존한다고 생각해도 좋다. 즉, 분석종의 이온화 에너지가 자외광의 에너지보다 낮은 경우 분석종은 직접 이온화되기 때문에 이동상 유량은 분석종의 이온화 효율에는 관여하지 않는다(컬럼 안지름을 가늘게 함으로써 크로마토 그래피적인 감도 향상을 기대할 수 있다). 도판트(불순물)를 개입시켜 분석종이 이온화되는 케이스에서는 도판트의 유량은 어느 정도 과잉인 편이 이온화에 있어서는 유리하다. 그러나 불순물로서 사용하는 톨루엔이나 아세톤 등을 이동상 용매로 사용하지 않는 분석 조건(역상 분배 모드 등)에 있어서는 불순물은 포스트 컬럼으로부터 첨가되기 때문에 예를 들어 안지름 2.0mm의 컬럼을 0.2mL/min의 이동상 유량(물/아세토니트릴 등)으로 사용해 포스트 컬럼으로부터 같은 유량의 불순물(아세톤 등)을 첨가하는 등의 조건을 이용하게 된다.

APPI에 의한 이온화가 적합한 분석종은 일반적으로는 ESI나 APCI로 이온화되지 않은 저극성의 화합물인 것으로 알려졌다. 실제로 ESI나 APCI에서는 이온화되기 어려운 화합물군에 대한 응용 예가 보고되고 있다.[4] 한편, 고극성 화합물에 대한 유용성이 진술되고 있는 보고도 있다.[5] 필자도 APPI를 사용한 경험이 있지만 그때 시행한 시험은 통상 ESI로 측정하는 의약품 등의 중~고극성 화합물이 모두 APPI로 이온화되었다. APPI는 꽤 광범위한 화합물을 이온화할 수 있다고 생각된다. 다만 APCI 같이 이온화에 앞서 가열에 의한 기화가 필요해 열에 불안정한 화합물이나 단백질 등의 고분자 화합물에는 적합하지 않다.

▶ 5.1.4 유도 결합 플라즈마 이온화

[1] 유도 결합 플라즈마 이온화법의 원리와 특징

유도 결합 플라즈마(inductively coupled plasma; ICP) 이온화법은 분석 시료 중 원자를 검출하는 무기 분석법으로 이용되는 것이 많지만 다른 이온화법에는 없는 특징을 갖고 있기 때문에 무기 분석법에 한정하지 않고 LC/MS의 이온화법으로도 유용하다. 특히 최근에는 이온 크로마토그래피와의 결합에 의해 고감도인 무기 이온 분석법으로 이용되는 경우 외에도 인이나 황, 셀렌 등을 포함한 화합물이나 금속 결합 단백질을 고감도나 특이적으로 검출할 수 있기 때문에 의약·바이오 분야의 분석에서도 주목받고 있다.

ICP 이온화법의 특징은 화합물의 이온화에 고온 뿐만 아니라 고전자 밀도의 플라즈마를 이용한다는 것이다. 우선 가스를 고주파 유도 코일 내에서 무극 방전에 의해 전리시켜 플라즈마를 생성한다. 다음에 시료 용액을 네블라이저에 의해 분무하여 에어로졸

화한 후 플라즈마 내에 도입한다. 플라즈마 내에서는 분석시료의 탈용매, 화합물의 분해 및 원자화 그리고 이온화가 매우 높은 효율로 진행된다. 이때 플라즈마에 의해 화합물은 모두 개개의 원자까지 절단/이온화되지만 생성하는 이온은 금속·비금속을 불문하고 모두 1가의 플러스 이온이 된다. 이 때문에 필요하게 되는 질량분석계는 포지티브 모드만으로 측정 범위 m/z 300 정도까지 얻을 수 있다. 질량 스펙트럼은 원자의 질량과 m/z가 일치해 간단하고 쉽다.

ICP 이온화법은 아르곤과 헬륨 2종류의 가스로 실용화되었지만 실용성과 운용비용(running cost) 면에서 현재는 아르곤 플라즈마가 주류이다. 아르곤은 주기율표의 18족에 속하는 비활성 가스이며 15.76eV라고 하는 큰 제1 이온화 에너지를 가진 원소이다. 플라즈마 내에서는 이 아르곤이 고밀도로 전리하고 있기 때문에 아르곤보다 이온화 에너지가 큰 불소나 헬륨 등을 제외하고 ICP 이온화법은 대부분의 원소를 이온화할 수 있다. 예를 들어 이온화에 높은 에너지가 필요한 인도 이온화할 수 있기 때문에 ICP 이온화법에서는 핵산 등의 인산기를 가진 물질이나 비휘발성 염을 만드는 인산 이온에 대해서도 고감도 분석이 가능하다[6]. 다만, 산소, 수소, 질소, 탄소와 같은 유기 화합물의 주요 조성 원소는 분석 시료 중의 용매(물)와 공기가 원인으로 높은 백그라운드 값을 나타낸다. 이 때문에 인이나 황, 기타 금속 원소 등을 포함하지 않는 유기 화합물을 ICP 이온화법으로 검출하려면 금속 태그(tag)화 시약을 사용해 화합물을 유도체화하는 등의 연구가 필요하다.[7]

[2] LC의 검출법으로서 유도 결합 플라즈마 이온화법

ICP 이온화법을 사용한 분석법은 1964년에 파셀(Fassel)에 의해 ICP 발광 분석법으로 처음으로 학회에서 발표되었지만, 당초부터 응용 분야의 하나로 LC와의 결합이 검토되었다. 앞에서 말한 것처럼 ICP 이온화법은 시료 중의 화합물을 모두 원자까지 분해해 버리기 때문에 화합물의 화학 형태에 관한 정보를 얻을 수 없다. 따라서 시료 중의 화합물을 입체 구조나 화학적 성질로 분리할 수 있는 LC와의 조합은 ICP 이온화법의 결점을 보충할 수 있어 매우 유효하다. 게다가 어느 쪽의 분석법도 분석 시료가 용액으로 유속도 거의 같은 감압이나 인가전압 등의 필요도 특히 없기 때문에 〈그림 5.8〉에 나타내었듯이 LC로부터의 용출액을 그대로 ICP 이온화법의 시료 도입구에 접속하면 간단히 결합할 수 있다.

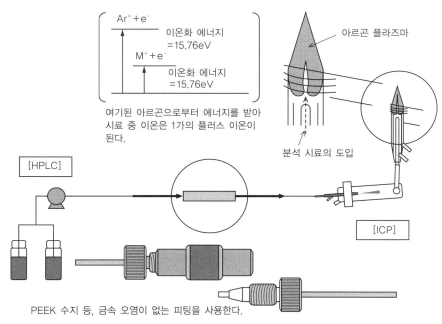

이온화 에너지
=15.76eV

이온화 에너지
=15.76eV

$Ar^+ + e^-$

$M^+ + e^-$

여기된 아르곤으로부터 에너지를 받아
시료 중 이온은 1가의 플러스 이온이
된다.

아르곤 플라즈마

분석 시료의 도입

[HPLC]

[ICP]

PEEK 수지 등, 금속 오염이 없는 피팅을 사용한다.

〈그림 5.8〉 유도 결합 플라즈마 이온화법에 의한 시료의 이온화와 LC의 접속법

ICP 이온화법을 LC/MS의 이온화법으로 이용하는 최대의 이점은 검출감도가 지극히 높다는 점이다. 특히 ICP 질량분석법은 많은 원소에서 검출한계가 서브 ppt이며, 몰 농도로 환산하면 $pM(pmol/L=10^{-12}mol/L)$에 이른다.[8] 게다가 플라즈마에 의해 시료 중 대부분의 화합물은 이온화되기 때문에 목적 화합물의 검출 누락을 일으킬 가능성이 적다. 이 때문에 ICP 이온화법은 미량의 화합물을 고감도로 검출/정량하는 이온화법으로 매우 우수하다고 할 수 있다.

5.1.5 기타

전술한 3종류의 대기압 이온화법이 개발되기 이전에 LC-MS 인터페이스는 진공 상태에서 이온화와의 조합에 의한 것이 주요했다. 다음에 그 대표 예를 들었다.

[1] 파티클 빔 이온화법[9]
〈그림 5.9〉에 나타내었듯이 이것은 LC로부터의 용출액을 헬륨 등의 고압가스에 의

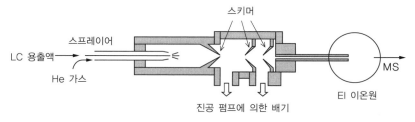

〈그림 5.9〉 파티클 빔 이온원의 개략도

해 미소 액체 방울로서 분무·가열해 기화시킨 후 2~3개의 스키머 사이에 진공 펌프로 헬륨 가스 이동상 용매 분자를 배기하여 분석종 분자 빔을 이온원으로 끌어들여 전자 이온화(electron ionization; EI)나 화학 이온화(chemical ionization; CI) 방법으로 이온화하는 기능을 한다. 이동상 용매 분자는 He에 비하면 질량이 크기 때문에 스키머 부분에서의 용매 분자의 제거가 불충분해 백그라운드가 올라가는 문제가 있었다. LC 로 분리 분석을 실시하는 분석종의 상당수는 GC에서의 분리 분석에 적합하지 않은 열 에 불안정한, 휘발성이 낮은 화합물이다. 한편, EI나 CI는 휘발성 화합물에 적절한 이 온화법이다. 이러한 부적절함 때문에 이 인터페이스는 최근에는 거의 이용되고 있지 않다.

[2] 플로우 FAB 이온화법[10]

플로우 FAB(fast atom bombardment) 인터페이스의 개략을 〈그림 5.10〉에 나타 내었다. 이 방법에서는 LC의 용출액에 FAB 이온화를 위한 매트릭스(글리세린 등) 용 액을 혼합해 그 용액을 약 5μL/min까지 스플리트한 후 안지름 50~100μm의 캐필러리

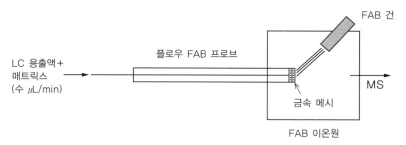

〈그림 5.10〉 플로우 FAB 이온화법의 개략도

를 개입시켜 진공중에 배치된 두께 수 백μm, 지름 약 10mm의 금속 메시에 접촉시킨다. 매트릭스를 포함한 용출액은 메시 뒤에서 겉으로 배어 나오고 고속 Xe 가스의 충격에 의해 용출액 중 분석종을 이온화시킨다. 용출액은 메시로부터 배어 나온 후 중심으로부터 바깥쪽으로 이동하기 때문에 컬럼에 의해 분리된 성분의 확산은 대부분 일어나지 않고, 분리된 각 분석종의 질량 스펙트럼을 얻을 수 있다. FAB는 펩티드 등의 열에 불안정한 화합물의 질량분석을 처음으로 가능하게 한 이온화법이며 매트릭스를 변경하는 것으로 폭넓은 물성의 화합물이 분석 대상이 된다. 그 때문에 플로우 FAB는 범용적 인터페이스로 알려져 있었다.

플로우 FAB가 실용화될 당시 HPLC의 컬럼은 안지름 4.6mm의 범용 컬럼이 주로 이용되었고 마이크로 컬럼이나 세미 마이크로 컬럼은 현재만큼 보급되어 있지 않았다. 플로우 FAB 인터페이스에 도입할 수 있는 용출액 유량은 MS의 진공도를 확보하기 위해 5 μL/min 정도로 제한되고 있어 컬럼으로 분리된 분석종의 대부분을 버려야 하므로 감도적으로 어려움이 있었다. 또 매트릭스 혼입에 의한 백그라운드 이온의 증가로 MS로 얻을 수 있는 크로마토그램의 S/N이 악화되기 때문에 경원시되는 경우도 많았다. FAB 이온화는 직접 시료 도입과의 조합에 있어서 현재에도 사용되고 있지만 FAB로 이온화되는 화합물의 대부분은 현재는 ESI나 APCI로 이온화하는 것이 가능하기 때문에 LC-MS 인터페이스로서의 플로우 FAB는 현재 거의 이용되지 않는다.

[3] 서모 스프레이 이온화법[11]
서모 스프레이는 〈그림 5.11〉에 나타내었듯이 컬럼 용출액을 우선 가열한 캐필러리

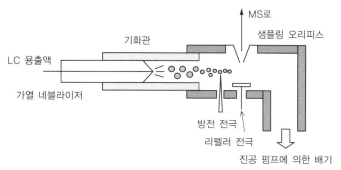

〈그림 5.11〉 서모 스프레이 이온원의 개략도

173

및 기화관을 거쳐 챔버 내에 분출한다. 챔버는 진공 펌프에 의해 저진공으로 유지되고 있다. 이동상에 초산암모늄 등의 완충염을 첨가해 두면 용매의 기화에 수반해 분석종은 완충염으로부터 생긴 이온과 부가 이온을 형성한다. 이온화 효율 향상을 위해 방전을 이용하는 측정 모드도 있다.

APCI에 비하면 이온화한 이동상 용매 분자와 분석종 분자의 프로톤 이동에 의한 이온화 효율은 낮고 분석종의 이온화를 위해서는 초산암모늄 첨가해야 한다. 범용 HPLC와의 접속도 용이하므로 당시의 LC-MS 인터페이스로서는 가장 많이 보급되었다. 그러나 후에 개발된 APCI가 성질상 서모 스프레이와 유사하고 조작성이 보다 좋기 때문에 서모 스프레이는 APCI가 시장에 도입되는 것과 동시에 서서히 자취를 감추었다.

5.2 — MS 장치

⬇ 5.2.1 사중극 질량분석계

사중극 질량분석계(quadrupole mass spectrometer, QMS)는 1953년에 개발된 질량분석계로 구조는 매우 간단하고 〈그림 5.12〉에 나타내듯이 단면이 원이나 쌍극면 상의 4개의 전극으로 구성되어 있다.

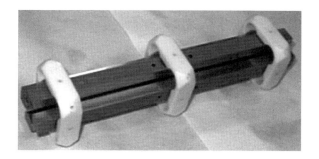

〈그림 5.12〉 사중 질량분석계에서 사용하는 사중극 로드

[1] 원리

QMS에 의한 이온의 분리 원리를 〈그림 5.13〉~〈그림 5.15〉에 나타내었다. 〈그림 5.13〉에 나타내었듯이 대립되는 전극쌍을 전기적으로 결합해 각각 정·부의 직류전압(U)과 고주파 교류전압($V \cos \omega t$)을 조합한 전압 '$\pm(U + V \cos \omega t)$'을 가해 전기장을 형성시킨다. 이온은 통상 10~20V의 낮은 가속전압으로 가속되어 사중극에 이끌려 전기장의 영향을 받아 진동한다. 사중극에 도입된 이온 중에서 다음의 식 (5.1)에 의한 직류전압에 관계하는 함수 a와 교류전압에 관계하는 함수 q가 안정 진동 영역에 들어간 m/z의 이온만이 〈그림 5.15〉에 나타낸 것처럼 안정하게 진동해 사중극 전기장을 통과

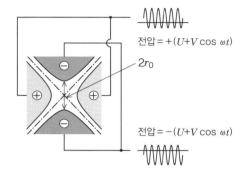

〈그림 5.13〉 사중극 질량 분리부 및 이온 분리의 원리

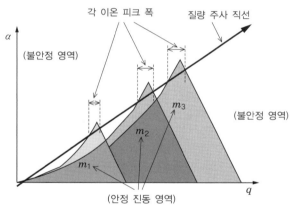

〈그림 5.14〉 마티유(Mathieu)의 이온 안정 곡선

해 검출기에 도달한다.

$$\alpha=\frac{8zU}{m{r_0}^2\omega^2} \qquad q=\frac{4zV}{m{r_0}^2\omega^2} \qquad \omega=2\pi f \qquad\qquad (5.1)$$

여기서 U : 직류전압, V : 교류전압, z : 전하, m : 질량, r_0 : 전극 간 거리의 1/2,
   ω : 진동수, f : 주파수

그러나 그 이외의 안정 진동 영역에 들어가지 않는 m/z의 이온군은 사중극 내에서 안정하게 진동해 진행할 수 없기 때문에 사중극을 통과할 수 없다. 따라서 U와 V의 비

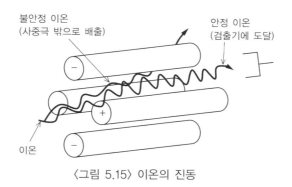

불안정 이온
(사중극 밖으로 배출)

안정 이온
(검출기에 도달)

이온

〈그림 5.15〉 이온의 진동

를 일정하게 유지하면서 직선적으로 변화시킴으로써 전 이온은 사중극을 통과하는 것이 가능해진다. QMS의 기본 성능은 아래와 같다.

[2] 질량 범위

QMS로 측정되는 이온의 m/z는 전극에 인가하는 교류전압의 크기(V)와 그 진동수(ω) 및 전극 간의 거리($2r_0$)로 정해져 식 (5.2)와 같이 된다.

$$m/z = 13.9[V/(r_0^2\ \omega^2)]\tag{5.2}$$

이 식으로부터 질량이 큰 이온을 분석하려면 V를 크게 하고, r_0와 ω를 작게 하면 좋다. 그러나 현실적으로 r_0는 수 mm 이하로는 할 수 없고 ω를 작게 하면 이온을 충분히 진동할 수 없게 된다. 그 때문에 측정 가능한 질량 범위는 V로 정해져 현재의 장치에서는 상한이 3,000 정도이다.

[3] 질량 분해능

질량분석계의 질량 분해능(R)이란 식별할 수 있는 질량차(Δm)라고 하며 식 (5.3)과 같이 나타낸다.

$$R = m/\Delta m\tag{5.3}$$

QMS의 분해능은 사중극의 내접원 반지름의 정밀도(전극의 조립 정밀도)나 전극 표면의 가공 정밀도, U와 V의 안정도 및 교류전압의 ω에 의존한다. ω는 이온이 사중극 전극을 통과할 때의 진동 횟수를 결정한다. 진동 횟수가 많으면 높은 분해능을 얻을 수 있으므로 ω가 높고, 사중극 전극이 긴(통상은 10~25cm) 편이 분해능이 높다. 〈그림 5.14〉로부터 주사 직선이 안정 영역의 정점을 지날 때 스펙트럼의 피크가 가장 샤프하게 되어 분해능이 최대가 되지만, 안정하게 통과할 수 있는 이온량이 극단적으로 감소해 감도가 저하되는 것을 알 수 있다. 일반적으로 주사 직선은 정점보다 낮은 위치를 통과해 각 m/z의 이온이 일정한 피크 폭이 되도록 α절편을 설정한다. 현재 시판되고 있는 장치는 Δm이 0.5~0.7 정도이다. 그러나 최근에는 전극 표면의 가공기술이 향상되어 Δm이 0.1 정도에서도 감도가 저하하지 않는 장치도 개발되고 있다.

[4] 측정법

질량분석계의 측정법은 액체 크로마토그래프 등의 크로마토그래프와 접속한 장치와 단독 장치와는 측정 방법이 다르다. 액체 크로마토그래프 질량분석계의 측정법은 전 이온 모니터링(total ion monitoring; TIM)법과 QMS 특유의 선택 이온 모니터링(selected ion monitoring; SIM)법이 사용되고 있다.

TIM법은 크로마토그래프로부터 용출한 전 성분에서 생성된 이온을 측정하는 방법이며, 크로마토그램의 각 피크의 질량 스펙트럼을 얻는 것이 가능하므로 주로 정성분석이 목적이다. 또한 TIM법으로 얻은 크로마토그램을 전 이온 전류 크로마토그램(total ion current chromatogram; TICC)이라고 부른다. 따라서 TIM법에서는 얼마나 질 높은 질량 스펙트럼을 얻을 수 있을지가 중요하다. 특히 크로마토그래프와 접속했을 경우 분석종이 크로마토그래프로부터 용출하는 사이에 질량 스펙트럼을 측정하지 않으면 안 되므로 TIM 조건의 최적화가 필요하다. 〈그림 5.16〉에 TICC의 피크와 TIM법에서의 주사 개념을 나타내었다. 이 그림에서는 피크 중의 측정 가능한 질량 스펙트럼은 ①~⑫로, 신뢰할 수 있는 질량 스펙트럼을 얻을 수 있다. 그러나 극단적으로 주사속도가 늦은 경우나 피크 폭이 좁은 경우에는 피크 중의 측정 가능한 질량 스펙트럼의 수가 감소해 신뢰할 수 있는 질량 스펙트럼을 얻을 수 없다. 일반적으로는 피크 중 적어도 5개의 질량 스펙트럼의 채취가 가능한 주사 속도가 필요하다. 따라서 고속 분석에 적용할 때는 고속 주사 속도가 필요하다. 또 피크 중에서 측정되는 질량 스펙트럼은 피크의 측정 부분에 따라 패턴이 다르다. 예를 들어 ④의 위치에서의 질량 스펙트럼은 높은 m/z 값부터 주사했을 경우 높은 m/z를 검출하고 있을 때의 이온원에 도입되는 화

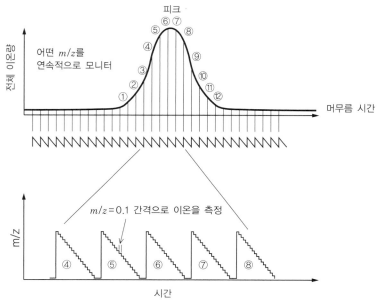

〈그림 5.16〉 TICC 중 피크와 TIM법에서의 주사 개념

합물량은 낮은 m/z들을 검출하고 있을 때의 화합물량보다 적다. 따라서 질량 스펙트럼의 낮은 m/z 값의 이온 강도가 커진다. 이상으로부터 질량 스펙트럼은 피크 전체의 질량 스펙트럼을 평균하든가, 전 이온량의 변동이 작은 피크 정점 부근의 질량 스펙트럼을 취하는 것이 바람직하다.

SIM법은 미리 특정 이온의 m/z만을 측정하는 방법이며 TIM법과 달리 크로마토그래프로부터 용출하는 화합물에 특유한 m/z의 이온만 측정할 수 있으므로 감도와 선택성이 높은 고감도 분석이 가능하다. 따라서 SIM법은 크로마토그래프로부터 용출한 분석종의 정량 분석에 사용된다. 실제로는 〈그림 5.17〉에 나타내었듯이 1화합물뿐만이 아니라 많은 화합물을 동시 측정하는 경우가 많다. 그 경우 다수의 이온을 연속해서 측정하도록 조건을 설정한다. 이때 이온의 측정 지속 시간(dwell time)은 길수록 노이즈가 평균화되어 S/N은 높아진다. 이 예에서는 피크 중 4이온을 12회 측정하고 있어 피크 중의 데이터 수는 충분하다. 그러나 이온의 드웰 타임(dwell time)을 길게 했을 경우나 측정 이온의 수를 늘렸을 경우 피크 중의 데이터 수가 감소해 검출된 이온량으로 재구축된 크로마토그램 중의 피크 형상에 왜곡이 생기고 정확한 정량 결과를 얻을 수

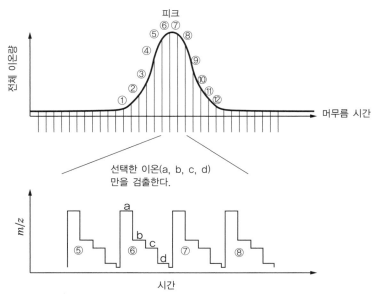

〈그림 5.17〉 크로마토그램 중 피크와 SIM법에서의 주사 개념

없게 된다. 통상 SIM법에서는 적어도 1피크당 10이상의 데이터 수를 얻을 수 있도록 측정 이온수와 이온의 드웰 타임(dwell time)을 설정할 필요가 있다. 이 방법으로 얻은 크로마토그램은 SIM 크로마토그램이라고 부른다.

이상과 같이 QMS는 극단적으로 큰 질량 범위나 분해능은 얻을 수 없지만 소형의 장치 설계가 가능하고 전자회로의 설계도 간단하므로 현재는 정성 분석, 정량 분석에 널리 보급되어 있다.

▶ 5.2.2 비행시간 질량분석계

비행시간 질량분석계(time of flight mass spectrometer; TOF-MS)는 1946년에 스티븐스(W. E. Stephens)에 의해 개발된 질량분석계이다. 이 질량 분석계는 이온화한 시료를 고전압의 전극 사이에서 가속해 고진공 무전기장 영역의 플라이트 튜브로 불리는 관 속에 도입해 그 자유공간을 비행시키는 것으로 m/z가 다른 이온을 분리하는 장치이다. 또한 각 이온이 일정 거리를 비행하는 데 필요한 시간을 측정하는 것으로 그 이온의 질량을 산출하는 것이 가능하다. 원리적으로 측정 가능한 질량의 상한이 없으므로 고분자 화합물의 측정에 이용되고 있었지만 초기의 TOF-MS는 질량을 식별하는 분해능이 나빠 많이 보급되지 않았다. 그러나 근년 직교 가속법, 리플렉트론, 맥동성 기술 및 고속 디지타이저 등의 기술 도입으로 TOFMS의 분해능은 비약적으로 향상하고 있다.

[1] 구성

TOF-MS의 한 예를 〈그림 5.18〉에 나타내었다. TOF-MS는 아래와 같은 부분으로 구성되어 있다.

- 이온원 : 통상의 LC-MS에서 사용하는 대기압 이온원 모두 사용이 가능하다.
- 멀티폴 이온 가이드 : 통상 멀티폴 이온 가이드는 대기압 이온원으로 생성한 이온을 고진공의 질량 분리부에 효율 좋게 도입하는 역할을 한다. 일반적으로 사중극이나 8중극이 이용된다. 또한 TOF-MS에서 멀티폴 이온 가이드는 이온원에서 생성한 이온의 운동 집속뿐만 아니라 멀티폴에 인가한 고주파 교류전압에 의해 이온이 분위기로 존재하는 가스와 충돌함으로써 내부 에너지를 방출하여 생성한 이온의 에너지 집속이 가능하다 이 에너지 집속에 의해 펄서에 도입되는 이온 속도의 격차

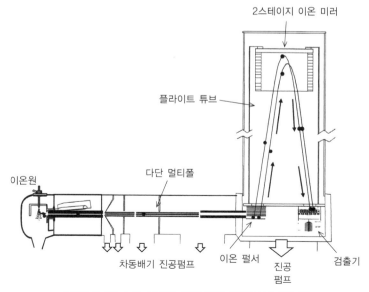

〈그림 5.18〉 LC-MS용 비행시간 질량분석계의 구조

를 작게 하는 것이 가능하고 결과적으로 질량분석계의 분해능이 향상되는 결과를 가져온다.

- 가속부 : 이온을 가속하는 부분이며 이온 펄서라고도 부른다. 크로마토그래프와 접속했을 경우 이온원으로부터의 이온 도입에 대해 수직으로 가속시키는 방법이 널리 채용되고 있다. 이 직교 가속법은 이온이 날아가는 방향에 대해 이온의 초속 격차의 영향을 최소한으로 억제하는 것이 가능하고 질량 분해능을 향상시킬 수 있다

- 질량 분리부 : 플라이트 튜브라고 하는 이온이 비행하는 공간으로, 초고진공으로 유지되는 자유 공간이다($2{\sim}5)\times10^{-4}$ Pa 정도). 열팽창이 적은 재질을 이용해 재킷으로 보온하는 것으로 바깥 공기의 온도 변화에 의한 비행시간의 격차를 억제하는 연구가 이루어지고 있는 장치도 있다.

- 검출기 : 질량 분리부에 있어 스캔을 실시하지 않고 단시간에 보다 많은 이온을 검출할 필요가 있기 때문에 응답 속도가 빠른 일렉트론 멀티플라이어를 다발로 만든 마이크로채널 플레이트(microchannel plate; MCP)를 사용한다. 그러나 1개의 MCP 증폭률은 일반적으로 사용되고 있는 일렉트론 멀티플라이어보다 작아 10^3 정도이다. 따라서 시판되는 장치에서는 MCP를 복수 개 사용하거나 MCP뿐만 아니라 전자를 빛으로 변환하는 신틸레이터와 빛을 검출하는 포토 멀티플라이어를 병용한 검출기도 개발되고 있다

[2] 원리

TOF-MS의 원리는 단순해 이해하기 쉽다. 이온이 플라이트 튜브 내에서 가속되었을 경우 운동 에너지(E)는 이온의 질량(정확하게는 질량과 전하수의 비)과 속도(v)로 식 (5.4)와 같이 나타난다.

$$E=\frac{1}{2}mv^2 \tag{5.4}$$

식 (5.4)를 m에 대해 풀면 식 (5.5)가 된다.

$$m=2E/v^2 \tag{5.5}$$

게다가 이온의 속도(v)는 비행거리(d)와 비행시간(t)으로 식 (5.6)과 같이 나타낼 수

있으므로 식 (5.6)을 식 (5.5)에 대입하면 식 (5.7)이 된다.

$$v = d/t \tag{5.6}$$
$$m = 2E/(d/t)^2 = (2E/d^2)t^2 \tag{5.7}$$

이 식 (5.7)이 TOF-MS의 질량 측정의 기본식이 되어 이온의 가속전압(E)과 플라이트 튜브의 길이(d)는 일정하게 유지할 수 있기 때문에 비행시간 (t)을 정확하게 측정하는 것으로 정밀한 이온 질량(m)의 계산이 가능하다. 그러나 실측되는 비행시간(t_m)은 이온의 스타트 시간의 차이, 검출기의 응답속도에 의한 지연 등으로 격차(t_0)를 일으켜 식 (5.8)로 나타낼 수 있다.

$$m = A(t_m - t_0)^2 \qquad A : 정수 \tag{5.8}$$

식 (5.8)의 t_0와 A의 직접적인 측정은 할 수 없으므로 통상 여러 종류의 정밀 질량이 알려져 있는 기지 화합물의 비행시간을 측정하는 것으로 A 및 t_0를 결정하는 것이 가능하다. 이 방법에 의해 질량 오차가 5ppm 정도의 정밀 질량 측정이 가능하다.

그러나 질량 교정 후의 이온 가속전압의 얼마 안 되는 변동 등이 정밀 질량에 크게 영향을 준다.

그러므로 최근에는 정밀 질량의 측정 중 기준과 교정용 표준 시료를 도입해 리얼 타임으로 질량 교정을 실시하는 방법도 고안되어 질량 오차를 1ppm 이하로 억제한 측정도 가능하다.

〈그림 5.19〉에 LC-MS용 듀얼 일렉트로 스프레이 이온원을 나타내었다.

일렉트로 스프레이 이온화법은 이온화 저해가 발생하기 쉬우므로 교정용 표준 시료를 다른 네블라이저로 이온화시키는 것으로 이온화 저해의 영향을 저감할 수 있다.

[3] 질량 범위

TOF-MS로 측정할 수 있는 질량의 상한은

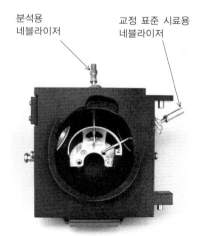

분석용
네블라이저

교정 표준 시료용
네블라이저

〈그림 5.19〉 듀얼 일렉트로 스프레이
이온원

이론적으로는 존재하지 않는다. 그러나 TOF-MS로 스펙트럼을 채취하는 경우 이온이 오버랩되지 않게 가장 무거운 이온이 검출기에 도달할 때까지 펄서로 다음의 이온군을 가속할 수 없다. 예를 들어 2m의 플라이트 튜브를 이용해 $m/z = 200$의 이온을 6,000V로 가속했을 경우, 이온의 비행시간은 약 $25\mu s$에 대해 $m/z = 30,000$인 이온의 비행시간은 약 $320\mu s$이다. 따라서 1초 간 펄서의 출사 횟수는 40,000회와 3,000회이다. 이와 같이 펄서의 횟수가 저하하면 검출기에서의 이온의 적산 횟수가 저하해 스펙트럼 감도가 저하된다. 이상으로부터 LC-MS로서 시판되고 있는 TOF-MS의 질량 범위는 30,000 정도이다.

[4] 질량 분해능

TOF-MS의 질량 분해능은 펄서 도입 시 이온의 내부 에너지의 균일성, 이온 빔의 두께, 펄서의 가속전압. 리플렉터의 에너지 집속 능력, 플라이트 튜브의 길이, 검출기의 응답속도 등으로 정해진다. 현재 시판되고 있는 최고 성능의 장치는 반 값 폭 분해능으로 40,000 정도이다. 이 분해능에서는 질량이 300Da 정도인 이온이면 이온의 반

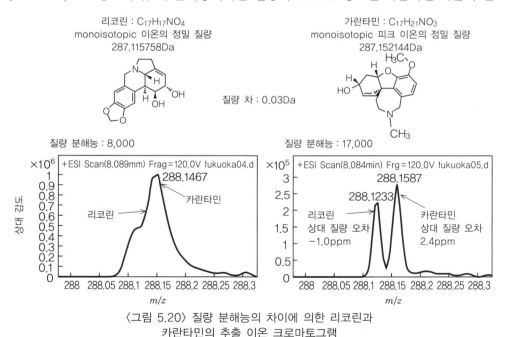

〈그림 5.20〉 질량 분해능의 차이에 의한 리코린과
카란타민의 추출 이온 크로마토그램

값 폭이 0.0075Da이 되어 질량 차이가 0.015Da인 이온끼리의 정밀 질량에 영향을 주지 않고 분리가 가능하다. 〈그림 5.20〉에 수선화의 유독 알칼로이드인 리코린과 카란타민의 예를 나타내었다. 이들 화합물 분자의 질량 차이는 0.03Da로 지극히 근사하다. 따라서 분해능 8,000 정도의 장치에서는 이들 화합물의 프로톤 부가 분자 이온의 분리는 불가능하다(왼쪽 스펙트럼). 한편, 분해능이 17,000 정도인 장치를 사용하면 각 화합물의 프로톤 부가 분자의 반값 폭이 0.015Da이 되어 분리가 가능하다(오른쪽 스펙트럼).

[5] 측정 모드

TOF-MS는 원리적으로 사중극 질량분석계와 같은 SIM 모드에서의 측정은 할 수 없다. 일반적으로 항상 풀(full) 스펙트럼을 채취하는 측정 모드만 있다. 그러나 질량분해능은 매우 높게 하고 측정 후의 추출 이온 크로마토그램의 추출 m/z 폭을 작게 함으로써 선택성이 높은 데이터를 얻을 수 있다. 〈그림 5.21〉에 귤에 함유된 티아클로프리드의 추출 이온 크로마토그램을 나타내었다. 저분해능 장치와 동등의 추출 m/z 범위에서는 크로마토그램의 선택성은 낮고 많은 귤로부터의 성분이 검출되고 있다. 그러나 추출 m/z 폭을 0.02Da으로 했을 경우 선택성이 지극히 높아져 티아클로프리드 이외의 피크는 인식하지 못했다.

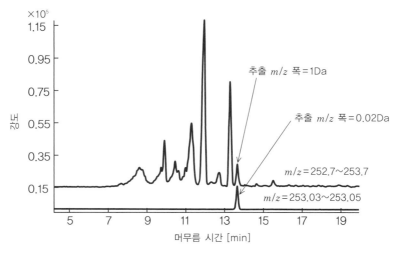

〈그림 5.21〉 추출 m/z 범위의 차이에 의한 귤 중 티아클로프리드의 추출 이온 크로마토그램

이상과 같이 TOF-MS는 최근의 일렉트로닉스의 발전에 의해 질량 분해능이 매우 높고 고분해능에 의한 정밀 질량 측정이 가능하므로 미지 화합물의 정성 분석에 널리 사용되고 있다. 또한 최근에는 고분해능이나 고감도로 풀(full) 스펙트럼의 측정이 가능하므로 환경 중 미량의 오염물질이나 식품 중 잔류 농약의 분석에도 사용되고 있다.

➤ 5.2.3 이온 트랩 질량분석계

이온 트랩 질량분석계(ion trap mass spectrometer; ITMS)는 고주파 자기장을 이용하는 폴(Paul) 이온 트랩과 자기장을 이용하는 페닝(Penning) 트랩의 2종류가 알려져 있다. ITMS에서는 통상 폴 이온 트랩이 이용되고 있다.[12]

ITMS는 사중극 질량분석계와 원리가 유사해 이온 운동의 기본 수식도 사중극 질량분석계의 것을 적용할 수 있다. 사중극 질량분석계에서는 안정한 궤도를 나타내는 이온만이 필터를 통과해 검출되고 불안정한 궤도를 나타내는 이온은 검출되지 않는다. 이에 대해 ITMS에서는 안정한 궤도를 나타내는 모든 이온이 전극관에 트랩되고 궤도가 불안정하게 된 이온이 검출된다는 차이가 있다. 다시 말해 사중극 질량분석계는 투과하는 과정에서 이온을 분리하는 필터인 데 대해 ITMS에서는 3차원의 공간에 이온을 가두고 그 공간이 포화에 가까워지면 트랩은 그 m/z에 대응해 이온을 배출함으로써 그것들을 검출한다고 말할 수 있다.

〈그림 5.22〉에 폴 트랩의 전극 구조를 나타내었다.[13] 중앙에 있는 도너츠형의 링 전극과 상하에 배치한 한 벌의 엔드캡 전극으로 구성되어 있다. 각 전극은 z축에 관계해 회전 대칭으로 이러한 내면은 정밀하게 공작된 쌍곡선을 이룬다.

ITMS에서는 식 (5.9)의 관계가 성립한다.

$$m/z = \frac{4V}{r_0^2 \omega^2 \, q_z} \tag{5.9}$$

여기서 r_0은 링 전극 내접원의 반지름, ω는 각 주파수, q_z는 고유 계수를 나타낸다. 엔드캡 전극의 전압을 0으로 하여 링 전극에 고주파(r.f.) 전압 V를 건다. 트랩 내에 도입된 이온은 낮은 교류전압 V를 더함으로써 전극 사이에 트랩된다. 다음으로 고주파 전압의 전압을 올려 가면 m/z가 작은 이온부터 순서대로 불안정한 궤도를 잡아 엔드캡 전극의 구멍을 지나 트랩으로부터 방출된다. 이들 이온을 검출함으로써 질량 스펙

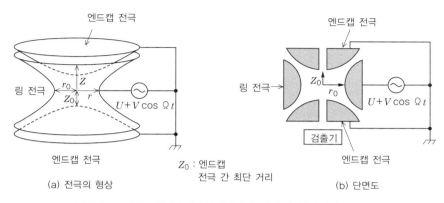

〈그림 5.22〉 이온트랩 질량분석계의 (a) 전극의 형상과 (b) 단면도
(출전 : 인용문헌 13)의 그림을 다시 그림)

트럼을 얻을 수 있다

　초기 ITMS의 장치에서는 이온화법이 전자 이온화(EI)법 등 트랩 내부에서 생성시키는 방법으로 한정되어 있었기 때문에 측정 대상의 화합물에 제한이 있어 널리 이용되기까지는 어느 정도 시간이 걸렸다.

　그 후 충돌 가스로서 이온 트랩 내에 10^{-3} Torr 정도의 저압 헬륨가스를 도입하면 질량 스펙트럼의 분해능과 감도가 향상하는 것을 발견하게 되었다.[14] 이것은 이온이 충돌 가스와의 충돌에 의해 운동 에너지가 감소하여 트랩의 중앙 방향으로 이동하기 때문이라고 설명한다. 이 현상의 발견에 힘입어 ITMS를 GC/MS 분야에서도 널리 이용하게 되었다. 또 LC-MS용으로 범용되고 있는 일렉트로 스프레이 등의 대기압 이온화법에 따라 외부 이온원으로 생성한 이온을 트랩 내에 도입했을 경우에도 똑같이 이온 트랩에의 도입률이 향상하므로 ITMS를 LC-MS 장치로 보급하게 된 것이다

　ITMS의 장점은 매우 소형이고 경량으로 할 수 있다는 것이다. 그 때문에 시판되고 있는 장치의 대부분은 탁상형 크기이다(r_0는 통상 1cm 정도). 또 특정 이온을 축적해 헬륨 등의 가스와의 충돌 야기 해리(collision induced dissociation ; CID)를 일으키는 것이 가능하기 때문에 1대의 질량분석계로 MS/MS 등의 다단계 질량분석(MS^n) 측정도 가능하다. 게다가 원리적으로 트랩 내의 모든 이온의 검출이 가능하기 때문에 사중극형의 장치 등과 비교해 고감도인 점을 들 수 있다.

　한편, 단점으로서는 다이내믹 레인지가 좁은 것을 들 수 있다. ITMS에서는 이온을

포착하는 공간이 유한하므로 트랩 내에 가둘 수 있는 이온량에 제한이 다르기 때문이다. 이 문제를 해결하기 위해 오토매틱 게인 컨트롤(automatic gain control; AGC)이 개발되었다.[15] AGC는 데이터로 기록하는 스캔 직전에 단시간의 프리 스캔을 실행함으로써 시시각각 변화하는 이온량을 리얼 타임으로 모니터해 트랩 내의 이온량을 최적의 상태로 제어한다. 이것에 의해 다이내믹 레인지가 확대되었다.

또 ITMS에서는 공간 전하가 영향을 주기 때문에 한 번에 다량의 이온을 트랩 내에 가둘 수가 없다. 정량 분석을 실시하려면 축적하고 있는 이온량을 늘리기 위해 근래에는 리니어 이온 트랩 질량분석계(linear ion trap mass spectrometer; LITMS)도 시판되고 있다.

ITMS는 사중극형이나 자장형의 질량분석계와 같이 공간을 이용하는 것이 아니라, 시간 차이로 MS/MS나 MS^{n}을 측정한다. 따라서 ITMS에 의한 MS/MS에서는 프리커서 이온 스캔(precursor ion scan)이나 뉴트럴 로스 스캔(neutral loss scan)이라고 하는 MS/MS 측정은 원리적으로 불가능하다. 또한 ITMS에 의한 MS/MS에서는 프로덕트 이온 스펙트럼의 저질량 범위 측의 1/3의 범위가 없어진다. 트랩의 상한은 프리커서 이온의 m/z로 트랩되는 최소의 이온 비로 결정된다. 이것은 '1/3 룰'로서 알려져 있다. 예를 들어 m/z 1,200의 이온으로부터 생성한 프래그먼트(fragment) 이온은 m/z 400 이하에서는 검출되지 않는다. 이것은 펩티드나 올리고당 사슬 등의 시퀀스 해석에서는 큰 문제였으나 최근 데이터의 취입 중에 파라미터(parameter)의 전환이 가능한 소프트웨어가 개발되었다. 이로써 폭넓은 질량 범위에서의 스캔이 가능해져 문제를 해결할 수 있게 되었다.

일반적으로는 사중극 질량분석계와 같이 고분해능을 얻기가 쉽지 않지만 최근 저속의 질량 선택 불안정 주사(mass-selective instability mode)의 개발에 의해 이온 트랩으로부터의 이온의 배출 속도를 늦게 하는 것(줌 스캔)으로 TOF-MS에 필적하는 고분해능을 달성하고 있다.[15] 다만 줌 스캔은 일반적으로 매우 좁은 질량 범위에서만 유효하다.

ITMS는 MS^n 측정이 용이하다는 점에서 LC/MS 모드에서의 구조 해석에 많이 이용되고 있다. 특히 프로테옴 해석, 의약품이나 농약 등의 저분자 유기 화합물의 구조연구, 천연물 유기 화합물의 구조 연구 등에 응용 예가 많다.

→ 5.2.4 푸리에 변환 이온 사이클로트론 공명 질량분석계

푸리에 변환 이온 사이클로트론 공명 질량분석계(Fourier transform ion cyclotron resonance mass spectrometer; FT-ICRMS)는 이온 트랩 질량분석계와 같이 트랩형의 질량분석계로 분류된다.[16] FT-ICRMS에서는 초전도 자석의 통형 코일 내에 둔 셀 내에서 질량 분석이 행해진다. 〈그림 5.23〉에 FT-ICRMS에 있어서의 질량 분리를 모식적으로 나타내었다.[17] [18]

셀 내에 도입된 이온은 똑같은 자장 안에 존재하면 자장에 수직인 평면 내에서 원궤도를 그린다. 이때 이온의 질량을 m, 전하수를 z, 자속밀도를 B로 하면 원운동의 회전

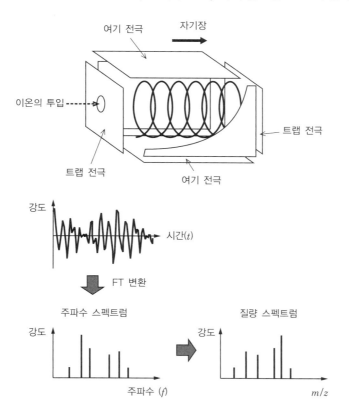

〈그림 5.23〉 푸리에 변환 이온 사이클로트론 공명 질량분석계(Fourier transform ion cyclotron resonance mass spectrometer; FT-ICRMS)에 있어서 질량 분리의 모식도 (출전 : 인용문헌 17), 18)의 그림을 다시 그림)

주파수 f(natural cyclotron frequency)와 자장 강도 m/z 사이에는 식 (5.10)의 관계가 성립한다.

$$f = \frac{zB}{2\pi m} \qquad\qquad (5.10)$$

여기서 f의 회전 주파수는 사이클로트론 공명 주파수(ion cyclotron resonance frequency)라고도 부른다. 자속밀도 B가 일정한 경우 궤도 반지름에 관계없이 f는 이온의 m/z에만 의존한다. 그러나 셀 내의 이온은 처음에는 랜덤한 상태에 있어 열에너지에 의한 원운동 때문에 궤도 반지름도 작아 f를 검출할 수 없다. 거기서 여기 전극에 의해 주파수 f의 교류 전기장을 인가하면 많은 이온 가운데 회전 주파수 f에 공명하는 m/z의 이온만이 에너지를 흡수해 궤도 반지름이 커진다. 그 후 같은 m/z를 가진 이온군은 일관성 있는(위상이 모임) 운동을 함으로써 검출된다. 이때 검출 전극에는 회전하는 이온에 의한 단진동 파형의 유도전류가 생긴다. 이 유도전류는 궤도 반지름과 이온 수, 이온 가속기 공명 주파수에 비례한다.

어떤 m/z 범위의 이온을 동시에 검출하려면 대응하는 범위의 주파수의 교류 전기장에서 초고속 스캔을 실시한다. 이것에 의해 각 이온의 m/z에 상당하는 f의 유도전류의 합성 파형이 검출된다. 이 합성 파형은 푸리에 변환에 의해 주파수 축으로 변환되어 주파수 m/z의 질량 교정 데이터에 근거해 질량 스펙트럼을 얻을 수 있다.

이와 같이 질량 스펙트럼을 얻기 위해 푸리에 변환(Fourier transform; FT)을 이용하므로 푸리에 변환 질량분석계(Fourier transform mass spectrometer; FTMS)라고도 부른다.

FT-ICRMS에서는 유도전류의 검출시간을 길게 하면 할수록 분해능이 향상된다. 그러나 실제로 검출시간은 이온이 비행 중에 잔류 가스 등과의 충돌에 의해 원운동이 어지럽혀지는 충돌 감쇠에 의해 제한을 받는다. 따라서 수십만~백만이라고 하는 초고분해능의 스펙트럼을 얻기 위해서는 잔류 가스와의 충돌을 막기 위해 셀 내를 초고진공으로 유지할 필요가 있다. 이것에 의해 감도의 향상도 동시에 얻을 수 있다.

또한 원리적으로 고질량 이온의 고분해능 측정이 가능하다. 일렉트로 스프레이 이온화(ESI)에 의해 생성된 다가 이온의 해석에 대한 보고도 있다.[19]

FT-ICRMS는 고진공을 필요로 하기 때문에 대기압하에서 조작하는 이온화법과의 조합은 적합하지 않다. 그러나 최근 외부 이온의 형태로 ESI 이온원을 접속할 수 있게 되어 온라인으로 LC와 접속해 LC-FT-ICRMS로서 각 피크(화합물)의 정밀 질량도 측정할 수 있게 되었다.[2] 뿐만 아니라 단백질을 효소 소화로 얻은 펩티드에 대해서도 고분해능으로 LC-MS 및 LC MS/MS를 이용해 측정할 수가 있어 프로테옴 해석에 이용할 수 있게 되었다. 다만 3회 연속형 사중극, 이온 트랩 질량분석계로 가능한 일정 강도 이상의 이온의 경우에 자동적으로 MS/MS의 측정을 실시하는 일은 불가능하다. 단백질의 경우 일반적으로 적산 횟수를 높이지 않으면 S/N가 좋은 스펙트럼을 얻을 수 없다. 그 때문에 LC의 피크가 샤프한 경우 충분한 적산시간을 취할 수 없고 LC-MS로 단백질의 질량을 정밀도 좋게 구하는 것은 곤란하다.

FT-ICRMS의 장점으로는 초전도 자석을 이용하므로 자장이 안정되어 질량 측정 정밀도나 재현성이 지극히 높은 것을 들 수 있다.

또한 5.2.3항의 IT-MS와 같이 FT-ICRMS의 이온을 트랩하는 기능은 이온 분자 반응의 해석에 적절하고 CID 측정이 가능하기 때문에 단독으로 MS/MS로서 이용되는 일도 뛰어난 장점이다.

그렇지만 초전도 자장의 유지에 액체 헬륨, 액체 질소가 필요하고 가격이나 장치의 크기, 유지비용, 보수관리의 번잡함 등의 면에서 문제가 있어 널리 보급하는 데는 이르지 못했다

FT-ICRMS와 같이 회전 운동하는 이온에 의한 유도전류를 검출해 그 시그널을 FT 변환하여 질량 스펙트럼을 얻는 전기장형 푸리에 변환 질량분석계(오비트랩, Orbitrap)가 최근 시판되었다.[20] 오비트랩은 이온 트랩의 일종이지만 높은 질량 분석 능을 가진 한편 초전도 자석이 불필요하므로 급속히 보급되기 시작하였다.

■ 인용문헌

1) J. B. Fenn, M. Mann, C.K. Meng, S.F. Wong and C.M. Whitehouse : *Science*, 246, pp.64-71（1989）

2) M. Dole, L. L. Mach, R. L. Hines, R. C. Mobley, L. D. Ferguson and M. B. Alice : *J. Chem. Phys.*, 49, pp.2240-2249（1968）

3) B. A. Thomson and J. V. Inribame : *J. Chem. Phys.*, 71, pp.4451-4463（1979）

4) H. Moriwaki : *J. Mass Spectrom. Soc. Jpn.*, 55（3）, 183-191（2007）

5) M. Niwa and T. Kawashiro, *YAKUGAKU ZASSHI*, 129（8）, 993-999（2009）

6) C. L. Camp, B. L. Sharp, H. J. Helen, R. J. Entwisle and H. G. infant : *Anal. Bioanal. Chem.*, 402, 1, pp.367-372（2012）

7) D. Iwahata, K. Hirayama and H. Miyano : *J. Anal. At. Spectrom.*, 23, pp.1063-1067（2008）

8) A. Montaser : Inductively Coupled Plasma Mass Spectrometry, WILEY-VCH（1997）

9) R. C. Willoughby and R. F. Browner : *Anal. Chem.*, 56, 2625-2632（1984）

10) R. M. Caprioli and M. J. F. Suter : *Int. J. Mass Spectrom. Ion Proc.*, 118/119, 449-476（1992）

11) C. R. Blakley and M. L. Vestal : *Anal. Chem.*, 55, 750-754（1983）

12) 高山光男，瀧浪欣彦，早川滋雄，和田芳直編：現代質量分析学－基礎原理から応用研究まで－，化学同人（2013）

13) 平山和雄，明石知子，高山光男，豊田岐聡，橋本豊，平岡賢三編：マススペクトロメトリーってなあに，p.23，日本質量分析学会出版委員会（2001 年）

14) 丹羽利充編：最新のマススペクトロメトリー－生化学・医学への応用－，化学同人，pp.25-26（1995）

15) 土屋正彦，田島進，平岡賢三，小林憲正訳：有機質量分析法，p.16，丸善（1995）

16) 高山光男，瀧浪欣彦，早川滋雄，和田芳直編：現代質量分析学－基礎原理から応用研究まで－，化学同人，pp.88-91 (2013)

17) 平山和雄，明石知子，高山光男，豊田岐聡，橋本豊，平岡賢三編：マススペクトロメトリーってなあに，p.26，日本質量分析学会出版委員会（2001）

18) 土屋正彦，田島進，平岡賢三，小林憲正訳：有機質量分析法, pp.17-19, 丸善（1995）

19) K. D. Henry, J. P. Quinn and F. W. McLafferty : *J. Am. Chem. Soc.*, 113, 5447（1991）

20) 窪田雅之，生物物理，51，pp.53-58（2007）

Chapter **6**

LC/MS/MS

6.1 장치

➤ 6.1.1 트리플 사중극 질량분석계

[1] 트리플 사중극 질량분석계의 원리

트리플 사중극 질량분석계(triple quadrupole mass spectrometer; triple Q)의 정식 명칭은 '3회 연속 사중극 질량분석계'이다. 이온원으로서는 ESI, APCI, APPI 등이 이용된다. 일반적으로 고감도 정량을 실시하는 경우에는 〈그림 6.1〉과 같이 질량 분리부인 Q1에서 개열의 근원이 되는 프리커서 이온(precursor ion)을 선택해 Q2의 콜리전 셀(collision cell)에서 비활성 가스 분자로 충돌시켜 충돌 야기 해리(collision induced dissociation; CID)에 의해 프래그멘테이션(fragmentation)을 일으키게 한다. 구조 정보를 주는 개열한 프래그먼트(fragment) 이온은 프로덕트 이온(product ion)이라 한다.

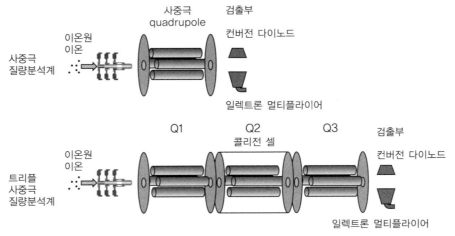

〈그림 6.1〉 사중극 질량분석계와 트리플 사중극 질량분석계의 구성

프로덕트 이온을 질량 분리부인 Q3에서 이온을 선택해 한층 더 검출함으로써 매트릭스의 영향을 저감할 수 있다. 이와 같이 2곳에서 질량 분리를 실시해 다양한 측정 모드를 선택할 수 있는 측정법을 MS/MS법이라고 한다. 프리커서 이온은 전구(前驅) 이온, 프로덕트 이온은 생성 이온이라고도 한다.

검출부에는 컨버전 다이노드(conversion dynode)가 이용되고 있기 때문에 검출하고 싶은 이온과는 반대 극성의 고전압을 걸 수 있어 양(+)이온은 음(−)전하 입자로, 부이온은 정전하 입자로 변화한다. 이것들은 2차 전자 증배관(secondary electron multiplier; SEM)의 내벽에 부딪혀 2차 전자를 방출한다. 2차 전자는 반복해서 내벽에 부딪혀 증폭되어 큰 시그널 강도를 얻게 된다. 검출기로는 형광판에서 빛으로 변환한 것을 검출하는 광전자 증배관(photomultiplier tube; PMT)도 있다.

[2] 측정 모드

트리플 사중극 질량분석계에서는 여러 가지 모드에 의해 고감도 정량이나 구조 해석을 실시할 수 있다.

(a) 풀 스캔(full scan)

트리플 사중극 질량분석계에서도 사중극 질량분석계와 같이 풀 스캔 모드에서의 스펙트럼을 채취할 수 있다. Q1에서는 사중극 질량분석계와 같이 풀 스캔을 실시하고, Q2의 콜리전(collision) 셀에서는 에너지를 걸지 않고 그대로 투과시켜 똑같이 Q3에 있어서도 모든 이온을 투과시켜 검출부에서 그 스펙트럼을 채취한다(그림 6.2). 아자스피론(azaspiron)계의 항불안약인 부스피론(Buspirone)의 양(+)이온 ESI에 따른 질량 스펙트럼을 〈그림 6.3〉에 나타내었다.

(b) SIM(selected ion monitoring)

풀 스캔 모드와 똑같이 선택 이온 모니터링(SIM 모드)의 경우에는 Q1에서 이온을 선택해 Q2의 콜리전 셀에서는 이온을 그대로 투과시켜 Q3에 있어서도 Q1과 같이 이온을 선택해 검출해, 크로마토그램을 얻는다. 〈그림 6.4〉에는 SIM의 구성도를 〈그림 6.5〉와 〈그림 6.6〉에는 디

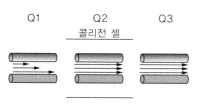

〈그림 6.2〉 풀 스캔 모드의 구성

195

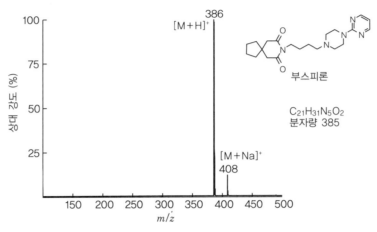

〈그림 6.3〉 부스피론의 ESI 스펙트럼

〈그림 6.4〉 SIM 모드의 구성

클로페낙(diclofenac)의 ESI 스펙트럼과 SIM 크로마토그램을 나타내었다.

(c) 프로덕트 이온 스캔
   (product ion scan)

프로덕트 이온 스캔에서는 Q1에서 특정의 프리커서 이온을 선택해 Q2의 콜리전 셀에 도입해 CID에 의해 얻어진 프로덕트 이온을 Q3에

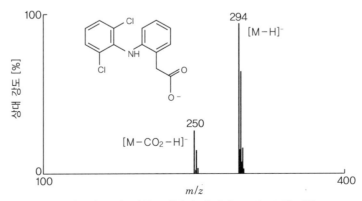

〈그림 6.5〉 디클로페낙의 네거티브 ESI 스펙트럼

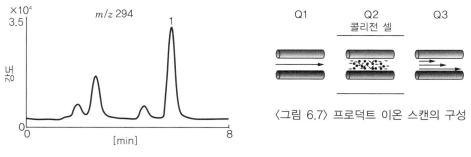

〈그림 6.6〉 디클로페낙의 SIM 크로마토그램

〈그림 6.7〉 프로덕트 이온 스캔의 구성

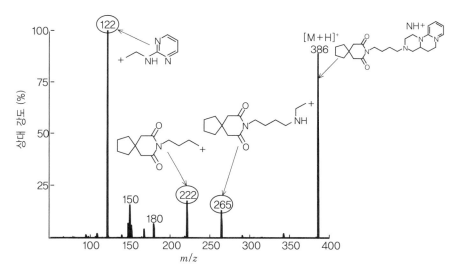

〈그림 6.8〉 부스피론의 프로덕트 이온 스펙트럼

서 스캔해 검출한다(그림 6.7). 프로덕트 이온 스캔은 프리커서 이온이 추정되는 구조의 경우 그 확인에 유효하다. 〈그림 6.8〉과 같이 부스피론의 [M+H]⁺는 m/z 386이지만 m/z 122의 구조식과 m/z 222, m/z 265의 구조식 추정대로 확인할 수 있다. 이와 같이 프로덕트 이온 스캔에 의해 추정 결과와 실제의 측정 결과를 맞추면 용이하게 구조 정보를 확정할 수 있다.

(d) SRM(selected reaction monitoring)

SRM 모드는 프로덕트 이온 스캔에 의해 얻어진 특정 프로덕트 이온의 m/z를 이용함으로써 SIM으로부터 선택성이 높은 고감도 정량을 실시할 수 있다. 여기에서는 Q1에서 프리커서를 선택해 콜리전 셀에서 CID를 실시해 Q3에서 특정 프로덕트 이온을 선정해 검출한다(그림 6.9). 분석종에 의해 콜리전 가스의 압력이나 에너지(전압)가 다르므로 최적화가 필요하다. Q1 및 Q3에서 각각 특정 이온을 설정하므로 고도의 선택적인 정량이 가능해 매트릭스의 영향을 큰 폭으로 저감할 수 있다. 농약 7성분의 SRM 분석 시의 파라미터(parameter) 설정 예를 〈표 6.1〉에, SRM 크로마토그램을 〈그림 6.10〉에 나타내었다.

<그림 6.9> SRM 모드의 구성

〈표 6.1〉 농약의 SRM 파라미터의 설정 예

화합물명	프리커서 이온 (m/z)	프로덕트 이온 (m/z)	콜리전 에너지[V]
메타미드포스	142.0	94.0	14
옥사밀	237.2	72.1	14
메소밀	163.1	88.1	10
아세타미프리드	223.1	126.0	22
카바릴	202.1	145.1	12
피리미카르브	239.2	182.2	16
이소프로카르브	194.2	95.1	16

(e) 뉴트럴 로스 스캔(neutral loss scan)

뉴트럴 로스 스캔은 Q1를 스캔 모드로 스캔해 Q2에서 CID에 의해 프로덕트 이온을

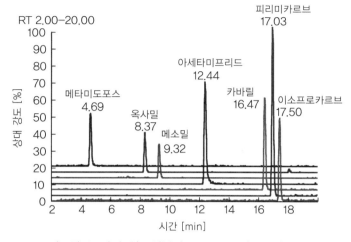

〈그림 6.10〉 농약 7성분의 SRM 크로마토그램 예

〈그림 6.11〉 뉴트럴 로스 스캔 모드 구성도

생성시킨다. Q3는 CID에 의해 로스하는 특정 질량의 중성 프래그먼트의 부분만 작게 하고 Q1과 동기시키고 스캔을 실시해 검출한다. 이로써 CID에 의해 로스하는 특정 질량의 중성 프래그먼트를 생성하는 프리커서 이온을 모니터할 수 있다(그림 6.11).

(c)항에서 설명한 것처럼 부스피론의 [M+H]⁺는 m/z 386이며 프래그먼테이션에 대해 m/z 265 이온이 생성한다(그림 6.8). m/z 386과 m/z 265의 차이가 121이므로 121Da을 가진 중성 프래그먼트를 뉴트럴 로스 스캔 모드에 의해 측정했는데 13.92 min의 뉴트럴 로스 스캔에 의한 질량 스펙트럼에서는 m/z 402가 나타났다. 이것으로 부터 15.50min에 나타나는 부스피론과 같은 중성 프래그먼트를 생성하는 부분 구조를 가져 16Da 크기 때문에 히드록실화된 것으로 볼 수 있다(그림 6.12).

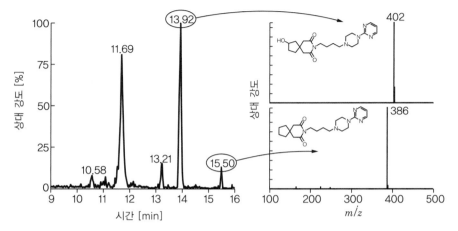

〈그림 6.12〉 부스피론 대사물의 뉴트럴 로스 스캔에 의한 질량 스펙트럼

〈그림 6.13〉 프리커서 이온 스캔 구성도

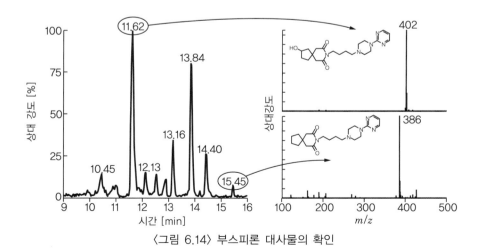

〈그림 6.14〉 부스피론 대사물의 확인

(f) 프리커서 이온 스캔(precursor ion scan)

프리커서 이온 스캔에서는 Q1을 스캔 모드로 스캔해 Q2에서 CID에 의해 프로덕트 이온을 생성시킨다. Q3는 특정 이온을 선택해 검출한다(그림 6.13). 같은 프로덕트 이온을 생성하는 프리커서 이온을 확인할 수 있어 공통의 구조를 가진 물질의 스크리닝에 이용할 수 있다. 〈그림 6.14〉에서는 부스피론의 대사물 확인을 위해 프로덕트 이온 스캔으로 얻어진 스펙트럼으로부터 강도가 높은 m/z 122를 Q3에서 선택하는 것으로 부스피론의 대사물을 찾을 수 있다. 각 모드를 정리하면 〈표 6.2〉와 같다.

〈표 6.2〉 트리플 사중극 질량 분석계의 측정 모드

모드	Q1	Q2	Q3	목적
풀 스캔	풀 스캔	투과	투과	분자량 정보
SIM	m/z 고정	투과	투과	정량 분석
프로덕트 이온 스캔	m/z 고정	CID	풀 스캔	구조 정보
SRM	m/z 고정	CID	m/z 고정	정량 분석
뉴트럴 로스 스캔	풀 스캔	CID	풀 스캔	스크리닝 분석
프리커서 이온 스캔	풀 스캔	CID	m/z 고정	스크니링 분석

➔ 6.1.2 사중극-이온 모빌리티-비행시간 질량분석계

[1] MS와 IMS

일반적인 질량분석법(MS)에서는 이온의 분리 방법이나 분리 회수, 분해능은 여러 가지이지만 공통적으로 장치 내부에서 질량 정보(m/z)에 기인한 이온의 분리, 검출을 한다. 한편 이온 모빌리티 스펙트로메트리(ion mobility spectrometry; IMS)는 MS와 같이 기상(氣相) 이온의 분리 방법으로 오래 전부터 연구되어 왔으며, 폭발물 탐지기 등에 응용되어 널리 활용되고 있는 기술이다. 최근 이 IMS를 MS와 조합한 IMS/MS 기술을 가능하게 한 장치가 질량 분석 기기 메이커를 통해 시판되고 있으며, IMS/MS는 MS의 방법의 하나로서 인지되고 있다. 뿐만 아니라 이러한 기술을 활용한 보고 예가 비약적으로 증가하고 있어 종래의 MS에서는 얻을 수 없었던 정보를 얻을 수 있는 기술로서 지금까지 MS에 관련된 분들 뿐만아니라 폭넓은 분야에서 주목을 받고 있다.

2006년 워터스(Waters) 사가 이온 모빌리티 분리 기능을 탑재한 사중극 질량분석계(QTOF)의 판매를 개시한 것을 계기로 IMS/MS가 널리 보급되고 있다. 여기서는 IMS/MS의 기초에 대해 살펴보고 대표적인 응용 예를 몇 가지 소개한다.

[2] IMS의 원리

IMS의 특징을 잘 나타낸 하나의 이미지 그림이 있다 (그림 6.15). 2개의 종이를 하나는 그대로, 다른 하나는 작게 말아 같은 높이에서 동시에 떨어뜨린다. 그러면 작고 둥근 종이는 공기 저항이 적기 때문에 당연히 빨리 지면에 떨어지지만 말지 않은 그대로의 종이는 공기 저항을 많이 받아 천천히 지면에 떨어진다. 종이를 이온으로, 중력을 전기장으로부터 받는 힘으로 옮겨놓은 것이 IMS이다.

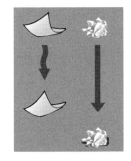

〈그림 6.15〉 IMS의 이미지 그림

IMS가 MS와 결정적으로 다른 점은 MS에서는 고진공 아래에서 이온의 분리를 하는 데 대해 IMS에서는 버퍼 가스가 채워진 비교적 고압하(대기압~수 백 Pa)의 가스 셀 중에서 분리를 한다는 것이다.

이 때문에 IMS에서는 이온과 가스 사이에 충돌, 상호작용이 일어나 이온의 이동도에 근거한 분리를 한다. 이 이동도에 영향을 주는 이온의 특성으로 전하, 질량 및 충돌 단면적을 들 수 있다.

[3] IMS/MS

현재 IMS/MS로 시판되고 있는 장치는 이동도의 분리 방법에 따라 2종류로 크게 나눌 수 있다. 하나는 디퍼런셜 모빌리티 스펙트로메트리(differential-mobility spectrometry; DMS)이고, 다른 하나는 드리프트 타임 이온 모빌리티 스펙트로메트리(drift-time ion mobility spectrometry; DTIMS)이다.[1] DMS 장치에서는 이온원 직후 대기압하의 영역에서 IMS를 실시해 특정 이동도를 가진 이온만을 투과시키는 것을 자랑으로 여기고 있다. 그 때문에 LC/MS 또는 LC/MS/MS에 있어서의 선택성을 한층 더 높이는 필터로 이용되는 경우가 많다.

DTIMS의 장치에서는 이온 모빌리티를 실시하는 가스 셀은 장치 내부에 탑재되어 있다. 셀 내에 도입된 여러 가지 이온은 셀을 통과하는 시간에 대응해 분리되고 차례차례 질량 분리부로 보내져 최종적으로 MS에 의해 분리, 검출된다(그림 6.16). 원리적으로는 TOF MS와 매우 유사하고, TOF MS에서는 이온의 비행시간으로부터 m/z로 변환하는 데 대해 DTIMS에서는 각 이온이 가스 셀을 통과하는 시간(드리프트 타임)을 기록해 그것으로부터 이온의 충돌 단면적을 산출하는 것이 가능하다. 충돌 단면적(Ω)

이온 모빌리티

트랩　　　분리　　　이동

이온은 이온 모빌리티 셀 앞에서 일시적으로 트랩된 후
이온 모빌리티 셀로 도입된다.

이온 모빌리티 셀 가운데에서 이온은 중성 완충 가스(질소가스 등)와
충돌, 상호작용하여 이동도에 따라 분리된다.

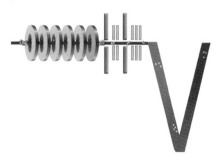

이온 모빌리티 셀을 통과한 이온은 차례차례 질량 분리부로 보내지고
m/z에 대응해 분리, 검출된다.

〈그림 6.16〉 IMS-MS (DTIMS)의 모식도

그림은 일본 워터스 주식회사 웹 페이지로부터 전재
http://www.waters.com/waters/ja_JP/What-Types-of-Instruments-
Are-Used%3F/nav.htm?locale=ja_JP&cid= 10090937

과 드리프트 타임(t_D)의 관계식을 〈그림 6.17〉에 나타내었다. 이 식의 오른쪽 항 이온의 질량(m_1). 전하수(z) 및 드리프트 타임(t_D) 이외는 하드웨어의 설정 및 측정 환경에 따라 정해지는 항목이며, 동일 조건이면 상수로 간주할 수가 있다. 따라서 IMS/MS에 의해 목적 이온의 질량, 전하수 및 드리프트 타임을 측정할 수 있으면 거기로부터 충돌 단면적을 산출할 수 있다. DTIMS는 이러한 정보를 이용한 이온의 입체 구조 해석이나 분

$$\Omega = \frac{(18\pi)^{1/2}}{16} \frac{ze}{(k_b T)^{1/2}} \left[\frac{1}{m_1} + \frac{1}{m_N} \right]^{1/2} \frac{t_D E}{L} \frac{760}{P} \frac{T}{273.2} \frac{1}{N}$$

Ω : 평균 충돌 단면적 e : 프로톤의 전하
z : 전하수
N : 표준 상태에서 버퍼 가스의 밀도
k_b : 볼츠만 상수
m_1 : 분석 대상 이온의 질량
m_N : 버퍼 가스 분자의 질량
L : 드리프트 튜브의 길이
E : 전기장 T : 버퍼 가스의 온도
P : 드리프트 튜브 내의 압력
t_D : 드리프트 타임

〈그림 6.17〉 충돌 단면적(Ω)과 트리프트 타임(t_D)의 관계식
(식은 문헌 2)로부터 인용)

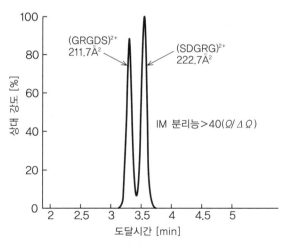

〈그림 6.18〉 DTIMS에서 역배열 펩티드의 분리 예
(그림은 일본 워터스 주식회사 SYNAPT G2-S 제품 카탈로그로부터 전재)

리 차원을 늘림으로써 피크 캐퍼시티의 향상 등을 목적으로 하여 이용되는 경우가 많다. DTIMS 타입의 IMS/MS 시판기에서는 〈그림 6.18〉의 예와 같이 50 정도의 IMS 분리능($\Omega/\Delta\Omega$)이 달성되고 있어 저분자부터 고분자까지 다양한 분야에서 IMS/MS가 이용되고 있다.

[4] 응용 예

〈그림 6.19〉에 온단세트론(ondansetron)의 수산화 대사물 이성체에 있어서의 IMS/MS를 이용한 해석 예를 나타내었다.[3] 온단세트론으로부터 생성되는 3개의 수산화 대사물은 모두 동일한 원소가 조성되므로 MS에서의 분리가 불가능하고, MS/MS 등을 이용해도 3개의 수산화체에서의 부위 차이를 인식하는 것이 불가능하다. 여기서 이 3개의 수산화체의 IMS/MS에 있어서 드리프트 타임의 측정값으로부터 충돌 단면적을 구하고 한편으로 분자 모델링 계산에 의해 구한 3차원 구조로부터 충돌 단면적을 계산해 각각의 수산화체에 대해 비교한 결과, 충돌 단면적의 값에는 좋은 상관이 있어 적어도 하나의 수산화체(GR 90315)와 그 이외의 2개(GR 60661, GR 63418)의 수산화체를 식별하는 것이 가능했다.

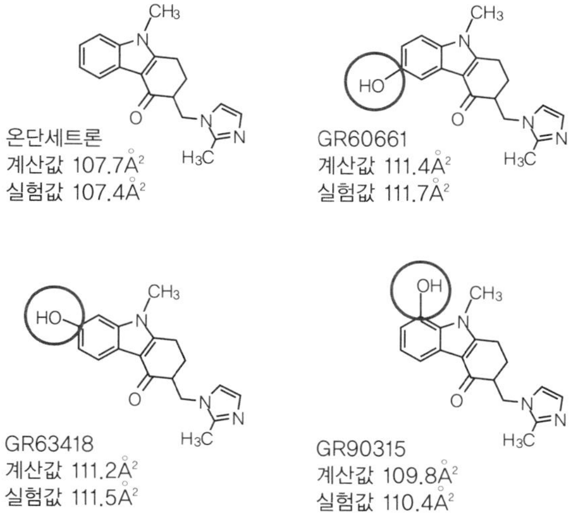

온단세트론
계산값 107.7Å^2
실험값 107.4Å^2

GR60661
계산값 111.4Å^2
실험값 111.7Å^2

GR63418
계산값 111.2Å^2
실험값 111.5Å^2

GR90315
계산값 109.8Å^2
실험값 110.4Å^2

〈그림 6.19〉 온단세트론과 그 수산화 대사물에 있어서 충돌 단면적의 계산값과 실험값 비교
(그림은 일본 워터스 주식회사 SYNAPT G2-S 제품 카탈로그로부터 전재)

205

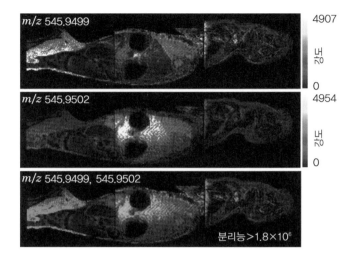

〈그림 6.20〉이미징 질량 분석에 있어서 m/z가 근접하는 화합물을 IMS를 이용하여 분리한 예 (위) m/z 545.9499 화합물의 분포. (가운데) m/z 545.9502 화합물 분포 (아래) 양 화합물의 분포의 중첩시킴, m/z만으로 양 화합물을 분리하는 것은 분리능 180만 이상이 필요하다.
(그림은 일본 워터스 주식회사 웹페이지로부터 전재)

이미징 질량 분석과 같이 복잡한 시료로부터 검출되는 화합물을 MS만으로 분리해야 하는 응용에 있어서 IMS/MS는 매우 유효한 방법이다. 백그라운드 노이즈를 배제하는 것에 의한 데이터의 클린업을 가능하게 하고, 다른 종의 동중체 등과 같이 질량 정보만으로는 분리를 다 할 수 없는 이온에 대해 보다 선택성이 높은 이미징이 가능해진다. 〈그림 6.20〉에 이미징 질량분석에 있어서의 IMS/MS의 활용 예를 나타내었다. m/z 545.9499와 m/z 545.9502라는 질량이 근접한 2개의 화합물을 MS로 분리하려면 180만 이상의 분해능이 필요하지만 IMS/MS를 이용하는 것으로 이러한 화합물을 분리해 각각의 화합물마다의 분포를 확인하는 것에 성공하였다.

또 이 외에도 단백질의 컨포머 분리[4] miRNA의 해석,[5] 단백질 복합체의 해석[2] 등의 고분자 화합물에의 응용 예로부터 프로토머의 해석,[6] 이성체를 포함한 N 결합형 당사슬의 해석[7] 등 폭넓은 분야에서 IMS/MS가 활용되고 있다.

[5] 정리

IMS/MS는 MS에 새로운 분리 차원을 늘림으로써 시스템으로서의 피크 캐패시티를 향상시켜 종래의 장치에서는 얻을 수 없었던 새로운 정보 얻는 것을 가능하게 한 기술이다. 장치가 시판된 후 아직 10년에 못 미치지만 IMS/MS를 이용한 연구 보고는 해마다 증가하고 있어 향후 새로운 발전이 기대된다.

➤ 6.1.3 이온 트랩 / TOF

[1] 처음에

대기압 이온화법을 채용한 LC/MS는 난휘발성 화합물이나 열에 불안정한 화합물의 분자량 또는 조성식을 결정하는 방법으로 널리 이용되고 있다. 그러나 일부의 화합물을 제외하고 구조 정보를 포함한 프래그먼트 이온은 거의 생성되지 않기 때문에 구조 해석의 목적으로는 충분한 정보를 얻을 수 있는 방법이라고 할 수 없다. 여기서 대기압 이온화법 등의 소프트 이온화로 구조 정보를 얻기 위해서는 MS/MS법이 중요시된다.

MS/MS법은 일반적으로 2대(또는 그 이상)의 질량 분석 장치가 콜리전 셀을 개입시켜 연결된 전단의 질량분석계로 프리커서 이온(전구 이온)을 선택한 후 아르곤 등의 비활성 가스와의 충돌에 의해 이온의 운동 에너지 일부가 내부 에너지로 변환되고(충돌 유기 해리, CID) 그것에 의해 생긴 프래그먼트 이온(프로덕트 이온)을 후단의 질량분석계로 분석하는 방법이다. MS/MS 장치는 3회 연속 사중극 질량분석계 등 동종의 질량 분석 장치를 조합한 텐덤형과 다른 질량 분석 장치를 조합한 하이브리드(hybrid)형으로 대별된다.

이온 트랩/TOF는 트랩형 질량 분석 장치인 이온 트랩과 비트랩형 질량 분석 비행시간 질량분석계(TOF-MS)를 접속한 하이브리드(hybrid)형 장치로, 초기에는 주로 캐필러리 전기영동과 접속되어 생체물질의 고감도 측정에 적용한 예가 보고되었다.[7] 이온 트랩 질량분석계는 이온을 3차원 공간에 가둘 수 있어 질량에 대응해 이온을 배출하여 질량 스펙트럼을 얻는 것이나, 특정 이온을 선별한 후 그 이온을 CID에 의해 개열시키는 등, 같은 질량 분석부에서 시간 경과와 함께 연속적·다단의 질량분석(MS^n 또는 MS/MS/MS⋯)이 가능해 타겟 화합물로부터 상세한 구조 정보를 얻을 수 있다는 특장을 가진다. 그러나 사중극 질량분석계와 같이 질량 분해능이 낮고 질량 정밀도도 높지 않다. 한편, 비행시간 질량분석계는 높은 질량 분해능과 높은 질량 정밀도를 갖추어

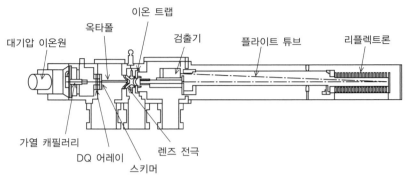

〈그림 6.21〉 LC-IT-TOF-MS의 장치 구성

현재는 고분자량의 생체 고분자 측정 등에 널리 이용되고 있다.

LC/MS로서의 이온 트랩/TOF는 높은 질량 분해능, 높은 질량 정밀도를 유지한 채 MS^n 분석이 가능하다는 우위성을 가진 구조 해석용 장치로 개발, 시판되었다[8]. 〈그림 6.21〉에 LC-IT-TOF-MS (시마즈(島津)제작소제)의 장치 구성을 나타내었다.

[2] LC-IT-TOF-MS의 동작

ESI 등의 대기압 이온화법으로 생성한 이온은 가열 캐필러리를 통과해 진공 영역에 도입된다. 큰 액체 방울이 들어가는 것에 의한 노이즈 회피를 위해 캐필러리 입구에는 대향한 탈용매 가스를 흘려 가열 캐필러리를 통과하는 사이에 탈용매시킨다. 계속하여 DQ 어레이라고 부르는 이온 패널에 의해 이온류는 스키머 렌즈의 중심으로 초점을 묶고, 스키머로부터 한층 더 고진공 영역에 유입된 이온은 옥타폴과 렌즈 전극으로 구성되는 이온 광학계에 의해 이온 트랩에 도입된다.

이온 트랩은 도넛상의 링 전극과 그 양측을 끼워넣는 형태로 배치된 한 벌의 엔드캡 전극으로 구성되며, 이온 포착 시 링 전극에 고주파 전압을 가해 이들 전극의 내부에 의사적인 구덩이를 형성시킨다. 도입된 이온은 m/z에 대응한 주파수로 이온 트랩 내를 진동한다. 이온 입사 때 이온이 고주파를 가한 상태의 이온 트랩에 포착되는 비율은 낮고, 연속적으로 입사하는 종래의 방법에서 도입률은 수 %로 여겨지지만 이 장치에서는 전단의 옥타폴을 이온 포착 장치로 작동하게 하고 이온류를 펄스 모양으로 조정해 고주파를 가한 것과 연동시킴으로써 이온 트랩에의 도입 효율을 높여 약 30배의 감도가 향상되었다. 이온 트랩은 이온을 모아둘 수가 있기 때문에 크로마토그래피 등의 연속적인 이온 도입 방법과 결합하기가 좋을 뿐만 아니라 비교적 고진공을 필요로 하지 않으므로 대기압 이온화법과의 접속을 시도할 수 있다.

이온 트랩 내의 모든 이온은 희박한 비활성 가스를 도입하면 충돌에 의해 운동 에너지를 잃어버려 이온 트랩의 중심으로 모아진다. 이온의 배출은 종래 이온 트랩 방법과 달리 포착을 위해 가해진 고주파 전압을 순간에 차단하고 엔드캡 전극에 수 kV의 고전압을 고속으로 가해 이온을 가속하여 TOF-MS에 도입한다. 이온은 무전계 상태의 플라이트 튜브를 등속도로 비행해 리플렉트론에 침입·반사하는 가운데 분리되어 m/z의 순서로 검출기에 도달한다. 상기의 동작에 의해 TOF-MS에 의한 질량 스펙트럼을 얻을 수 있다. 이 장치의 주요한 부분은 외부로부터 단열되고 일정 온도로 온도가 조절되고 있어 플라이트 튜브의 열팽창에 의한 비행거리의 변동은 억제되고, TOF-MS의 이점인 높은 측정 정밀도의 장기간 안정성을 실현하고 있다. 또 이온 도입부터 TOF-MS 측정까지 일련의 공정을 0.1초 이내에 완료할 수 있어 초고속 LC의 검출기로서 대응 가능하다.

이온 트랩 내의 이온은 전하를 가지는 것으로 특정 주파수의 전계에 공진해 진동한다. MS^n에서 목적 이온의 선별은 양 엔드캡 전극에 특정 주파수 영역에 노치(notch)를 가진 filtered noise field(FNF) 파형으로 불리는 여기용 전계를 가함으로써 이온 트랩 내에 남기고 다른 이온은 진동을 여기시켜 배제시킨다.[9] 그 후 남겨진 프리커서 이온은 양 엔드캡 전극에 그 이온이 공진하는 주파수의 여기용 전계를 가해 트랩 내에 추가로 도입한 비활성 가스와 충돌 해리시켜 생긴 프래그먼트 이온을 TOF-MS로 고분해능 정밀도로 측정한다. 이 장치에서는 가스를 펄스 도입하는 것으로 CID 효율의 개선을 꾀해 고감도의 분석이나 MS^{10}까지의 측정을 가능하게 하고 있다. 이온 트랩은 포착한 프리커서 이온 이외의 모든 이온을 배출할 수 있으므로 낮은 백그라운드의 고감도인 스펙트럼을 얻을 수 있다.

[3] MS^n을 이용한 분자 조성 분류

질량 분석 결과만으로 미지물질의 화학식 또는 구조의 분류는 쉽지 않은 작업이지만 질량분석계를 이용해 분자 조성을 결정할 때 중요한 것은 질량 정밀도이며 높은 질량 정밀도의 데이터를 얻음으로써 작업 노력은 부분적으로 경감된다. 일반적으로 분자량

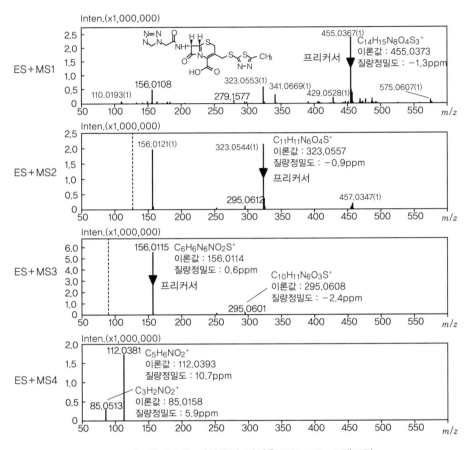

〈그림 6.22〉 의약품의 정이온 ESI MS^n 스펙트럼
(세파졸린 시료 제공 : 일본 국립 의약품 식품 위생연구소 약품부 요모타 님)

이 커지면 그 분자량에 가까운 원소의 조합 수는 증가하기 때문에 프리커서 이온의 질량만으로 대응하는 원소 조성을 유일하게 분류하기 위해서는 1ppm 이하의 매우 높은 질량 정밀도가 요구되므로 이온 사이클로트론 공명 질량분석계 등 대형의 장치가 필요하다. 정밀 질량으로 조성 추정을 실시하는 경우 질량 정밀도가 좋은 MS^n 데이터는 다음과 같은 이점이 있다.

① 프리커서 이온과 프로덕트 이온의 관련 짓기를 명확하게 할 수 있어 프로덕트 이온, 뉴트럴 로스의 질량 정보를 쌓아올리는 식으로 프리커서 이온의 원소 조성을

추정하는 것으로 보다 확실도를 높인다.

② MS/MS에 의해 프리커서 이온을 해리시킴으로써 프로덕트 이온의 질량이 작아져 대응하는 원소의 조합 수가 적다. 프로덕트 이온의 질량을 충분히 작게 할 수 있으면 원소 조성을 유일하게 분류할 수가 있다.

LC-IT-TOF-MS에서는 조성 추정 소프트웨어의 지원에 의해 프리커서 이온의 동위체 비율이나 얻어진 CID 스펙트럼을 해석함으로써 목적 성분 정보를 신속히 해석해 조성식을 엄선할 수 있다. 〈그림 6.22〉에 의약품의 LC/MS 측정 예로 세파졸린 시료의 MS^n 결과를 나타내었다. MS부터 MS^4 까지의 질량 스펙트럼을 얻을 수 있어 MS 데이터만으로 추정한 결과를 〈그림 6.23〉에 나타내었다.

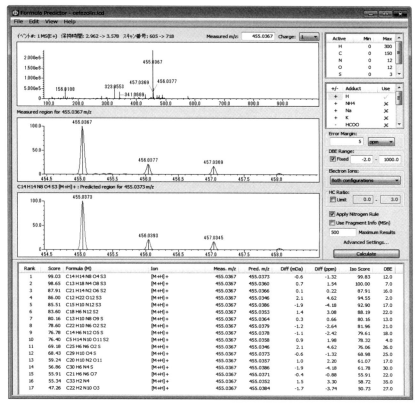

〈그림 6.23〉 MS 데이터에 의한 의약품의 조성식 추정
(프리커서 이온의 정밀 질량에 의한 17개의 조성식 후보를 제시)

올바른 조성식 $C_{14}H_{14}N_8O_4S_3$는 동위체 비율의 유사도로부터 제1위에 랭크되고 있지만 그 외에 16개의 후보가 제시되어 있으며 장치의 질량 정밀도 범위에서는 같은 열에 위치한다. 다음으로 MS부터 MS^4까지의 모든 데이터를 이용해 조성, 추정하면 〈그림 6.24〉에 나타내었듯이 14개의 후보를 제외시키고 3조성식까지 좁혀 계속해서 NMR 등의 확정적 방법의 적용 수를 줄일 수 있다.

이와 같이 질량 정밀도가 좋은 MS^n 데이터를 이용해 비교적 단순한 방법으로 보다 확실도가 높은 원소 조성을 엄선할 수 있다.

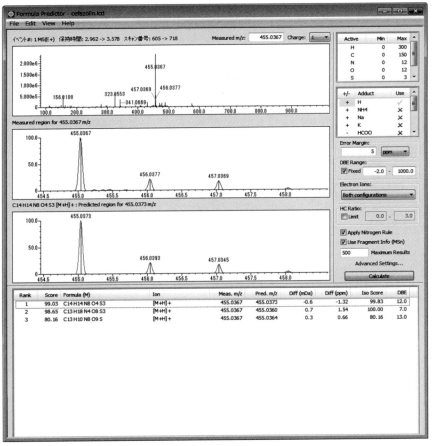

〈그림 6.24〉 MS^n 데이터에 의한 의약품의 조성식 추정
(프레그먼트 이온, 뉴트럴 로스의 정밀 질량 정보에 의한 조성식 후보는 3개까지 한정)

이상 하이브리드(hybrid)형 장치인 이온 트랩/TOF는 고분해능에 의한 정밀 질량 정보에 더해 MS^n 해석에 의한 구조 정보를 고속으로 얻을 수 있다는 이점을 살려 의약품의 불순물 분석뿐만 아니라 천연물의 구조 해석,[11] 메타볼롬 해석[12] 등 목적 화합물의 정성 목적으로 여러 가지 분야에서 활용되고 있다.

■ 인용문헌

1) A. B. Kanu, P. Dwivedi, M. Tam, L. Matz and H. H. Hill, Jr. : *J. Mass Spectrom.*, 43, 1-22 (2009).

2) B. T. Ruotolo, J. L. P. Benesch, A. M. Sandercock, S. Hyung and C. V. Robinson : *NATURE PROTOCOLS.*, 3 1139-1152 (2008).

3) G. J. Dear, J. Munoz-Muriedas, C. Beaumont, A. Roberts, J. Kirk, J. P. Williams and I. Campuzano : *Rapid Commun. Mass Spectrom.*, 24, 3157-3162 (2010).

4) Y. Nabuchi, K. Hirose and M. Takayama : *Anal. Chem.*, 82, 8890-8896 (2010).

5) K. Takebayashi, K. Hirose, Y. Izumi, T. Bamba and E. Fukusaki : *Journal of Bioscience and Bioengineering.*, 115, 332-338 (2013)

6) M. McCullagh, S. Goscinny, V. Hanot, D. Roberts, K. Neeson, J. Goshawk, D. Eatough, S. Stead and R. Rao : Waters corporation poster (2013)

7) Y. Yamaguchi, W. Nishima, S. Re and Y. Sugita : *Rapid Commun. Mass Spectrom.*, 26, 2877-2884 (2012)

8) M. G. Qian and D. M. Lubman : *Anal. Chem.*, 67, 234A-242A (1995)

9) J. Taniguchi and E. Kawatoh : *BUNSEKI KAGAKU*, 57, pp.1-13 (2008)

10) P. E. Kelley : U. S. Patent 5, 134, 286 (1992)

11) J. S. Barnes, F. W. Foss Jr and K. A. Schug : *J. Am. Soc. Mass Spectrom.*, 24, 1513-22 (2013)

12) T. Ogura, T. Bamba and E. Fukusaki : *J. Chromatogr. A.*, 1301, pp.73-79 (2013)

Chapter **7**

LC/MS,
LC/MS/MS의 응용

7.1 LC/MS의 응용 예

▶ 7.1.1 의약품 중의 유전 독성 불순물

[1] 배경

제약기업의 품질관리 부문에서는 원약이나 제재 중의 불순물 양을 관리하기 위해 여러 가지 분석 방법이 이용되고 있다. 특히 최근에는 유전 독성 불순물의 품질관리에 관한 중요성이 높아지고 있어 일·미·유럽 의약품 규제 조화 국제회의(ICH)에서는 「잠재적 발암 리스크를 저감하기 위한 의약품 중 DNA 반응성(변이원성) 불순물의 평가 및 관리(ICH M7 step 4)」[1] 가이드라인을 제시하고 있다. 의약품(원약)의 합성에는 반응성 화학물질 시약, 용매, 촉매 그 외의 보조제가 사용되기 때문에 원약이나 제재 중에는 이러한 잔존물 혹은 반응 생성물이 불순물로 포함되어 있다. 그 때문에 품질관리 부문에서는 잠재적인 발암 리스크의 저감을 목적으로 이들 불순물의 구조 결정, 분류, 안전성 확인 및 관리가 요구된다.

[2] 유전 독성 불순물 등의 정량

가이드라인에는 시험이 실시되고 있지 않은 화학물질에 대해 발암성 또는 다른 독성을 나타내지 않는 허용 섭취량을 규정하기 위해 독성학적 관심의 역치(threshold of toxicological concern; TTC)의 개념이 포함되어 있다. TTC는 모든 화합물에 대해 사람에게 명백한 건강 피해가 없다고 하는 안전성의 임계값이라고 할 수 있어 그 허용 한도값은 $1.5\mu g/day$로 되어 있다.

즉, 복용량이 1일 1g일 경우 유전 독성 물질의 허용한도 농도는 1.5ppm으로 산출된다. 따라서 이러한 매우 미량의 유전 독성 불순물을 검출 또는 정량하기 위해서는 높은 감도(1~5ppm)를 가지는 분석 방법이 요구된다. 또 원약과는 달리 제재 중에는 부형제나 다른 불순물이 포함되어 있기 때문에 이들 불순물 등이 유전 독성 물질의 정량에 영향을 미치는 것이 염려된다. 따라서 MS나 MS/MS 등의 선택성이 높은 분석 방법을 이용할 필요가 있다.

[3] 알킬메탄술포네이트의 정량

대표적인 알킬화제 메틸메탄술포네이트(methyl methanesulfonate; MMS), 에틸메탄술포네이트(ethyl methanesulfonate; EMS) 및 프로필메탄술포네이트(propyl methanesulfonate; PMS)(그림 7.1)에 대해 LC/MS 및 LC/MS/MS에 의한 측정사

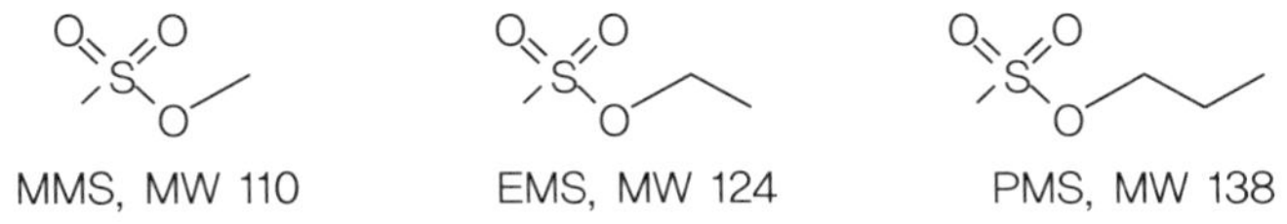

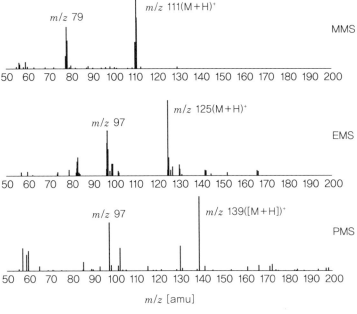

MMS, MW 110
EMS, MW 124
PMS, MW 138

〈그림 7.1〉 알킬메탄술포네이트의 구조식

m/z 79
m/z 111(M+H)+
MMS
m/z 97
m/z 125(M+H)+
EMS
m/z 97
m/z 139([M+H])+
PMS
50 60 70 80 90 100 110 120 130 140 150 160 170 180 190 200
m/z [amu]

〈그림 7.2〉 MMS, EMS 및 PMS의 ESI 질량 스펙트럼

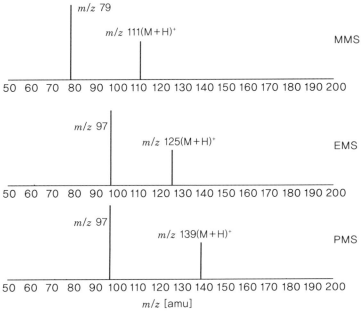

〈그림 7.3〉 MMS, EMS 및 PMS의 ESI 프로덕트 이온 스펙트럼

례를 소개한다.

　MMS, EMS 및 PMS의 정이온 검출 일렉트로 스프레이 이온화(electrospray ionization, ESI)의 질량 스펙트럼 및 프로덕트 이온 스펙트럼을 나타내었다(그림 7.2, 그림 7.3).

　〈그림 7.2〉의 MMS, EMS 및 PMS의 질량 스펙트럼으로부터 어느 화합물에 대해서도 프로톤 부가 분자 [M+H]$^+$에 상당하는 이온, 즉 분자 M에 프로톤 H$^+$가 부가해 생성한 이온(MMS : m/z 111, EMS : m/z 125, PMS : m/z 139)이 관찰되었다.

　또 각 화합물의 프로톤 부가 분자를 프리커서 이온으로 선택했을 때의 프로덕트 이온 스펙트럼으로부터 MMS는 m/z 79, EMS 및 PMS는 m/z 97이 베이스 피크로 관찰되었다(그림 7.3). 결과로부터 selected ion monitoring(SIM) 및 selected reaction monitoring (SRM) 모드에서는 〈표 7.1〉에 나타낸 모니터 이온을 선택할 수 있다.

　카카디야(Kakadiya) 등의 문헌[2]를 참고로 〈표 7.1〉에 나타낸 MMS, EMS 및 PMS

〈표 7.1〉 MMS. EMS 및 PMS의 모니터링 이온

화합물명	SIM 모드	SRM 모드
MMS	m/z 111	m/z 111 → m/z 79 (콜리전 에너지 : 16eV)
EMS	m/z 125	m/z 125 → m/z 97 (콜리전 에너지 : 13eV)
PMS	m/z 139	m/z 139 → m/z 97 (콜리전 에너지 : 11eV)

〈표 7.2〉 MMS, EMS 및 PMS 측정 조건

분석 컬럼	OSD 칼럼(안지름 2.1mm, 길이 150mm, 입자지름 3μm)
이동상	A : 0.1 % 포름산 B : 아세토니트릴
타임 프로그램	A/B=40/60 (0min) → 10/90(6min)
유속	0.2mL/min
이온화 모드	일렉트로 스프레이 이온화
극성	양(+)이온
스캔 타입	SIM or SRM

의 각 모니터 이온을 선택하고 〈표 7.2〉의 측정 조건에 대해 SIM 및 SRM 모드로 측정했을 때의 크로마토그램을 〈그림 7.4〉에 나타내었다.

〈그림 7.4〉에서 얻어진 크로마토그램을 비교하면 (a) SIM 모드의 측정은 (b) SRM 모드의 측정보다 각 성분의 백그라운드가 매우 높은 것을 알 수 있다. 이것은 〈그림

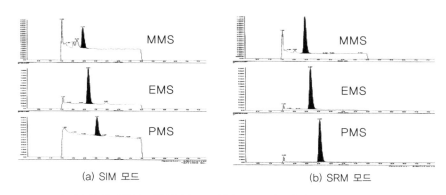

(a) SIM 모드   (b) SRM 모드

〈그림 7.4〉 MMS, EMS 및 PMS(각 0.5μg/mL)의 크로마토그램

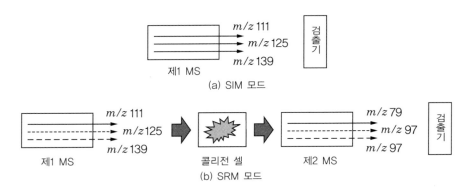

〈그림 7.5〉 SIM 모드와 SRM 모드의 모식도

7.5〉에 나타내었듯이 (b) SRM 모드에서는 제1 MS에서 MMS, EMS 및 PMS에 특징적인 이온을 선택해 이 이온만이 제1 MS를 통과해 콜리전 셀 내에서 비활성 가스(질소나 아르곤 가스)와 충돌한 후에 새롭게 생성한 이온만이 제2 MS를 통과할 수 있도록 설정하고 있기 때문이다.

이온의 투과율은 SIM 모드가 높지만 SRM 모드에서는 SIM 모드보다 선택성이 비약적으로 높아져 그 결과 백그라운드 노이즈가 저감되어 S/N가 큰, 즉 고감도인 분석이 가능하게 되는 것이다(6장 6.1.1 참조).

[4] 약제 A 중 MMS, EMS 및 PMS의 정량

약제 A, MMS, EMS 및 PMS의 SRM 크로마토그램을 〈그림 7.6〉에 나타낸다.

MMS, EMS 및 PMS의 머무름 시간은 각각 2.5분, 2.7분 및 3.1분으로 신속한 분석이 가능하다. 약물 A는 5.3분에 용출하지만 MMS, EMS 및 PMS의 용출시간 근처에는 약물 A에 의한 방해 성분은 인식되지 않았다.

약물 A 중 각 알킬메탄술포네이트 1ppm 및 10ppm 상당을 첨가했을 때의 SRM 크로마토그램을 〈그림 7.7〉에 나타내었다. 그 결과 (a)의 블랭크에는 방해 성분은 인식되지 않았고, 각 알킬메탄술포네이트는 1ppm까지 정량이 가능했다. 여기에서는 데이터는 제시하지 않았지만 직선성이나 회수율도 양호한 결과를 보였다. 이러한 결과로부터 고선택성과 고감도를 갖춘 LC/MS 혹은 LC/MS/MS는 초미량의 유전 독성 물질의 정량에 강력한 방법임을 알 수 있다.

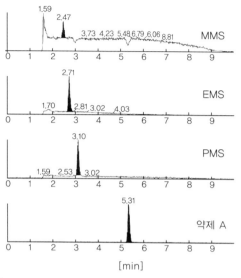

〈그림 7.6〉 MMS, EMS, PMS 및 약제 A의 크로마토그램

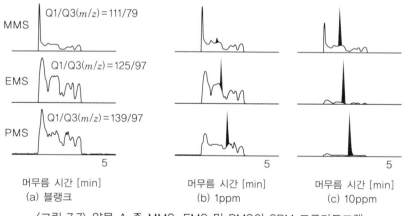

〈그림 7.7〉 약물 A 중 MMS, EMS 및 PMS의 SRM 크로마토그램

▶ 7.1.2 글리코헤모글로빈

[1] 처음에

글리코헤모글로빈은 혈액 중 적혈구에 포함되는 헤모글로빈(Hb)과 혈액 중 환원당이 비효소적으로 결합한 것의 총칭으로, 당의 결합 부위, 결합 수가 다른 복수의 종류가 존

재한다. 글리코헤모글로빈의 일종인 헤모글로빈 A1c(HbA1c)는 Hb의 크로마토그래피의 하나의 분획으로서 명명된 것이다. HbA1c는 Hb에서 차지하는 HbA1c의 비율로 측정되고 채혈로부터 과거 약 2개월의 평균 혈당값을 반영하는 지표로서 당뇨병의 진단이나 치료 목표로 받아들여져 일본을 포함한 세계 각국에서 널리 사용되고 있다.

HbA1c의 측정은 HPLC법 외에 어피니티법, 면역법, 효소법 등이 개발되어 30종류 이상의 측정법이 제공되고 있다. 측정의 표준화에 대해서는 일본, 미국, 유럽, 스웨덴 등 각국에서 측정체계를 세울 수 있는 표준화를 해 왔지만 국제적으로 일치된 측정을 하도록 IFCC(International Federation of Clinical Chemistry)가 물질명으로 HbA1c를 Hb의 β사슬 N말단의 발린에 글루코오스가 안정적으로 결합한 βN1-deoxyfructosyl-Hb로 정의했다.[3] IFCC에 의해 Hb의 펩티드 매핑에 의한 분석법이 기준 분석법으로서 개발되어 화학양론에 근거하는 HbA1c의 측정체계가 구축되어 있다.

글리코헤모글로빈은 Hb와 당의 번역 후 수식에 의해 형성되어 이 반응을 글리케이션이라고 한다. 단백질의 번역 후 수식에는 그 밖에 인산화, 아세틸화, 메틸화. 유비키틴화, 라세미화, 산화 등이 있다. 글리케이션은 비효소적 반응이며 글루코오스 등의 환원당이 N말단이나 리신잔기의 유리 아미노기와 반응해 시프 염기 결합(불안정형 글리코헤모글로빈이라고 하며 글루코오스 농도에 의존해 가역적)을 만들고 한층 더 아마도리(amadori) 전위하여 케토아민(안정형 글리코헤모글로빈)이 된다. 질량 분석은 단백질의 번역 후 수식의 해석에 대해 뛰어난 분석 수단이 된다. 여기서는 펩티드 매핑에 의한 HbA1c의 분석 방법, LC/MS에 의한 Hb의 번역 후 수식의 해석을 소개한다.

[2] 펩티드 매핑에 의한 HbA1c의 분석[4]

IFCC HbA1c 표준화 작업 그룹은 HbA1c를 안정형 βN1-mono-deoxyfructosyl-Hb라고 정의했으며, 정제한 HbA1c와 HbA0(미수식의 성인 헤모글로빈)로 구성되는 혼합계열을 표준 물질로 하는 β사슬의 N말단 헥사 펩티드를 측정 대상으로 한 펩티드 매핑에 의한 분리 분석법을 개발했다. β사슬 N말단 헥사 펩티드의 당화물과 비당화물의 분리는 LC/MS 또는 캐필러리 전기 영동법으로 의해 실시한다.

(a) 시료의 전처리
시료는 항응고제로서 EDTA를 이용해 혈액을 채취하고 생리 식염수로 2번 혈구를 세정한 후 생리 식염수 속에서 인큐베이션한다. 원심분리해 상청(上淸)을 제거한 후 물을 더 넣고 용혈시켜 검체 희석액(50mM MES, 1mmol EDTA, 10mmol 시안화칼륨, pH6.2)으로 Hb 농도를 50mg/mL로 하여 세포 성분을 원심 제거한다. 효소 소화용 완충액에 50 mM 초산암모늄 pH4.3, 효소로 200μg/mL endoproteinase Glu-C를 이용해 Hb를 효소 소화(37℃, 18시간 인큐베이션)한다.

(b) HPLC-ESI/MS 분석

컬럼은 ODS를 이용하고 이동상은 용액 A(0.1% (v/v%) 포름산/물)와 용액 B(0.1% (v/v%) 포름산/아세토니트릴)의 그레디언트 용리로 실시한다. LC/MS 측정 조건의 일 례를 〈표 7.3〉에 나타내었다. SIM 모드로 당화 헥사펩티드 area(glc β 1-6)와 비당화 헥사펩티드 area(β 1-6)를 측정해 그 비(r_{sig}, ratio of signals ; area(glc β 1-6)/area (β1-6))를 구하고 표준 물질(6농도)의 HbA1c, HbA0의 혼합 계열로부터 농도를 mmol/mol로서 산출한다. 분석 결과의 일례를 〈그림 7.8〉에 나타내었다.

〈표 7.3〉 펩티드 매핑의 측정 조건

컬럼	Develosil ODS-HG-5 (안지름 2.0mm, 길이 150mm)	
온도	50℃	
이동상	A : 0.1% (v/v%) 포름산/물 B : 0.1% (v/v%) 포름산/아세토니트릴 C : 물/아세토니트릴 (50/50, v/v)	
유량	용액 A, B 0.3 mL/min 용액 C 0.3 mL/min	
스플리트 비	1:4	
이온화법	ESI (+)	
모니터 이온 (SIM)	m/z 348.3 (HbA0) m/z 429.3 (HbA1c)	
그레디언트	시간 [min]	B [%]
	0.0	6.5
	6.0	12.5
	12.0	12.5
	12.8	80.0
	21.0	80.0

223

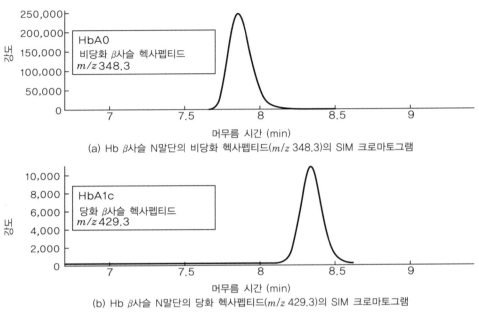

(a) Hb β사슬 N말단의 비당화 헥사펩티드(m/z 348.3)의 SIM 크로마토그램

(b) Hb β사슬 N말단의 당화 헥사펩티드(m/z 429.3)의 SIM 크로마토그램

〈그림 7.8〉 HPLC-ESI/MS 크로마토그램

[3] LC/MS에 의한 Hb의 번역 후 수식의 해석

　　Hb는 2개의 α글로빈과 2개의 β글로빈으로 구성되는 α₂, β₂라고 하는 4차 구조의 4량체(αβ 서브 유닛의 2량체)의 단백질이며 4개의 사슬 각각이 헴(heme) 분자와 결합하고 있다. 헴의 중심에 1분자의 Fe가 있고, 산소, 일산화탄소 등이 가역적으로 결합해 산소 운반을 담당하고 있다. Hb의 구조는 pH에 의존해 pH≦6.2에서 2량체, pH≧pH 6.8에서 4량체 구조를 이룬다. 수식 Hb의 측정은 Hb의 수식에 의한 전하 상태의 변화를 이용해 양(+)이온 교환 크로마토그래피를 이용한 분리 분석 방법이 확립되어 있다.[5] 이 방법에서는 2량체의 Hb를 분석 대상으로서 그레디언트 용리에 의해 이동상의 이온 강도(NaCl 농도)를 단계적으로 높이고 Hb를 30 수피크로 세분획한다.

　　불휘발성 염으로 구성되는 완충액이나 NaCl을 첨가한 이동상에서는 측정 대상 물질의 이온화를 방해하는 요인이 되어 이동상을 직접 질량분석기에 도입했을 경우 좋은 분석 결과를 얻을 수 없는 경우가 많다. Hb의 번역 후 수식, 특히 불안정형 글리코헤모글로빈에 관한 검토를 위해 필자 등은 휘발성 염인 초산암모늄을 이용했다.

양이온 교환 크로마토그래피로 Hb를 분리해 파장 415nm에서 검출한 후 포스트 컬럼으로 초순수를 첨가 이동상을 스플리트시켜 아세토니트릴을 포함한 포름산 용액을 더해 ESI-MS로 Hb 분획의 해석을 실시했다.

시료는 HbA0의 1차 표준 물질(IRMM/IFCC-466)을 250mM 글루코오스 용액 및 생리 식염수(대조)로 37℃, 4시간 인큐베이션한 시료에 대해 HPLC/ESI-MS 측정을 실시했다. LC/MS 측정 조건의 일례를 〈표 7.4〉에 나타내었다.

Hb의 분리 분석에는 Hb의 안정화를 위해 이동상에 아지화나트륨(sodium azide) 등을 첨가하지만 불휘발성 염에 의한 MS 감도 저하를 막기 위해 아지화나트륨 용액을 강산성 양(+)이온 교환 수지에 통과시켜 Na를 제거한 후 이동상에 첨가했다.

ESI-MS 측정은 캐필러리 전압 4kV, 건조가스 유량 12.0L/min. 건조가스 온도

〈표 7.4〉 수식 Hb의 측정 조건

컬럼	TSKgel Hsi-NPR (안지름 4.6mm, 길이 100mm)	
온도	25 ℃	
이동상	A : 100 mM 초산암모늄, 1.538 mM Na^+ pH 5.5 B : 220 mM 초산암모늄, 1.538 mM Na^+ pH 5.8 C : 초순수 D : 물/아세토니트릴/포름산 (50/50/0.2, v/v/v)	
유량	용액 A, B 0.2mL/min 용액 C 0.8mL/min 용액 D 0.45mL/min	
스플리트 비	1 : 2.5	
이온화법	ESI (+)	
질량 범위	m/z 650부터 m/z 1,200	
그레디언트	시간 [min]	B [%]
	0	8
	20	20
	25	30
	50	55
	51	60
	60	80
	63	80
	64	8
	75	8

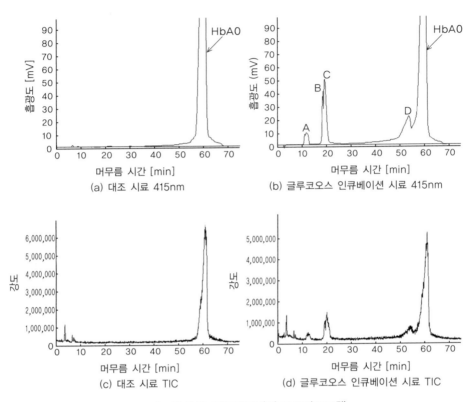

〈그림 7.9〉 헤모글로빈의 크로마토그램

350℃, 네뷸라이저 가스 55psig로 실시했다. 질량 범위 m/z 650부터 m/z 1,200. 사이클 타임 1.12초에 질량 스펙트럼을 얻었다. 질량 스펙트럼으로부터 디컨벌루션에 의해 헤모글로빈의 분자량을 얻었다.

〈그림 7.9〉 (a), (b)에 대조 시료, 글루코오스 인큐베이션 시료의 크로마토그램(415 nm), (c), (d)에 각각의 토탈 이온 크로마토그램(TIC)을 나타내었다. 〈그림 7.10〉에 인큐베이션으로 생성한 피크 A~D의 질량 스펙트럼 및 디컨벌루션에 의해 분자량을 산출한 결과를 나타내었다. α-글로빈은 15,126.4, β-글로빈은 15,867.2의 분자량이며 글리코-α-글로빈은 15,288(15,126+162), 글리코-β-글로빈은 16,029(15,867+162)의 분자량을 나타낸다. A 분획은 글리코-α-글로빈과 글리코-β-글로빈, B 분획은 α-글로빈과 글리코-β-글로빈, C 분획은 α-글로빈과 글리코-β-글로빈, D 분획은 글리코-α-글로

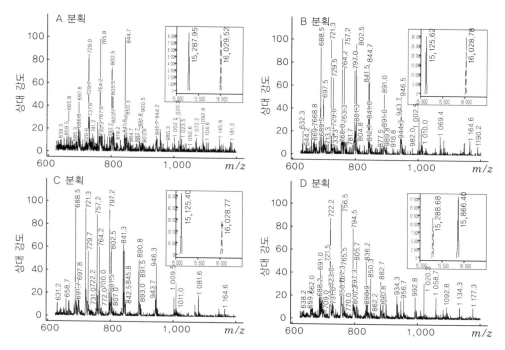

글루코스 인큐베이션에서 생성한 피크 A~D의 질량 스펙트럼. 헤모글로빈 분자에 프로톤이 부가한 다가 이온의 분포가 검출되었다. 삽입 그림은 얻어진 스펙트럼으로부터 디컨벌루션에 의하여 산출한 분자량

〈그림 7.10〉 ESI 스펙트럼

빈과 β-글로빈으로 구성되는 Hb였다. 시료로부터 글루코오스를 제거하고 37℃에서 12시간 인큐베이션하면 A~D의 피크는 소실되므로 불안정형 글리코헤모글로빈인 것이 증명되었다. ESI법은 매우 소프트한 이온화법이며 불안정형 글리코헤모글로빈 등 비공유 결합성 복합체를 그대로 관측할 수 있다.

7.1.3 쌀 중 비소의 화학 형태별 분석

[1] 비소의 화학 형태

비소(As)는 지각에 있어 주로 As_3S_3, As_4S_4, FeAsS 등의 황화물로서 존재하고 화산 활동이나 광물의 풍화 등의 자연 현상에 의해 환경 중에 방출되기 때문에 대기, 육지, 하천, 호수, 늪 및 해양에 널리 존재하는 원소이다. 자연 환경에 있어서 비소의 주된 화

227

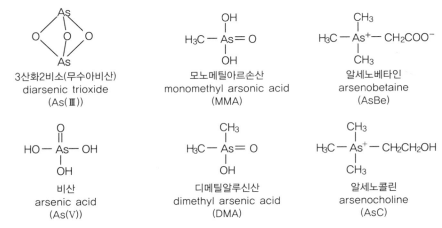

〈그림 7.11〉 대표적인 무기 비소 화합물 및 유기 비소 화합물

학 형태는 산소를 배위한 무기 비소 화합물인 아비산(As(Ⅲ)) 및 비산(As(V))이다(그림 7.11). 해양 생태계에서의 무기 비소 화합물은 식물 연쇄를 통해 대사 변환을 받기 때문에 해양 생물의 조직 중에는 주로 모노메틸아르손산(MMA), 디메틸알루신산(DMA), 알세노베타인(AsBe), 알세노콜린(AsC) 등의 유기 비소 화합물로 존재한다(그림 7.11). 육상에서 생활하는 사람은 해양 생태계에서 생합성된 유기 비소 화합물을 해초류나 어패류 등의 해산물 또는 그것들을 사료로 섭취한 육상동물로부터 섭취한다. 기타 지극히 미량이면서 퇴적암 등에 유래하는 비소 화합물을 공기 경유로 직접적으로 혹은 퇴적암성의 토양으로부터 식물 조직으로 이행한 후에 간접적으로 섭취하고 있는 것으로 추측된다.[6]

[2] 비소 화합물의 독성

비소 화합물의 독성은 그 화학 형태에 크게 의존하는 것으로 알려져 있다. 대체로 유기 비소 화합물보다 무기 비소 화합물이, 또 산화수에 있어서는 5가보다 3가가 높은 독성을 나타낸다. 발암 피부병변 등의 만성 경구 독성이 확인되고 있다. 무기 비소 화합물은 음료수가 주된 섭취 경로이며 식품, 특히 농산품의 섭취로 인한 경우는 작다고 평가되고 있다. 그렇지만 코덱스위원회 식품 오염물질 부회(CCCF)에서 쌀은 다른 농산물에 비해 비소 농도가 상대적으로 높고 관계용수나 조리용 물에 의한 오염을 통해 무

기 비소의 경구 섭취에 크게 기여할 가능성이 있다고 발표하여 쌀 중 비소의 기준값에 대해 무기 비소에 근거하는 설정을 포함한 검토가 진행되고 있다.

[3] 쌀 중 비소의 화학 형태별 분석

최근 비소의 리스크 평가나 거기에 기초를 두는 리스크 관리 등의 움직임이 활발하게 진행되고 있어 2013년에는 쌀 중 비소의 화학 형태별 분석법(그림 7.12)에 대해 국제적인 실간(室間) 공동실험이 실시되었다.[7] 화학 형태별 분석법은 추출, 가열, 희석 등의 전처리 공정에 있어서 각 비소 화합물의 화학 형태가 변화하지 않도록 배려해 구축되고 있다. 복수의 화학 형태가 혼재하는 비소 화합물을 분리하는 방법으로서는 비소 화합물의 대부분이 불휘발성이고 수용성이기 때문에 고속 액체 크로마토그래피(HPLC)가 적합하다. 그러나 각 비소 화합물의 산해리 상수가 각각 다르므로 이동상의 pH 조건에 따라서는 양(+)이온, 음(−)이온, 양성(兩性) 이온, 비(非)이온의 복수 형태로 동시에 존재하는 경우가 있다. 따라서 단일의 이동상 조건에 의해 다수의 비소 화합물을 일제 분석하는 것은 곤란하다. 또한 일본에서 해조나 쌀 등의 식품에 포함되는 비소 화합물 분석에 가장 많이 이용되고 있는 것은 1-부탄술폰산나트륨, 테트라메틸암모늄히드록시드를 각각 알칼리성 화합물 분석용, 산성 화합물 분석용의 이온쌍 시약으로서 이용

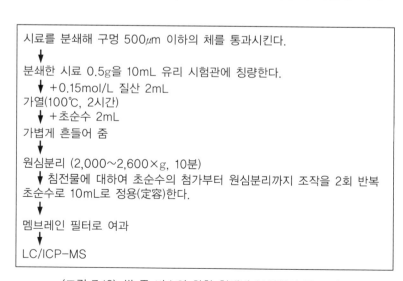

〈그림 7.12〉 쌀 중 비소의 화학 형태별 분석법의 플로 차트

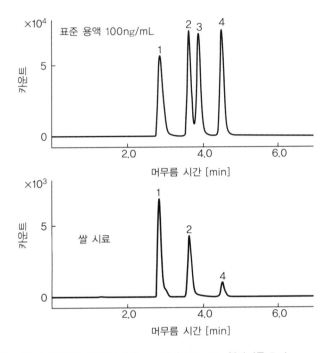

컬럼 : CAPCELL PAK C18MG (안지름 4.6mm, 길이 250mm, 입자지름 5㎛)
이동상 : 0.05% (v/v) 메탄올, 10mmol/L 1-부탄술폰산나트륨,
4 mmol/L 마론산, 4 mmol/L 테트라메틸암모늄 히드록시드(pH 3.0)
유량 : 0.75mL/min
RF 출력 : 1.55kW
플라즈마 가스 유량(Ar) : 15L/min
캐리어 가스 유량(Ar) : 1.0L/min
보조 가스 유량(Ar) : 0.90L/min
분석종 1. As(V) 2. As(Ⅲ) 3. MMA 4. DMA

〈그림 7.13〉 LC/ICP-MS에 의한 비소 화합물의 추출 이온 크로마토그램

한 역상 이온쌍 크로마토그래피이다(그림 7.13).

　　HPLC에 의해 분리된 각 비소 화합물의 검출에는 HPLC의 분리를 해치지 않고 접속할 수 있는 검출기를 이용하지 않으면 안 된다. 즉, 검출기 측의 시료 도입계에 있어서의 도입 유량이 범용 분석 컬럼의 최적 이동상 유량과 거의 일치하는 검출기가 그 선택 사항이 된다. 이러한 시료 도입계를 갖춘 검출기로는 원자흡광 분석 장치(atomic absorption spectormeter, AAS); 유도 결합 플라즈마 발광분광 분석 장치 (inductively coupled plasma atomic emission spectrometer; ICP-AES), 유도 결합 플라즈마 질량 분석 장치(inductively coupled plasma mass spectrometer; ICP- MS) 등이 알려져 있다. 이 중에서도 검출 한계가 1~10ppt(ng As/L)로 가장 낮은 ICP-MS가 널리 이용되고 있다. 범용적인 LC-ICP-MS의 사양에 대해서는 이동상으로 고농도의 염이나 유기 용매를 첨가하면 플라즈마 상태가 불안정하게 되기 때문에 이동상 및 분리 모드의 선택에 일정한 제한이 있다는 점에 주의해야 한다.

일반적인 ICP-MS는 아르곤 가스에 고주파 전압을 더해 생성한 플라즈마에 네블라이저로 안개상으로 한 시료를 도입함으로써 시료 중 비소 화합물의 원자화 및 비소원자의 이온화가 일어나 질량분석계에 의해 $^{75}As^+$(m/z 75)가 검출된다. 그러나 염화물 이온이나 염소 화합물을 포함한 시료 용액을 분석하는 경우 플라즈마 중에서는 $^{75}As^+$뿐만 아니라 명목 질량이 같은 $^{40}Ar^{35}Cl^+$도 동시에 생성하기 때문에 m/z 75의 추출 이온 크로마토그램에 대해 이 $^{40}Ar^{35}Cl^+$에 의한 분광학적 간섭이 일어난다. 이러한 분광학적 간섭을 경감하기 위해서는 질량 분리부의 앞에 마련한 콜리전 리액션(collision reaction) 셀에 수소나 헬륨 등의 저분자 가스를 도입해 $^{40}Ar^{35}Cl^+$와 이러한 가스 분자를 충돌시킴으로써 $^{40}Ar^{35}Cl^+$의 운동 에너지를 저감시키거나 충돌 유기 해리(CID)를 일으켜 $^{40}Ar^{35}Cl^+$의 질량 분석부에의 취입을 억제하는 방법이 유효하다.[8]

➡ 7.1.4 아미노산

아미노산이란 아미노기와 카르복시기를 가지는 유기 화합물의 총칭이다. 아미노산이라고 하면 통상은 α-아미노산(그림 7.14)을 가리키는 경우가 많은데, 이것은 영양 생리 기능으로서의 역할을 잘 해내고 있기 때문에 건강, 의료, 식품 등 여러 가지 분야에서 주목을 받고 있다. 최근 분석기기의 진보에 의해 분리의 선택 폭이 넓은 액체 크로마토그래피와 고감도로 선택성이 뛰어난 질량분석계를 조합한 액체 크로마토그래피와 질량분석계(LC-MS)가 많이 활용되고 있다.

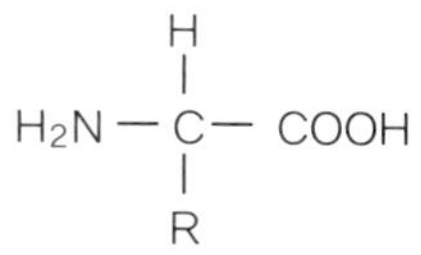

LC/MS로 아미노산을 분석하는 경우 시료 중 지질이나 단백질이라고 하는 불순물 성분을 제거하지 않으면 안 되어 적절한 전처리가 필요하다. 일반적으로

$$H_2N-\overset{\overset{\displaystyle H}{|}}{\underset{\underset{\displaystyle R}{|}}{C}}-COOH$$

〈그림 7.14〉 α-아미노산 구조식

231

지방의 제거에는 클로로포름을, 단백질의 제거에는 메탄올, 아세토니트릴과 같은 유기 용매를 시료에 첨가한다. 시료를 교반, 원심분리에 의해 상청(上請)을 분취한 후 다음에 나타내는 아미노산 분석법에 따라 적절한 전처리를 실시한다.

LC/MS를 이용한 아미노산 분석은 3종으로 대별된다. 이것은 아미노산의 물성(物性)이 친수성이기 때문이다.

제1의 분석법은 역상 크로마토그래피 질량 분석(RPC/MS)에 의한 유도체화한 아미노산의 분석이다.[9] 소수성이 높은 유도체화 시약과 아미노산의 아미노기를 반응시키는 것으로 역상 컬럼에 유도체화 아미노산을 머무름, 분리하는 것이 가능해진다(그림 7.15). 이 방법은 LC-MS에 한정하지 않고 이전부터 있던 자외가시 흡광광도 검출기 부착 고속 액체 크로마토그래프(HPLC-UV)나 형광 검출기 부착 고속 액체 크로마토그래프(HPLC-FL)에 대해서도 이용되고 있다. 유도체화 시약은 다종다양 존재해 HPLC-FL법에서는 6-아미노키놀-N-히드록시숙시닐이미드(AQC), 오르트프탈알데히드(OPA), 4-플루오로-7-니트로벤조프라잔(NBD-F)과 같은 시약이, LC-MS용으

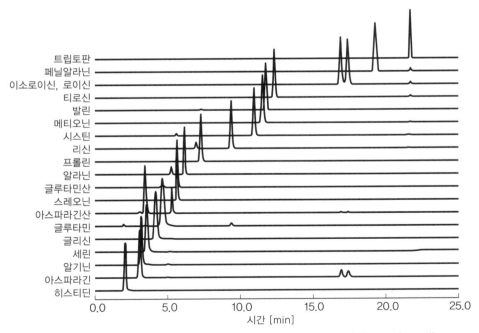

〈그림 7.15〉 유도체화 시약(참고문헌 9)을 이용할 때의 크로마토그램

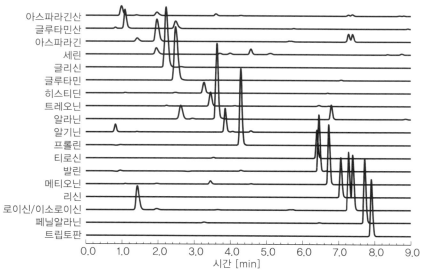

〈그림 7.16〉 유도체화 시약 APDS를 이용할 때의 크로마토그램

로는 3-아미노피리딜-N-히드록시숙시니미딜카바메이트(APDS)와 같은 시약이 시판되고 있다. 이 방법은 혈장, 세포, 조직 등 생체 시료 중 미량인 아미노산을 단시간에 분석하는 것에 이용되고 있다(그림 7.16).

제2의 분석법은 이동상에 휘발성이고 소수성 이온쌍 시약을 이용한 이온쌍 크로마토그래피 질량 분석(IPC/MS)이다. 아미노산과 이온쌍 시약으로 이온쌍을 형성시킴으로써 역상 컬럼에 이온쌍을 형성한 아미노산을 머무름, 분리하는 것이 가능하게 된다(그림 7.17). 지금까지 이온쌍 시약의 물성은 비휘발성이기 때문에 LC/MS에 이용할 수 없었다. 그러나 휘발성의 불소화카르본산(그림 7.18)과 같은 이온쌍 시약이 시판되어 LC/MS에 적용을 확대할 수 있게 되었다. 이온쌍 시약을 이용할 때의 주의점은 다음과 같다. 우선 이온쌍 시약의 농도이다. LC-MS에서는 HPLC-UV에 비해 저농도인 것이 바람직하고, 관례적으로 5mM 이하로 이용되는 경우가 많다. 이것은 LC/MS에서는 검출기로서 질량분석계를 이용하고 있어 과도한 이온쌍 시약의 사용은 아미노산의 감도 저하를 초래하기 때문이다. 다음으로 이동상의 pH이다. 아미노산의 pKa는 pH 2.0 근처이므로 이동상은 pH 2.0보다 낮은 것이 바람직하다. 이때, 컬럼 충전제의 사용 가능한 pH의 범위인 것을 이용해야 한다. 마지막으로 이온쌍 시약의 탄소 사슬과 머무름의

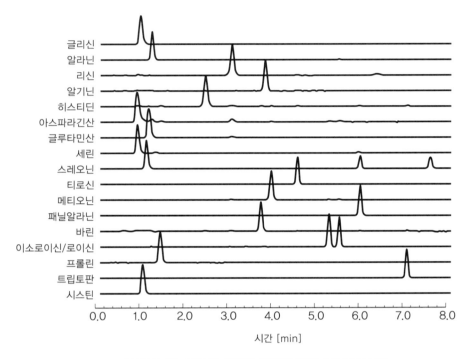

<그림 7.18> 이온쌍 시약을 이용할 때의 크로마토그램
(주) 시마즈(島津)제작소 제공

$$CF_3-(CF_2)_n-COOH$$

<그림 7.18> 불소화 카르본산의 구조식 ($n=2\sim6$)

관계이다. 탄소 사슬이 길어짐에 따라 역상 컬럼에게로의 머무름은 늘어나기 때문에 시료나 분석시간 등의 조건에 대응해 최적인 이온쌍 시약을 선택해야 한다. 또 그 외에 양호한 머무름 시간의 재현성을 얻기 위해 통상에 비해 평형화 시간을 길게 설정하고 분석 시료를 이동상으로 희석해 두면 좋다. 이 방법은 혈장 등 생체 시료 중의 아미노산을 분석하는 데 이용되고 있다.

제 3 분석법은 새로운 타입의 컬럼을 사용하는 것이다. 최근 충전제의 연구 개발이 활발히 진행되고 있어 여러 가지 타입의 컬럼이 시판되고 있다. 하나는 역상계의 충전제에 특징적인 관능기를 도입한 컬럼으로, 펜타플루오르페닐프로필기를 도입한 불소 함유 역상 컬럼이 있다.[10] 이 컬럼은 아미노산뿐만 아니라 유기산, 핵산 염기, 뉴클레오 시드, 뉴클레오티드, 아마도리(amadori) 화합물과 같은 친수성 화합물도 분리할 수 있 다(그림 7.19). 이동상의 조제도 간편하고 아미노산 분석에 한정하지 않으며 친수성 화 합물을 망라한 분석법의 수단으로 이용되고 있다. 또 하나는 친수성 상호작용 크로마 토그래피(HILIC)용 컬럼이다. HILIC이란 1990년 알페르트(Alpert)가 제창한 분리 모 드이며, 고극성의 고정상과 유기 용매와 물로 아미노산을 포함한 친수성 화합물을 분 리하는 순상 크로마토그래피의 일종이다. HILIC에서는 컬럼으로부터의 용출액을 직접 질량분석기에 도입할 수 있기 때문에 LC/MS에 적절한 분리 모드이다. HILIC 컬럼에 는 미수식의 실리카겔에 더해 아미노기나 아미노프로필기, 양성(兩性) 이온 등과 같은 관능기를 도입한 것이 시판되고 있다. 제3분석법에서는 유도체화하는 일 없이 전처리

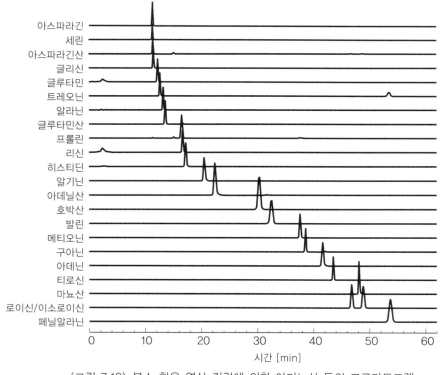

〈그림 7.19〉 불소 함유 역상 컬럼에 의한 아미노산 등의 크로마토그램

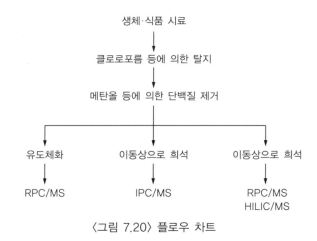

〈그림 7.20〉 플로우 차트

한 시료를 이동상으로 희석해 LC/MS로 아미노산을 분석할 수 있다. 분석사례로 지금까지 식품 및 생체 시료가 보고되고 있다.

마지막으로 전처리부터 아미노산 분석까지의 공정을 플로우 차트(flow chart)로 정리했다 (그림 7.20). 각 실험실의 설비와 분석 시료에 맞게 분석법을 구사하는 것이 바람직하다고 생각된다.

➤ 7.1.5 식품 중의 기능성 성분 분석

식품이란 본래 인간의 생명 유지를 위해 필요한 영양 공급을 목적으로 한 것이지만 요즈음에는 과잉 섭취 혹은 영양 밸런스를 벗어난 편향된 섭취 등으로 비만이나 고혈압, 당뇨병 등의 생활 습관병의 발병 요인이 되고 있다. 이에 따라 식생활의 개선과 함께 생활 습관병의 예방을 목적으로 식품이 원래 보유하고 있는 기능성(제3차 기능)에 주목한 식품 개발이 활발히 진행되고 있어 그 시장이 급성장하고 있다.

식품 중의 기능성 성분으로 야채, 과실, 곡물, 차, 허브, 해초류 등에 포함되어 있는 폴리페놀류, 알칼로이드류, 당질, 아미노산 등을 들 수 있다. 특히 폴리페놀류에 대해서는 카테킨, 이소플라본, 안토시아닌 등 수많은 기능성 성분이 알려져 있다.

폴리페놀이란 분자 내에 복수의 페놀성 히드록시기(방향족 탄화수소의 2개 이상의 수소가 히드록시기로 치환된 화합물)를 가진 성분의 총칭이며 야채, 과일, 차 등에 많이 포함되어 있다. 그 중에서도 포도나 베리, 차조기, 자색 고구마, 빨간 양배추 등에

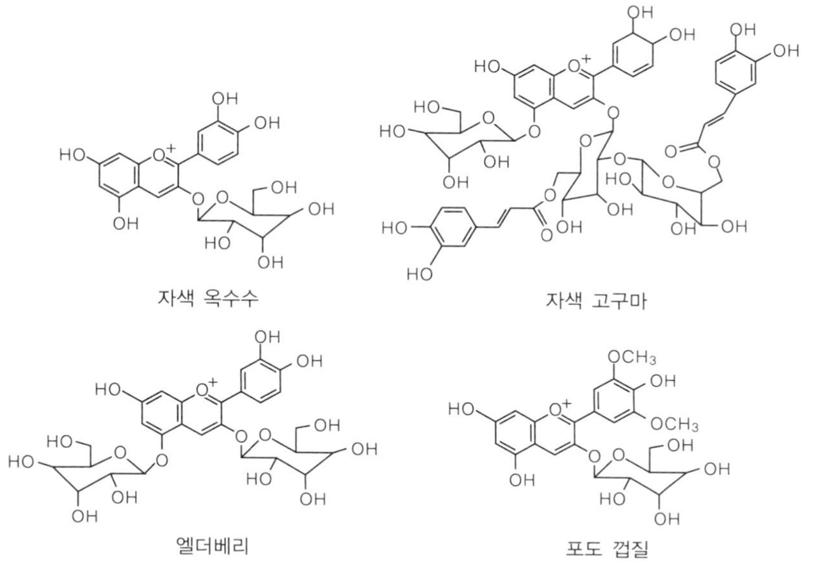

자색 옥수수

자색 고구마

엘더베리

포도 껍질

〈그림 7.21〉 대표적인 안토시아닌의 구조

많이 포함된 안토시아닌은 식물 색소로 여러 가지 식품에 사용되고 있다(그림 7.21). 안토시아닌은 여러 가지 생체에의 기능이 분명해 항산화 활성, LDL의 과산화 억제, 시각 기능 개선 작용, 중성지방 저하 작용, 항변이원 작용 등이 보고되고 있다.[11]

여기서는 기능성 식품에 함유되는 유효 성분으로 자색 고구마에 포함된 안토시아닌에 주목해 LC/MS에 의한 분석 사례를 소개한다.

자색 고구마 안토시아닌

자색 고구마는 껍질뿐만 아니라 육질 전체가 자색인 것이 특징이며, 이 부분에 안토시아닌이 풍부하게 함유되어 있어 다홍색 감자라고도 부른다. 자색 고구마 안토시아닌은 시아니진(혹은 페오니진) 3-O-(2-O-(6-O-(E)카페오일-β-D-글루코피라노실)-β-D-글루코피라노시드)-5-O-β-D-글루코피라노시드를 기본 골격으로 한 주요한 8가지 성분으로 구성된다(그림 7.22).

구조상의 특징으로 분자량이 900-1100 정도로 포도나 베리의 안토시아닌류(분자량이 500 정도)와 비교해 약 2배 크고, 다른 안토시아닌보다 가열이나 자외선, pH 변동에도 안정해 색소 원료, 쥬스, 음용식초, 과자, 소주 등에 많이 이용되고 있다. 지금까지 밝혀지고 있는 기능은 항산화 작용, 지방질 라디칼 소거 작용, 항변이원 작용 등이지만 일반적으로 수산기가 많을수록 항산화력이 강하다고 알려져 있어 자색 고구마 안토시아닌은 구조의 특징 때문에 강한 항산화성을 가진다고 여겨 기능성 식품 소재로 주목받고 있다.[11), 12)]

안토시아닌의 분석에 대해서는 이미 많은 보고가 이루어지고 있어 분석 컬럼으로는 ODS 컬럼이나 페닐 컬럼이 선택되고 있고 이동상으로는 트리플루오르초산(TFA)이나 초산, 포름산 등을 포함한 아세토니트릴 또는 메탄올 혼액이 사용되고 있다. 그런데 자색 고구마 안토시아닌은 기본 골격에 3종의 페닐 프로판산(카페산, 펠라산 등)이 치환된 것과 유사한 구조를 가지므로 HPLC에서는 단시간에 상호 분리는 용이하지 않고, LC/MS에 의한 분리가 적합하다.

다만, MS 검출의 경우 TFA를 포함한 이동상에서는 이온화 억제가 생겨 검출 감도가 저하하기 때문에 이동상으로 사용하는 산은 포름산, 초산 등이다. 분석 시료의 조제법은 시료 형태에 따라 다르지만 고형 시료의 경우는 잘게 자른 후 0.1~0.5% 정도의 포름산 수용액 혹은 아세토니트릴과의 혼액에 의한 추출을 통해 필요에 따라 추출액을

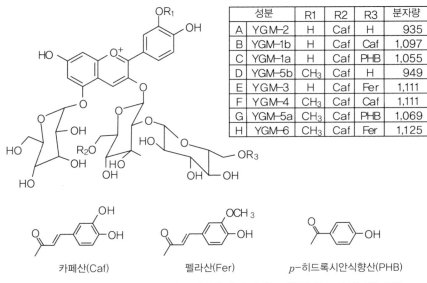

	성분	R1	R2	R3	분자량
A	YGM-2	H	Caf	H	935
B	YGM-1b	H	Caf	Caf	1,097
C	YGM-1a	H	Caf	PHB	1,055
D	YGM-5b	CH₃	Caf	H	949
E	YGM-3	H	Caf	Fer	1,111
F	YGM-4	CH₃	Caf	Caf	1,111
G	YGM-5a	CH₃	Caf	PHB	1,069
H	YGM-6	CH₃	Caf	Fer	1,125

카페산(Caf)　　펠라산(Fer)　　*p*-히드록시안식향산(PHB)

〈그림 7.22〉 자색 고구마(품종 : 아야무라사키)에 포함된 안토시아닌의 구조

C18 등의 고상추출(SPE) 컬럼으로 정제한다.

자색 고구마(품종 : 아야무라사키) 정제 색소의 LC/MS에 의한 분석 예를 〈그림 7.23〉에 나타내었다. 각 성분의 프리커서 이온을 이용한 선택 이온 모니터링(SIM)에 의해 주요한 8가지 성분을 단일 피크로 검출하는 것이 가능하다[3](그림 7.23). 또 얻어진 질량 스펙트럼을 해석함으로써 안토시아닌 골격(시아니딘 혹은 페오니딘)을 분류하는 것이 가능하다. 검출 감도도 UV 검출에 비해 500배 정도 우수하여 색소로서 미량 첨가된 식품의 분석에도 적용할 수 있다. 따라서 이 방법은 원재료의 검사만이 아니고 상품의 품질 관리나 색소의 보존 안정성 확인 등에도 응용하는 것이 가능하다. 또 기능성 식품의 기능 검증에 대해서는 기능성 성분의 생체 내에서의 동태에 대해 해석이 필요하다. 거기서 자색 고구마 안토시아닌을 포함한 음료를 섭취한 사람의 소변이나 혈액을 고상 추출로 정제 농축해 이 방법에 따라 동태 해석했다. 안토시아닌은 배당체 그대로 위 및 소장 상부에서 흡수되지만 자색 고구마 안토시아닌에 대해서도 분자량이 2

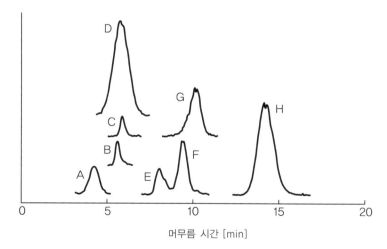

머무름 시간 [min]

컬럼 : YMC-Pack Pro C18(안지름 2.0mm, 길이 100mm, 입자지름 : 3μm. (주)YMC사 제품)
이동상 : 0.1% 포름산(A), 아세토니트릴(B)
그레디언트 용리 : 14% B(0~5분), 14%B~60% B(5~20분) 유속 : 0.2mL/min
컬럼 온도 : 40 ℃
주입량 : 5 μL, A~H 피크의 성분명은 〈그림 7.22〉 참조. 피크 A(*m/z* 935.0), 피크 B
(*m/z* 1,097.0), 피크 C(*m/z* 1,055.0), 피크 D(*m/z* 949), 피크 E&F(*m/z* 1,111.0),
피크 G(*m/z* 1,069.0), 피크 H(*m/z* 1,125)

〈그림 7 · 23〉 자색 고구마 정제 색소의 SIM 크로마토그램

배 정도 큰 구조를 갖고 있음에도 불구하고 배당체 그대로 흡수되는 것, YGM-2와 YGM-5b가 특이적으로 흡수되는 것, 흡수량은 포도 등의 안토시아닌과 동등했던 것이 확인되었다.[13]

한편 안토시아닌은 간장, 신장, 소화기 등에서 대사나 분해가 되기 때문에 자색 고구마 안토시아닌의 대사·분해물로서 추정되는 시아니딘, 페오니딘, 프로토카텍산 등을 일제히 분석함으로써 체내 동태를 상세하게 파악하는 것이 가능하다. 〈그림 7.24〉에 자색 고구마 안토시아닌 및 대사·분해물의 SIM 크로마토그램을 나타내었다. 그레디언트 용리에 의해 프로토카텍산 및 안토시아닌 배당체나 아글리콘 등의 대사·분해물을 0~25분 이내에 페오니딘아글리콘이나 자색 고구마 안토시아닌을 25~40분 이내에 분리 검출할 수 있게 되어 있다. 현재는 UHPLC/MS/MS에 의해 신속, 고감도인 분리 검출이 가능해졌다.

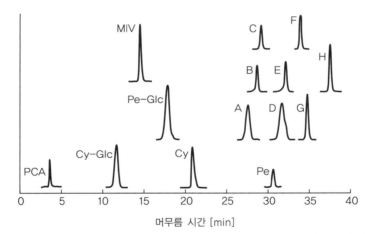

컬럼 : XBridge Phenyl(안지름 2.1mm, 길이 100mm, 입자지름 : 3.5μm, 일본 워터스(주) 사 제품)
이동상 : 1.0% 포름산(A), 아세토니트릴(0.5% 포름산) (B)
그레디언트 용리 : 5%B~20%B(0-50분)
유속 : 0.2mL/min
컬럼 온도 : 40℃
주입량 10μL, A-H 피크의 성분명은 〈그림 7.22〉 참조. 프로트카테크산(PCA, m/z
153.0), 시아니딘(Cy) 및 시아니딘글루코시드(Cy-Gle, m/z 286.7),
페오니딘(Pe) 및 페오니딘글루코시드(Pe-Glc, m/z 300.6) 마르비진(MIv, m/z 330.7),
피크 A(m/z 935.0), 피크 B(m/z 1,097.0). 피크 C(m/z 1,055.0), 피크 D(m/z 949),
피크 E 및 F(m/z 1,111.0), 피크 G(m/z 1,069.0). 피크 H(m/z 1,125)

〈그림 7. 24〉 자색 고구마 안토시아닌 및 분해물의 SIM 크로마토그램

이상, 식품 중 기능성 성분 분석의 응용 예로 폴리페놀에 대해 LC/MS에 의한 분석 예를 살펴봤다. 하지만 메타볼릭 신드롬 대책에의 관심이 더욱 더 높아지는 가운데 생활의 질(QOL) 향상을 목표로 한 기능성 식품의 개발은 향후 한층 더 활발하게 진행되어야 할 것으로 전망된다. 기능성 식품의 개발에 대해 LC/MS에 의한 분석은 향후에도 유용한 수단이라고 생각된다.

7.2 — LC/MS/MS의 응용 예

▶ 7.2.1 생체 시료 중 프로스태그런진류의 정량

[1] 배경

　프로스태그런진(PGs)은 생체막 인지질의 구성 성분인 지방산(주로 아라키돈산)으로부터 생합성되는 에이코사노이드의 하나로 생체 내의 조직에 대해 세포 레벨로 생산되어 여러 가지 생리활성을 하는 화합물로 알려져 있다.

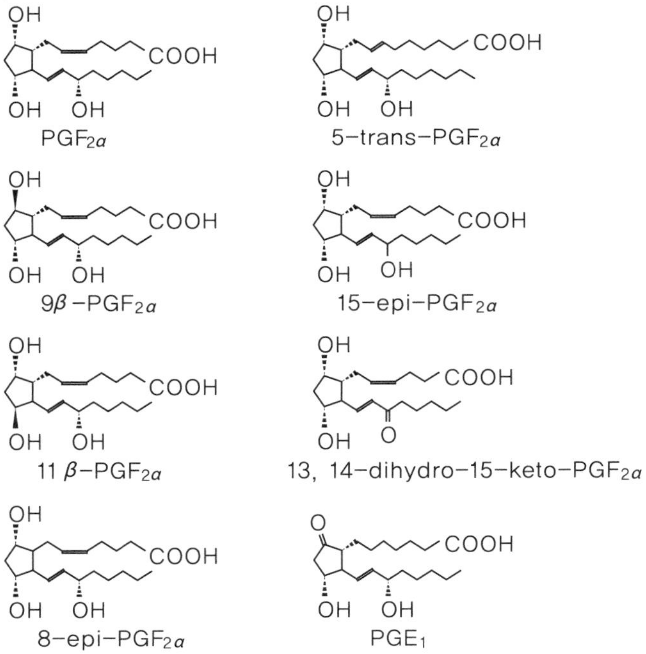

〈그림 7.25〉 대표적인 PGs(MW354)의 구조식

이 항에서는 PGs 중 산화 스트레스 마커로 알려진 8-epi-프로스태그런진 F$_{2a}$(8-epi-PGF$_{2a}$) 및 말초 순환 개선약으로 도르너(dorner)로서 시판되고 있는 프로스태그런진 I$_2$ 유도체의 정량법에 대해 살펴본다.

[2] 8-epi-PGF$_{2a}$의 정량법

PGs의 하나인 8-epi-PGF$_{2a}$(그림 7.25)는 조직 장해나 병의 용태 악화에 관여하고 있다. 한편, 산화 스트레스 마커로서도 알려져 있다. 8-epi-PGF$_{2a}$의 정량에는 음(−)이온 화학 이온화 검출에 의한 GC/MS[14]나 ELISA 등이 이용되고 있지만 이 항에서는 일렉트로 스프레이 이온화(ESI)를 이용한 LC/MS/MS에 의한 사람 소변 중 8-epi-PGF$_{2a}$의 정량법에 대해 알아본다.

(a) 8-epi-PGF$_{2a}$의 프로덕트 이온 스펙트럼의 취득

8-epi-PGF$_{2a}$(MW 354)의 음(−)이온 검출 일렉트로 스프레이 이온화(ESI) 질량 스펙트럼을 나타냈다(그림 7.26). 탈프로톤 분자에 상당하는 m/z 353이 검출되었는데, 이 결과는 〈그림 7.25〉에 나타낸 같은 분자량을 가지는 다른 PGs에 대해서도 똑같았다. 탈프로톤 분자를 프리커서 이온으로 했을 때의 프로덕트 이온 질량 스펙트럼으로부터 얻어진 이온 강도를 〈표 7.5〉에 나타내었다. 8-epi-PGF$_{2a}$는 베이스 피크로서 m/z 193이 검출되었지만 〈표 7.5〉에 나타난 것처럼 다른 PGs에 대해서도 같은 이온이 검출되었다.

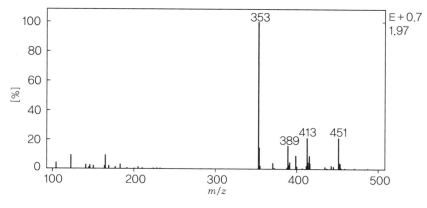

〈그림 7.26〉 8-epi-PGF$_{2a}$의 ESI 질량 스펙트럼

〈표 7.5〉 각 PGs의 프로덕트 이온 스펙트럼의 이온 강도(콜리전 에너지 −30 eV)

m/z	9β-PGF$_{2\alpha}$	8-epi-PGF$_{2\alpha}$	11β-PGF$_{2\alpha}$	5-trans-PGF$_{2\alpha}$	PGF$_{2\alpha}$	15-epi PGF$_{2\alpha}$	PGE$_1$	13,14-dihydro-15-keto-PGF$_{2\alpha}$
165	68.4	29.3	25.4	20.2	30.9	14.7	2.8	11.7
171	23.1	34.7	24.1	7.1	23.3	17.1	−	0.8
173	49.5	11.7	39.8	9.6	14.5	9.2	0.6	1.4
183	4.1	2.8	7.5	2.0	3.5	1.6	0.1	42.0
191	43.2	28.2	26.6	11.6	14.7	8.9	26.7	18.6
193	97.0	100.0	100.0	62.9	100.0	100.0	2.2	3.0
195	7.6	1.0	1.8	0.2	2.7	0.5	0.3	32.0
209	64.4	14.8	16.7	21.3	21.3	12.7	18.8	11.6
223	−	−	0.2	0.4	2.8	0.1	33.7	10.0
235	43.1	12.6	20.8	11.4	6.8	5.8	50.2	2.5
247	66.3	46.7	57.1	80.1	48.3	27.0	0.4	1.4
255	59.8	25.1	26.4	12.6	28.9	7.4	3.9	0.4
273	37.0	33.9	22.7	13.2	19.0	12.1	100.0	7.4
291	100.0	85.1	25.4	34.4	29.4	35.8	0.1	17.2
309	21.9	35.2	39.0	100.0	50.4	44.7	0.3	1.4
317	15.7	10.9	6.8	2.6	7.6	2.1	73.7	7.5
353	57.7	40.2	54.8	41.5	60.4	21.4	1.4	100.0

(b) 분리 조건의 검토

8-epi-PGF$_{2a}$와 위에서 설명한 PGs의 프리커서 이온 및 프로덕트 이온이 동일한 것으로부터 소변 중에 이들이 내인성 물질로 포함되어 있는 경우 8-epi-PGF$_{2a}$의 정량값에 영향을 미친다. 따라서 8-epi-PGF$_{2a}$와 이들의 PGs를 분석 컬럼으로 분리할 필요가 있다. 최적화한 분리 조건을 〈표 7.6〉에, 얻어진 크로마토그램을 〈그림 7.27〉에 나타내었다. 또한 13, 14-dihydro-15-keto-PGF$_{2a}$ 및 PGE는 머무름 시간 20분 이후에 용출하기 때문에 8-epi- PGF$_{2a}$에 영향을 미치지 않았다.

(c) 사람 소변 중의 8-epi-PGF$_{2a}$의 정량

이 분석법을 사람 소변 중의 8-epi-PGF$_{2a}$ 및 PGF$_{2a}$의 정량에 적용했다. 생체 시료 중 목적 성분의 정량에는 단백질 제거나 불순물 성분 제거 등의 전처리가 필요하다. 그

〈표 7.6〉 LC/MS/MS의 측정 조건

분석 컬럼	Superspher RP-8 (안지름 4.6mm, 길이 125mm, 입자지름 4μm)
유속	0.4mL/min
이동상	물/아세토니트릴/초산(70/30/0.01, v/v/v)
주입량	40μL
이온화 모드	ESI (음(−)이온)
이온화 전압	−4.5kV
캐필러리 온도	375℃
콜리전 가스압력	3.0mT (아르곤)
모니터 이온 8-epi-PGF$_{2a}$ d$_4$-8-epi-PGF$_{2a}$	m/z 353 → m/z 193 (−30 eV) m/z 357 → m/z 197 (−30 eV)

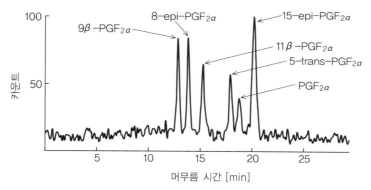

〈그림 7.27〉 각 PGs의 SRM 크로마토그램 (Q1 : m/z 353, Q3 : m/z 193)

때문에 중성 조건하에서 초산에틸 및 헥산을 이용해 사람의 소변을 세정한 후 염산 산성 아래, 초산에틸을 이용해 8epi-PGF$_{2a}$ 및 PGF$_{2a}$를 추출했다. 초산에틸을 농축 건고 후 재용해하여 LC/MS/MS 측정을 실시했다. 〈그림 7.28〉에 블랭크 소변에 200 pg/mL 상당한 8-epi-PGF$_{2a}$ 및 PGF$_{2a}$를 첨가했을 때의 크로마토그램을 나타내었다. 내부 표준 물질은 8-epi-PGF$_{2a}$의 α측 사슬의 3위, 4위가 중수소 라벨된 표지체를 이용했다.

LC/MS/MS는 선택성이 높은 분석법으로서 알려져 있지만, 시료 중에 목적 물질과 같은 프리커서 이온 및 프로덕트 이온을 가지는 물질이 공존하는 경우에는 MS/MS에서 식별은 할 수 없기 때문에 그것들을 분석 컬럼으로 분리하는 것이 중요하다.

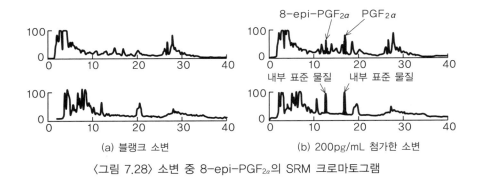

(a) 블랭크 소변   (b) 200pg/mL 첨가한 소변

〈그림 7.28〉 소변 중 8-epi-PGF$_{2a}$의 SRM 크로마토그램

[3] 프로스태그런진 I$_2$ 유도체의 정량법

프로스태그런진 I$_2$ 유도체 베라프로스트나트륨(Beraprost sodium)은 BPS-314d를 활성 성분으로 한 4개의 이성체(그림 7.29)로 구성된다. 여기에서는 사람의 혈장 중 BPS-314d의 정량에 이뮤노어피니티 컬럼을 이용해 BPS-314d만을 선택적으로 추출

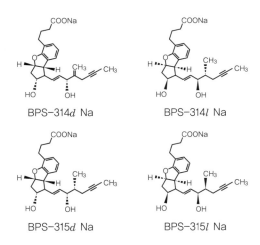

BPS-314d Na   BPS-314l Na

BPS-315d Na   BPS-315l Na

〈그림 7.29〉 Beraprost sodium의 구조식

한 후 LC/MS/MS에 의해 측정한 예를 살펴본다.

(a) 전처리 및 측정

생체 시료 중(혈장이나 소변) 의약품의 정량에서는 생체 시료로부터 얼마나 효율 좋게 목적 물질을 추출할 수 있을지가 중요한 열쇠가 된다. 즉, 전처리법의 좋고 나쁨이 그 분석 방법의 좋고 나쁨을 결정짓는다고 해도 과언이 아니다.

생체 시료 중의 전처리법으로는 단백질 제거법, 고상 추출법, 용매 추출법이나 컬럼 스위칭법 등이 널리 알려지고 있지만 일반적으로 이러한 방법으로는 광학 이성체를 분별할 수 없다. 여기서 마우스로부터 얻어진 항BPS-314*d* 항체를 세파로스 겔에 고정화한 컬럼을 작성해 〈그림 7.30〉에 나타나 있는 순서로 전처리를 실시했다.

측정 조건을 〈표 7.7〉에 나타내었다. BPS-314*d*의 모니터 이온은 스펙트럼으로부터 프리커서 이온으로서 *m/z* 397.3을, 프로덕트 이온으로서 *m/z* 269.1을 선택했다. 내부 표준 물질은 라세미체의 중수소 라벨화 표식체를 이용했다.

블랭크 샘플(혈장), 제로 샘플(내부 표준 물질만을 혈장에 첨가한 시료) 및 LLOQ (lower limit of quantification) 샘플(혈장에 정량 하한에 상당한 BPS-314*d*를 첨가한 시료)을 전처리, 측정했을 때의 크로마토그램을 〈그림 7.31〉에 나타내었다. 그 결과

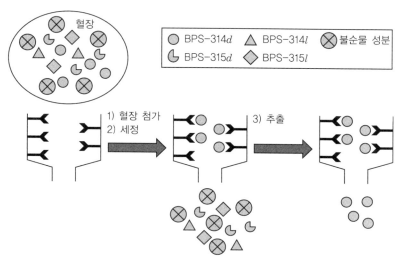

불순물 성분이나 기타 이성체의 제거   BPS-314*d*를 선택적으로 추출

〈그림 7.30〉 전처리 모식도

〈표 7.7〉 LC/MS/MS의 측정 조건

분석 컬럼	TSK-GEL Super ODS(안지름 2.0mm, 길이 50mm, 입자지름 2μm)
유속	0.6mL/min
이동상	A : 0.05 w/v% 암모늄 완충액(pH 3.8) B : 메탄올
타임 프로그램	0.00 → 0.50min : A/B (60/40) 0.50 → 1.50min : A/B (60/40→ 5/95) 1.50 → 1.51min : A/B (5/95→0/100) 1.51 → 2.20min : A/B (0/100) 2.20 → 2.21min : A/B (0/100→60/40) 2.21 → 2.50min : A/B (60/40)
주입량	20μL
이온화 모드	ESI (음(−)이온)
이온화 전압	−4.5kV
프로브 온도	700℃
모니터 이온 BPS-314d BP-d_6	m/z 397.3 → m/z 269.1 (−25eV) m/z 403.3 → m/z 269.1 (−25eV)

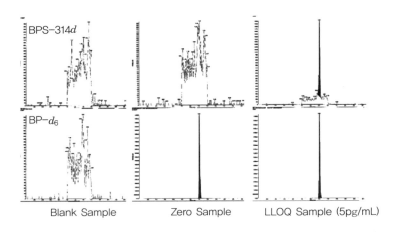

〈그림 7.31〉 사람의 혈장 중 BPS-314d 및 내부 표준 물질의 크로마토그램

블랭크 샘플에서는 BPS-314d 및 내부 표준 물질이 용출된다. 머무름 시간 1.4분 근처에 방해가 되는 성분은 용출되지 못했다. 또 BPS-314d 모니터 채널에는 내부 표준 물질에 유래하는 방해 성분은 용출되지 않았다. 여기서는 내부 표준 물질로서 베라프로스트나트륨에 6개의 중수소를 표식한 안정 동위체를 이용했기 때문에 BPS-314d의 모니터 채널에 대한 영향은 없었지만 안정 동위체의 표식율이 낮으면 목적 물질에 영향을 미치기 때문에 주의가 필요하다. LLOQ 샘플에서는 BPS-314d를 S/N 10 이상으로 검출하는 것이 가능했다. 이것은 면역친화성 컬럼을 이용함으로써 백그라운드 노이즈를 큰 폭으로 저감할 수 있기 때문에 S/N가 높아지는 것으로 BPS-314d를 고감도로 검출할 수 있었기 때문이다. 앞에서 말한 것처럼 선택성이 높은 MS/MS를 이용했다고 해도 선택성에 의지하는 것이 아니라 전처리에 의해 목적 성분을 정제하는 것이 고감도 분석의 열쇠가 된다.

(b) 사람의 혈장 중 BPS-314d의 분석법 밸리데이션

의약품의 제조 판매 승인 신청에 이용하는 시험에서는 생체 시료 중 약물 농도 분석법이 충분한 신뢰성을 가지는 것을 어떠한 시험을 통해 증명해야 한다. 「의약품 개발에 있어서의 생체 시료 중 약물 농도 분석법의 밸리데이션에 관한 가이드라인」[15]에는 밸리데이션이란 "여러 가지 평가를 통해 충분한 재현성 및 신뢰성을 가지는 것을 입증하는 것"으로 기술하고 있다.

구체적으로는 선택성, 정량 하한, 검량선, 정확도, 정밀도, 매트릭스 효과, 캐리오버, 희석의 타당성 및 안정성을 평가하는 것이다. 이 기술에는 사람의 혈장 1mL를 이용해

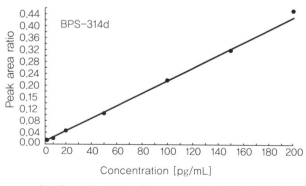

〈그림 7.32〉 사람의 혈장 중 BPS-314d의 검량선

BPS-314d를 5~200 pg/mL의 농도 범위에서 밸리데이트되어 있다. 검량선을 〈그림 7.32〉에 나타낸다. 분석법 밸리데이션의 평가 항목 및 판단 기준에 대해서는 가이드라인에 기재되어 있으므로 참조하기 바란다.

종래에는 전술의 8-epi-PGF$_{2a}$와 같은 유도체화를 필요로 하는 GC/MS법을 이용했지만 LC/MS/MS에서는 그럴 필요 없이 2~5배 정도의 감도 향상이 인정되었다. 분석 시간은 2분으로 약 1/10로 단축되었고, 신속한 다검사 대상물 분석을 할 수 있었다.

▶ 7.2.2 식품 중 리스크 물질의 미량 분석

식품 중 미량 오염물질은 잔류 농약, 잔류 동물용 의약품, 곰팡이독, 가공 중에 생기는 부생성물, 용기 포장으로부터의 용출물, 식품에 위법으로 첨가된 첨가물 등을 들 수 있다. 이들 오염물질에 관한 규제를 준수해 '먹거리의 안전'을 확실히 보증하려면 ppb 레벨에서의 분석이 요구된다. LC/MS/MS는 감도와 선택성 면에서 뛰어나 식품 중 미량의 오염물질 분석에 유용하다.

식품 중 미량 성분을 LC/MS/MS로 정량 분석하는 경우는 매트릭스 효과에 주의할 필요가 있다. 매트릭스 효과란 분석 목적 물질 이외의 불순물이 이온화를 방해함으로써 목적 물질의 감도가 저하 또는 상승하는 현상이다.

매트릭스 효과를 방지하기 위한 방법으로 다음과 같은 방법이 있다.

① 전처리로 매트릭스를 할 수 있는 한 제거한다.
② HPLC로 목적 물질과 매트릭스를 완전하게 분리한다.
③ 표준 첨가법이나 사로게이트(surrogate) 물질(대용물질)을 내부 표준으로 한 내부 표준 법 등을 이용한다.

이 항에서는 미량의 리스크 물질인 잔류 농약과 곰팡이독의 분석을 예로 소개한다.

[1] 잔류 농약의 분석

2006년의 포지티브 리스트 제도의 시행에 따라 식품 중 잔류 농약 및 잔류 동물용 의약품의 규제 항목이 큰 폭으로 증가되었다. 또한 잔류 기준값이 없는 농약은 일률 기준의 0.01ppm(mg/kg)이 적용되어 높은 감도와 선택성을 겸비한 분석법이 필요했다.

최근 잔류 농약 분석에 GC/MS 또는 LC/MS/MS를 이용한 다성분 일제분석법이 널리 이용되고 있다. 일례로 후생노동성에 나와 있는 일제시험법을 보면 농약 등을 시료로부터 아세토니트릴로 추출해 미니컬럼으로 정제한 후 GC/MS 또는 LC/MS (/MS)로 측정 및 확인하게 되어 있다.

기존 농약의 다성분 일제분석을 실시하려면 방대한 종류의 농약 표준품을 스스로 혼합할 필요가 있었지만 현재는 미리 일정 농도로 혼합된 농약 혼합 표준 용액이 복수의 시약 메이커로부터 판매되고 있어 분석자의 부담이 크게 경감되었다.

또 분석을 실시하기 전에 그 분석법의 타당성을 확인할 필요가 있다. 잔류 농약 분석법의 타당성에 관해서는 후생노동성에서 「식품 중에 잔류하는 농약 등에 관한 시험법의 타당성 평가 가이드라인에 대해」를 통지하여 '선택성', '진도(眞度)', '정밀도', '정량한계'를 확인하도록 요구하고 있다.

포지티브 리스트 제도의 일률 기준 0.01ppm에서의 타당성 평가를 예로 들면 각 항목의 목표값은 다음과 같다.

- 선택성 방해 피크의 면적(또는 높이)이 0.01ppm 농도의 표준액으로 얻을 수 있는 피크 면적(또는 높이)의 1/3 미만
- 정확도 : 첨가 시료 5개 이상의 시험 결과의 평균값이 첨가 농도의 70~120%
- 정밀도 : 첨가 시료의 반복 병행 정밀도(RSD %) 25>, 실내 정밀도(RSD %) 30> (병행 정밀도는 5회 이상, 실내 정밀도는 1일 1회 2병행 5일간)
- 정량한계 : 0.01ppm 농도의 첨가 시료의 피크가 S/N비≧10

〈그림 7.33〉에는 앞에서 설명한 잔류 농약 분석에 있어서의 일제시험법을 정리하였고, 〈그림 7.34〉에는 일제분석의 크로마토그램과 분석 조건의 예를 나타내었다.

[2] 곰팡이독(마이코톡신)의 분석

곰팡이독(마이코톡신)이란 곰팡이가 생성하는 2차 대사물 중 사람이나 동물에 유해한 것을 말한다. 아플라톡신 B_1, 오클라톡신 A, 디옥시니발레놀 등의 곰팡이독이 식품의 오염물질로 알려져 있다. 아플라톡신은 천연물로는 최강의 발암성을 가지는 물질이라고 알려져 있어 온 세계에서 엄격하게 규제하고 있다. 독성이 강하기 때문에 LC/MS/MS를 이용해 미량 분석을 실시하는 경우가 많아지고 있다. 식품 중 곰팡이독의 추출 정제에는 고상 추출을 이용하지만 최근에는 각 곰팡이독의 종류에 대해 설계된 항체 컬럼, 다기능 컬럼이 시판되고 있다.

```
┌─────────────────────┐        ┌─────────────────────┐      ┌──────────────┐
│  곡류·콩류·과실류      │        │  과실·채소·허브       │      │  차·호프       │
│  시료 10.0g          │        │  시료 20.0g          │      │  시료 5.00g   │
└─────────────────────┘        └─────────────────────┘      └──────────────┘
```

─ 물 20mL를 첨가해, 15분 간 방치
─ 이세토니트랄 50mL 첨가

─ 물 20mL를 첨가해 15분 간 방치
─ 아세토니트릴 50mL 첨가

┌──────────────┐   ┌──────────────┐
│ 호모지나이즈   │   │ 호모지나이즈   │
└──────────────┘   └──────────────┘

─ 흡인 여과해 찌꺼기에 아세토니트릴
  20mL를 첨가. 다시 한번 호모지나이즈
  후 여과

─ 여과액을 합하여 아세토니트릴로
  100mL로 부피 계량

─ 추출액 20mL를 취해, 염화나트륨 10g과
  0.5mol/L 인산염 완충액
  (pH 7.0) 20mL를 첨가

─ 10분 간 흔들고 수층은 폐기

─ 흡인 여과해 찌꺼기에 아세토니트릴 20mL
  를 첨가. 다시 한번 호모지나이즈 후 여과

─ 여과액을 합하여 아세토니트릴로
  100mL로 부피 계량

─ 추출액 20mL를 취해 염화나트륨 10g과
  0.5mol/L 인산염 완충액(p H7.0)
  20mL를 첨가.

─ 10분 간 흔들고 수층은 폐기

┌────────────────────────┐
│ C18 미니컬럼 (1,000mg) │
└────────────────────────┘

─ ① 컨디셔닝 : 아세토니트릴 10mL
─ ② 샘플 로드 : 아세토니트릴 추출액을 전량
    로드해 회수
─ ③ 용출 : 아세토니트릴 2mL로 용출, 회수.

─ 무수 황산나트륨으로 탈수하고 여과해 농축(40℃ 이하)
─ 아세토니트릴/톨루엔(3 : 1) 2mL로 용해

┌──┐
│ Graphite Carbon/NH₂ 미니 컬럼 (500mg/500mg)   │
└──┘

─ ① 컨디셔닝 : 아세토니트릴/톨루엔(3 : 1) 10mL
─ ② 샘플 로드 : 아세토니트릴/톨루엔(3 : 1)
    용해액 2mL를 로드해 회수.
─ ③ 용출 : 아세토니트릴/톨루엔(3 : 1) 20mL로 용출, 회수.

┌──────────┐
│ 농축   │
└──────────┘

─ 40℃ 이하에서 1mL 이하로 농축
─ 아세톤 10mL를 첨가해 농축
─ 다시 아세톤 5mL를 첨가해 농축
─ 메탄올 4mL로 용해

┌────────────────────┐
│ LC/MS (/MS) 측정   │
└────────────────────┘

〈그림 7.33〉 LC/MS(/MS)에 의한 농약 등의 일제분석법I(농산물)의 플로 차트

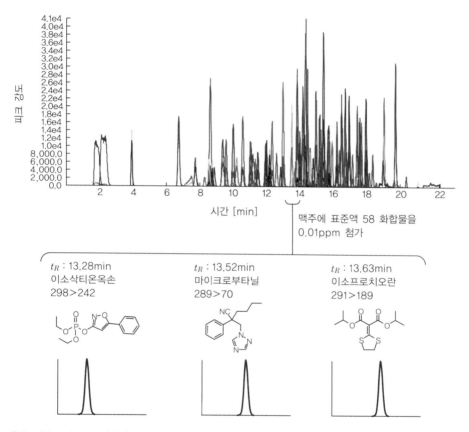

유속 : 0.3mL/min 칼럼 온도 : 40℃

컬럼 : C18 (안지름 2.0mm, 길이 100mm, 입자지름 : 3.0μm 주입량 : 5.0μL

이동상 : A) 0.5mM 초산암모늄물, B) 0.5mM 초산암모늄메탄올 그레디언트 : 85%A(Omin)→
　　　　60%A(1~3.5min) → 50%A(6 min) → 45%A(8min)
　　　　　→ 5%A(17.5~23min) → 85% A(23.1-30min)

이온화법 : ESI

측정 모드 : SRM

〈그림 7.34〉 농약 일제분석의 크로마토그램과 분석 조건의 예

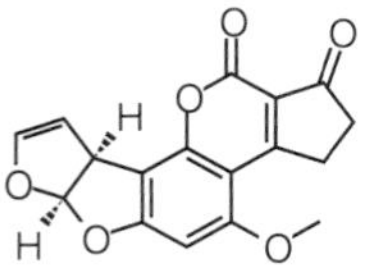

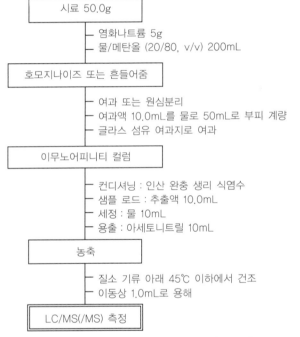

아플라톡신 B₁   아플라톡신 B₂   아플라톡신 G₁   아플라톡신 G₂

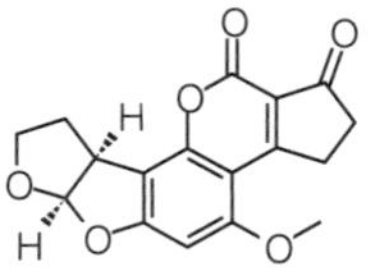

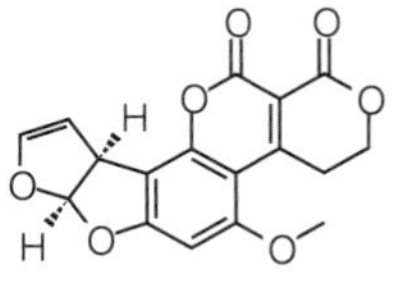

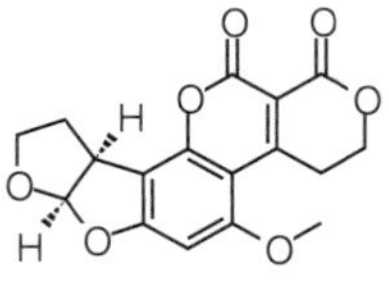

〈그림 7.35〉 아플라톡신 B₁, B₂, G₁, G₂의 구조식

```
┌─────────────────────────┐
│        시료 50.0g        │
└─────────────────────────┘
        │─ 염화나트륨 5g
        │─ 물/메탄올 (20/80, v/v) 200mL
┌─────────────────────────┐
│   호모지나이즈 또는 흔들어줌   │
└─────────────────────────┘
        │─ 여과 또는 원심분리
        │─ 여과액 10.0mL를 물로 50mL로 부피 계량
        │─ 글라스 섬유 여과지로 여과
┌─────────────────────────┐
│     이무노어피니티 컬럼     │
└─────────────────────────┘
        │─ 컨디셔닝 : 인산 완충 생리 식염수
        │─ 샘플 로드 : 추출액 10.0mL
        │─ 세정 : 물 10mL
        │─ 용출 : 아세토니트릴 10mL
┌─────────────────────────┐
│          농축           │
└─────────────────────────┘
        │─ 질소 기류 아래 45℃ 이하에서 건조
        │─ 이동상 1.0mL로 용해
┌─────────────────────────┐
│     LC/MS(/MS) 측정     │
└─────────────────────────┘
```

〈그림 7.36〉 식품 중 총 아플라톡신 일제분석의 전처리 조작 플로우

　　항체 컬럼을 이용한 아플라톡신 B₁, B₂, G₁, G₂ (그림 7.35)의 총 아플라톡신의 일제 분석의 분석 플로우 시트를 〈그림 7.36〉에 분석 예를 〈그림 7.37〉에 소개한다.

▶ 7.2.3 아밀로이드-β-펩티드

[1] 처음에

아밀로이드-β-펩티드는 알츠하이머병의 원인 물질로 주목받고 있는 40잔기 전후의

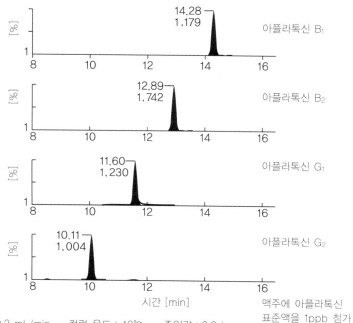

유속 : 0.2 mL/min 컬럼 온도 : 40℃ 주입량 : 6.0μL
컬럼 : C18 (내경 2.1mm, 길이 150 mm, 입자 지름 3μm)
이동상 : A) 10mM 초산암모늄수, B) 메탄올
그레디언트 : 70%A (0min)→ 36%A (17min)→10%A (20min)→70% A (25-35min)
이온화법 : ESI (+) 측정 모드 : SRM
측정 이온 : 아플라톡신 B₁ 313>241
(m/z) 아플라톡신 B₂ 315>259
   아플라톡신 G₁ 329>243
   아플라톡신 G₂ 331>245

〈그림 7.37〉 식품 중의 총 아플라톡신 일제 분석의 크로마토그램과 분석 조건의 예

아미노산으로 구성되는 펩티드어다.[16] 종래 생체 중 아밀로이드–β–펩티드의 정량은 주로 ELISA(enzyme-linked immuno sorbent assay) 등의 리간드 결합법(ligand binding assay; LBA)으로 행해지고 있었지만 LBA는 개발에 시간이 걸리고 고가이며 교차반응 등 고려해야 할 과제가 많다. 또 개개의 아밀로이드–β–펩티드에 대해 다른 수로분석을 수행하는 것이 필요로 한다.

근년 아밀로이드–β–펩티드에도 의약 탐색에 있어 필요로 하는 효율을 얻기 위해 LC/MS/MS를 사용해 높은 특이성을 가지면서 유연성도 높은 정량법이 요구되고 있지만 아밀로이드-β-펩티드는 흡착성 및 자기 응집능력이 강하고 MS 감도도 낮기 때문에 분석이 곤란한 것으로 알려져 있다.[17]

라메(Lame), 체임버스(Chambers)는 사람 및 원숭이의 뇌척수액(cerebrospinal fluid; CSF) 중 아밀로이드-β-펩티드를 양이온 교환-역상 혼합 모드 고상을 사용해 추출 및 정제하여 1.7μm의 전 다공성 에틸렌 가교형 하이브리드(hybrid) 파티클을 충전한 컬럼을 알칼리성 이동상으로 사용하는 것으로, pg/mL~ng/mL 오더로 UHPLC-MS/MS에서 정량하는 방법을 개발했다.[2] 이 방법은 아밀로이드-β-펩티드를 샘플 조제부터 분석 시의 이동상까지 알칼리성 조건으로 취급하는 것으로 성분 흡착이나 용해성 및 MS 감도 문제를 해결하여 길이가 다른 3종의 아밀로이드-β-펩티드를 7분 이내로 분리하는 것이 가능해졌다. 이 연구에서 검토되고 있는 아밀로이드 β1-38, 1-40 및 1-42 펩티드의 1차 구조, 등전점(pI)과 분자량(MW)을 〈그림 7.38〉에 나타었다.

Amyloid β1-38
DAEFRHDSGYEVHHQKLVFFAEDVGSNKGAIIGLMVGG
MW 4132 pI 5.2

Amyloid β1-40
DAEFRHDSGYEVHHQKLVFFAEDVGSNKGAIIGLMVGGVV
MW 4330pI5.2

Amyloid β1-42
DAEFRHDSGYEVHHQKLVFFAEDVGSNKGAIIGLMVGGVVIA
MW 4516 pI 5.2

〈그림 7.38〉 3종의 아밀로이드-β-펩티드의 1차 구조, 분자량 및 등전점

[2] MS 조건

아밀로이드-β-펩티드의 MS 감도는 이동상을 알칼리성으로 하는 것으로 감도를 최대화할 수 있지만 ESI+모드와 비교해 ESI-모드에 의한 검출감도는 불안정해 pH의 영향을 보다 강하게 받는다. 그 때문에 측정 개시 10~12시간 후에는 이동상 중 암모니아의 휘발에 의해 50% 혹은 그 이상의 감도 저하가 일어나는 것이 보고되고 있다. ESI+모드의 경우는 보다 강건해 24시간 이상의 분석에 있어서도 안정된 결과를 낳았다.

ESI+모드에서 4가의 프리커서 이온으로부터 몇 개의 b 이온과 호응하는 특이적인

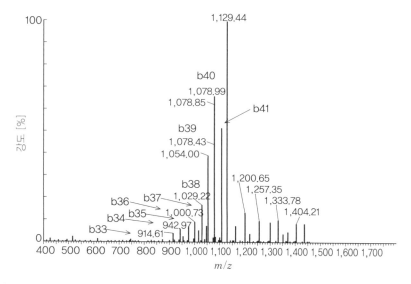

〈그림 7.39〉 아밀로이드 *β*1–42와 표기 프래그먼트 이온의 ESI+MS/MS 스펙트럼 예.
염기성 이동상 사용, MS 조건 및 LC 조건의 상세는 〈표 7.8〉, 〈표 7.9〉에 기재

프로덕트 이온이 관찰되고 있다(그림 7.39). 검토된 아밀로이드 *β*1–38, 1–40 및 1–42
펩티드에서는 5가의 프리커서 이온과 비교해 4가의 프리커서 이온과 프래그먼트
(fragment) 이온이 보다 특이적인 결과를 얻을 수 있다. 〈표 7.8〉에 대상으로 한 아밀
로이드-*β*-펩티드의 MS 조건을 나타내었다. 덧붙여 여기에 나타낸 조건은 사용 기종
에 따라 다를 수 있기 때문에 이것을 참고로 각자가 사용하는 기종으로 최적화할 필요
가 있다.

〈표 7.8〉 아밀로이드-β-펩티드 및 ^{15}N 표식 내 표준의 MS 조건

펩티드명	프리커서 이온(m/z) 4가	프로덕트 이온(m/z) 4가	프로덕트 이온 분류	콘 전압 [V]	콜리전 에너지 [eV]
Amyloid β 1-38	1,033.5	1,000.3	b 36	33	23
Amyloid β 1-38 ^{15}N IS	1,046	1,012.5		30	22
Amyloid β 1-40	1,083	1,053.6	b 39	33	25
Amyloid β 1-40 ^{15}N IS	1,096	1,066.5		35	22
Amyloid β 1-42	1,129	1,078.5	b 40	28	30
Amyloid β 1-42 ^{15}N IS	1,142.5	1,091.5		35	28

워터스 Xevo TQ-S 조건 (ESI+)
캐필러리 전압 : 2.5V
탈용매 온도 : 450℃
콘 가스 유량 : 미사용
탈용매 가스 유량 : 800L/h
콜리전 셀 압력 : 2.6×10^{-3} mbar

[3] LC 조건

〈표 7.9〉에 아밀로이드-β-펩티드 분석의 LC 조건을 나타내었다. 앞에서 설명했듯이 아밀로이드-β-펩티드의 흡착을 막고 용해도를 올려 MS 감도를 한층 더 향상시키기 위해서 암모니아로 알칼리성으로 한 이동상을 사용한다. 이 조건의 이동상 pH는 대체로 10 전후가 되기 때문에 그 pH 범위에서 사용 가능한 컬럼을 선택할 필요가 있다. 〈표 7.9〉의 조건에서는 pH 12까지 사용 가능한 1.7μm 에틸렌 가교형 하이브리드 파티클을 사용한 UHPLC용 컬럼을 사용하고 있다.

〈표 7.9〉 아밀로이드-β-펩티드 분석의 LC 조건

컬럼	ACQUITY UPLC BEH 300, C18(안지름 2.1mm, 길이 150mm, 입자지름 1.7μm (Waters))		
컬럼 온도	50℃		
샘플 온도	15℃		
주입량	10.0μL		
유속	0.2mL/min		
이동상 A	28% 진한 암모니아수/정제수(0.3/99.7, v/v)		
이동상 B	아세토니트릴/이동상 A(90/10)		
그레디언트	시간 [min]	A [%]	B [%]
	0	90	10
	1	90	10
	6.5	55	45
	6.7	55	45
	7.0	90	10

[4] 샘플 전처리

50μL의 사람 CSF 또는 첨가 인공 CSF에 흡착을 막을 목적으로 쥐 혈장을 5% (v/v) 첨가하고 실온에서 30분 정치 후 5M 염산 구아니딘으로 1:1 희석해 실온에서 45분 정도 흔들어준다. 계속해서 50μL의 4%(v/v) 인산 수용액으로 희석 교반하고 고상 추출로 정제한다. 또한 쥐의 혈장을 사용하고 있는 이유는 사람의 아밀로이드-β-펩티드와 다른 1차 구조이므로 분석의 방해가 되지 않기 때문에 쥐 이외에도 소 혈장도 사용할 수 있다.

고상 추출에 의한 정제 방법을 〈그림 7.40〉에 나타내었다. 모든 용액은 용량비로 조제한다. 역상과 이온 교환의 머무름 메커니즘을 겸한 고상에 따라 복잡한 CSF 샘플 중에 대량으로 존재하는 다른 폴리펩티드로부터 아밀로이드-β 분획을 선택적으로 분획할 수 있다. 또 증발기와 재용해를 생략함으로써 시간의 낭비와 펩티드가 용기 벽면에 흡착함으로써 발생하는 손실을 막을 수 있다.

사용 고상 : Oasis MCX *μ* 엘루션 플레이트 (Waters)

〈그림 7.40〉 이온 교환-역상 혼합 모드 고상에 의한 CSF 중 아밀로이드-*β*-펩티드 정제법

[5] 결과와 결론

〈그림 7.41〉에 인공 CSF 중에 첨가한 아밀로이드 *β* 1-38, 1-40 및 1-42 펩티드를 [4] 항의 방법으로 전처리한 샘플의 UHPLC/MS/MS 분석 예를 나타내었다. 이 측정 방법에 의해 50*μ*L의 CSF에 대해 0.025~10ng/mL의 범위에서 정량이 가능했다. 〈그림 7.42〉에는 실제의 사람 CSF와 원숭이 CSF 중의 아밀로이드-*β*-펩티드 1-42를 측정한 UHPLC /MS/MS 크로마토그램의 예를, 〈표 7.10〉에는 사람 CSF, 2로트 중의 아밀로이드-*β*-펩티드 3종을 정량한 결과를 나타내었다. 실제로 샘플 중 ng/mL 이하의 아밀로이드-*β*-펩티드의 정량이 가능하다는 것을 알 수 있다.

고상 추출에 의한 정제는 ELISA법에서 필요한 항체 제작이나 면역 침강 등이 필요하지 않고, 아밀로이드-*β*-펩티드의 고효율 전처리를 가능하게 한다. 아울러 염기성 이동상에 의한 UHPLC 분리 및 ESI+MRM 모니터링을 실시함으로써 50*μ*L와 소량의 샘플 용량으로부터 0.025~10ng/mL의 범위에서 높은 정밀도로 정량할 수 있다. 이상

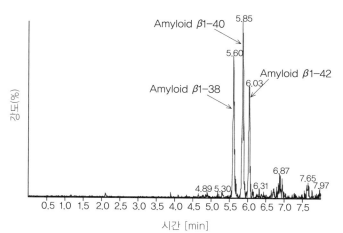

〈그림 7.41〉 인공 CSF 중에 첨가한 아밀로이드 β1-38, β1-40 및 β1-42 펩티드의 분석 예

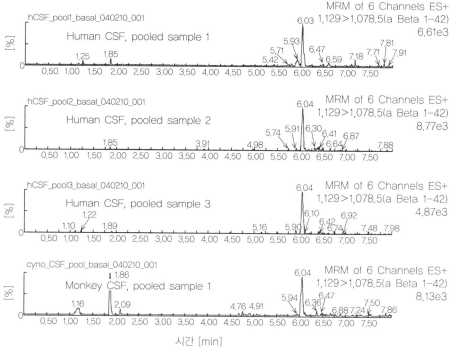

〈그림 7.42〉 사람 CSF와 원숭이 CSF 중의 아밀로이드-β-펩티드 1-42의 분석 예

〈표 7.10〉 사람 CSF 중 아밀로이드-β-펩티드의 정량 예

샘플	농도 (ng/mL)	상대 표준편차 (% RSD)	내부 표준 상대 표준편차 (% RSD)
아밀로이드 β 1–38, 사람 CSF 1	1.396	5.3	6.4
아밀로이드 β 1–38, 사람 CSF 2	0.702	1.7	
아밀로이드 β 1–40, 사람 CSF 1	5.429	3.3	4.7
아밀로이드 β 1–40, 사람 CSF 2	2.611	2.7	
아밀로이드 β 1–42, 사람 CSF 1	0.458	5.2	6.6
아밀로이드 β 1–42, 사람 CSF 2	0.226	1.9	

으로부터 이 기술은 아밀로이드-β-펩티드의 전 임상시험에도 사용 가능하다고 판단된다.

➡ 7.2.4 합성 칸나비노이드

[1] 처음에

합성 칸나비노이드는 테트라히드로칸나비놀(tetrahydrocannabinol; THC, Δ^9-THC) 등 대마에 포함되어 있는 천연의 칸나비노이드의 정신 활성작용을 모방한 것으로 '스파이스', '하프'나 '향기' 등 마치 안전한 것처럼 위장하여 판매되고 있으며, 그 수는 최근 큰 폭으로 증가하고 있다.[18), 19)] 〈그림 7.43〉에 합성 칸나비노이드의 하나인 JWH-018의 기본 골격을 나타내었다.

합성 칸나비노이드에는 강한 마취작용을 하는 것도 있어 사용 후 차동차 운전에 의한 사고나 부작용에 의한 사망 예도 보고되고 있다. 최근의 법률은 이들 화합물의 몇 개에 대하여 사용을 금지하고 있지만 기존 구조를 미소하게 변경하고 기존의 법률을

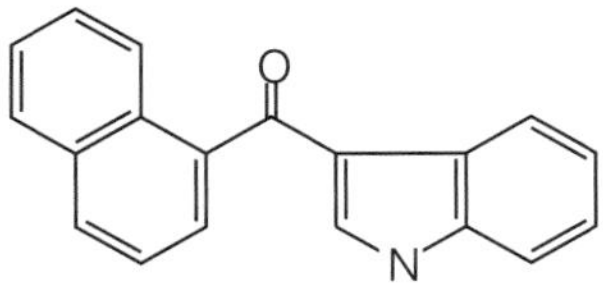

〈그림 7.43〉 합성 칸나비노이드 JWH-018의 기본 골격
(1H-인돌-3-일) (나프탈렌-1-일) 메타논

〈표 7.11〉 대상으로 한 합성력 칸나비노이드 및
대사물의 분자식, 머무름 시간, MS/MS 조건

No.	화합물	머무름 시간 [min]	분자식	콘 전압 [V]	MRM 트랜지션	콜리전 에너지 [eV]
1	AM 2233	1.04	$C_{22}H_{23}IN_2O$	40 40	459.2→98.05 459.2→112.1	34 22
2	RCS-4. M10	1.40	$C_{20}H_{21}NO_3$	40 40	324.2→121.0 324.2→93.0	22 46
3	RCS-4. M11	1.62	$C_{20}H_{19}NO_3$	36 36	322.2→121.0 322.2→93.0	22 46
4	AM 1248	1.87	$C_{26}H_{34}N_2O$	56 56	391.4→135.1 391.4→112.1	28 30
5	JWH-073 4-butanoic acid met.	2.54	$C_{23}H_{19}NO_3$	50 50	358.2→155.1 358.2→127.1	26 48
6	JWH-073 4-hydroxybutyl met.	2.57	$C_{23}H_{21}NO_2$	50 50	344.2→155.1 344.2→127.1	22 40
7	JWH-018 5-pentanoic acid met.	2.77	$C_{24}H_{21}NO_3$	46 46	372.2→155.1 372.2→127.1	24 50
8	JWH-073 (+/-) 3-hydroxybutyl met.	2.81	$C_{23}H_{21}NO_2$	44 44	344.2→155.1 344.2→127.1	26 46
9	JWH-018 5-hydroxypentyl met.	2.91	$C_{24}H_{23}NO_2$	40 44	358.2→155.1 358.2→127.1	24 48
10	JWH-018 (+/-) 4-hydroxypentyl met.	2.96	$C_{24}H_{23}NO_2$	40 44	358.2→155.1 358.2→127.1	24 48
11	JWH-015	5.04	$C_{23}H_{21}NO$	42 42	328.2→155.1 328.2→127.1	24 42
12	RCS-4	5.05	$C_{21}H_{23}NO_2$	44 44	322.2→135.1 322.2→92.0	26 64
13	JWH-073	5.41	$C_{23}H_{21}NO$	48 48	328.2→155.1 328.2→127.1	26 48
14	JWH-022	5.41	$C_{24}H_{21}NO$	50 50	340.2→155.1 340.2→127.1	26 54
15	XLR-11	5.52	$C_{21}H_{28}FNO$	48 48	330.3→125.1 330.3→97.1	26 32

〈표 7.11〉 계속

16	JWH-203	5.66	$C_{21}H_{22}ClNO$	46 46	340.2→125.0 340.2→188.1	26 20
17	JWH-018	5.88	$C_{24}H_{23}NO$	44 44	342.2→155.1 342.2→127.1	26 42
18	RSC-8	6.30	$C_{25}NO_{29}NO_2$	42 42	376.3→121.1 376.3→91.0	26 50
19	UR-144	6.43	$C_{21}H_{29}NO$	46 46	312.3→125.1 312.3→214.2	24 25
20	JWH-210	6.61	$C_{26}H_{27}NO$	48 48	370.2→183.1 370.2→155.1	26 38
21	AB 001	6.97	$C_{24}H_{31}NO$	52 52	350.3→135.1 350.3→93.0	30 46
22	AKB 48	7.13	$C_{23}H_{31}N_3O$	38 38	366.3→135.1 366.3→93.1	22 50

회피하기 위해 설계된 물질들이 만연하고 있다. 여기서는 전혈 중으로부터 화학적 특성이 다른 다양한 합성 칸나비노이드와 그 대사물을 추출, 분석하기 위한 방법에 대해 살펴본다.

[2] 시약, 샘플 조제

AM 2233, JWH-015, RCS-4, JWH-203, RCS-8, JWH-210, JWH-073, JWH-018은 Cerilliant (RoundRock, TX)로부터 구입, 기타의 모든 화합물 및 대사물은 Cayman Chemical (Ann Arbor, MI)로부터 구입했다

각 스톡 솔루션(1mg/mL)은 메탄올, DMSO 또는 DMSO/메탄올(50/50)로 조제, 모든 화합물을 혼합한 스톡 솔루션(10μg/mL)은 메탄올로 조제했다. 워킹 솔루션은 매일 매트릭스(전혈)에 스탠더드를 첨가해 조제하고 목표로 하는 농도를 얻기 위해 일련의 희석을 실시했다. 검량선용 시약은 모든 분석종에 대해 2~500ng/mL의 농도 범위에서, 품질 관리 샘플은 전 혈중에 7.5ng/mL, 75ng/mL, 300ng/mL의 농도로 조제했다. 분석을 실시한 22종류의 화합물을 〈표 7.11〉에 나타냈다.

[3] MS 조건 및 LC 조건

분석은 1.6μm의 표면 다공성 파티클을 사용한 C18 컬럼에 의해 〈표 7.12〉의 조건으로 실시했다. MS는 사중극형 질량 스펙트로메트리에 의해 ESI+MRM 모니터링을 실시했다. 대상으로 한 합성 칸나비노이드의 MRM 트랜지션, 콜리전(collision) 에너지 및 콘 전압은 〈표 7.11〉에, 기타의 MS 조건은 〈표 7.12〉에 나타내었다.

〈표 7.12〉 합성 칸나비노이드의 LC 조건과 MS 조건

LC시스템	ACQUITY UPLC (Waters)		
컬럼	CORTECS C18(안지름 2.1mm, 길이 100mm, 입자지름 1.6μm (Waters))		
컬럼 온도	30℃		
주입량	10.0μL		
유속	0.6mL/min		
이동상 A	0.1% 포름산 수용액		
이동상 B	0.1% 포름산 아세토니트릴 용액		
그레디언트	시간[min]	A [%]	B [%]
	0	70	30
	2	50	50
	3	50	50
	7	10	90
	7.2	70	30
	8.0	70	30
MS 시스템	ACQUITY TQD (Waters)		
이온화 모드	ESI+		
혼잡 모드	MRM (트랜지션은 〈표 7.11〉에 기재)		
캐필러리 전압	1kV		
콜리전 에너지	〈표 7.11〉에 기재		
콘 전압	〈표 7.11〉에 기재		

[4] 샘플 전처리

용혈 처리는 인지질 제거 플레이트(Ostro, Waters 사) 상에서 0.1 mol/L 황산 아연/초산암모늄 수용액 150μL를 넣은 웰에 50μL의 전혈을 첨가해 5초간 교반하여 실시했

다. 계속해서 아세토니트릴 600μL를 각 웰에 첨가해 모든 샘플을 3분간 교반하여 충분히 단백질을 침전시킨 후 흡인 또는 가압해 통과액을 포집하고, 그 10μL를 LC/MS/MS에 주입해 측정했다.

분석종의 회수율은 다음 식에 따라 계산했다.

$$\% \text{ 회수율} = (A/B) \times 100 \ [\%]$$

매트릭스 효과는 다음 식에 따라 계산했다.

$$\text{매트릭스 효과} = \{(B/C) - 1\} \times 100 \ [\%]$$

여기서. A : 상기 방법으로 전처리한 첨가 샘플 중의 분석종 피크 면적
B : 상기 방법으로 전처리한 블랭크 매트릭스에 후 첨가한 분석종의 피크 면적
C : 매트릭스를 포함하지 않는 표준 용액 중의 분석종 피크 면적

[5] 결과와 고찰

(a) 크로마토그래피

20ng/mL 캘리브레이션 스탠더드에 의한 대표적인 크로마토그램을 〈그림 7.44〉에

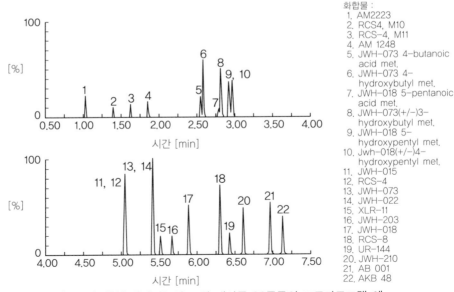

화합물 :
1. AM2223
2. RCS4, M10
3. RCS-4, M11
4. AM 1248
5. JWH-073 4-butanoic acid met.
6. JWH-073 4-hydroxybutyl met.
7. JWH-018 5-pentanoic acid met.
8. JWH-073(+/-)3-hydroxybutyl met.
9. JWH-018 5-hydroxypentyl met.
10. Jwh-018(+/-)4-hydroxypentyl met.
11. JWH-015
12. RCS-4
13. JWH-073
14. JWH-022
15. XLR-11
16. JWH-203
17. JWH-018
18. RCS-8
19. UR-144
20. JWH-210
21. AB 001
22. AKB 48

〈그림 7.44〉 합성 칸나비노이드 및 대사물 22종류의 크로마토그램 예

나타내었다. 1.6μm의 표면 다공성 파티클을 사용한 C18 컬럼에 의해 모든 분석종을 7.5분 이내에 피크 폭 3초 이내로 분리 용출시키고 있다. 완전히 같은 프리커서와 프로덕트 이온을 가져 MRM으로 구별할 수 없는 이소바릭(동중체)인 대사물의 페어인 피크 9와 10도 거의 바탕선을 분리해(계산한 분리도 1.04) 명확한 분류가 가능했다.

(b) 회수율과 매트릭스 효과

[4] 항에 기재한 식에 따라 계산한 회수율 및 매트릭스 효과의 결과를 〈그림 7.45〉에 나타냈다. 검토한 분석종에 평균 92%로 뛰어난 회수율을 나타내고 매트릭스 효과도 3종류의 분석종에 16%, 그 외에서는 15% 미만으로 충분히 억제되고 있었다. 여기서 대상으로 한 다양한 화학적 특성을 가진 합성 칸나비노이드에 대해 높은 회수율을 얻을 수 있어 매트릭스 효과도 최소한으로 억제한다는 것은 이 기술이 다른 관련 화합물에도 같은 결과를 초래한다는 것을 시사하고 있다.

(c) 밸리데이션

모든 분석종에 대해 2~500ng/mL의 농도 범위에서 검량선을 작성해 직선성을 평가했다. 품질 관리(QC) 샘플(N=4)은 7.5, 75.0, 300.0ng/mL로 작성해 정확도, 정밀도를 평가했다. 〈표 7.13〉에 모든 분석종의 검량선의 R^2 값 및 QC 서머리 데이터를 나타내었다. 모든 분석종은 2~500ng/mL의 범위에서 양호한 직선성을 나타내었고 R^2의

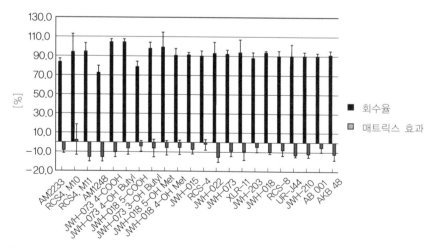

〈그림 7.45〉 전혈로부터 합성 칸나비노이드 추출의 회수율 및 매트릭스 효과
봉 그래프는 평균, 에러 바는 표준편차(n=4)

값은 22종류의 분석종 가운데 21종류에서 >0.99였다. S/N도 뛰어나 2ng/mL까지 선형 응답을 나타냈다. QC 결과는 저, 중, 고농도로 정확도와 정밀도가 높았으며 저농

⟨표 7.13⟩ 대상으로 한 합성 칸나비노이드와 대사물의 검량선 직선성(R^2)과
QC 샘플 평가 결과

	R^2	QC 농도[ng/mL]						진도의 평균값
		7.5		75		300		
		진도	%RSD	진도	%RSD	진도	%RSD	
AM 2233	0.997	100.5	2.0	103.6	3.3	100.5	2.0	101.5
RCS4, M10	0.986	97.5	3.9	106.1	5.7	101.7	8.4	101.7
RCS4, M11	0.991	91.3	16.3	108.8	5.1	96.8	12.0	98.9
AM 1248	0.993	83.1	10.0	106.1	5.7	105.4	6.4	98.2
JWH−073, 4−COOH	0.991	96.1	9.8	99.3	7.4	106.2	9.1	100.5
JWH−073, 4−OH Butyl	0.996	88.7	21.3	98.1	3.5	102.2	3.9	96.3
JWH−018, 5−COOH	0.992	90.7	15.2	97.8	3.8	103.7	10.6	97.4
JWH−073, 3−OH Butyl	0.993	79.0	8.6	92.9	8.3	96.6	2.9	89.5
JWH−018, 5−OH Met	0.995	82.8	10.3	100.0	10.4	100.1	3.4	94.3
JWH−018, 4−OH Met	0.992	82.3	17.9	103.1	6.3	96.0	1.9	93.8
JWH−015	0.993	87.1	4.3	101.8	3.9	101.3	2.1	96.8
RCS−4	0.993	92.5	8.1	99.6	5.0	97.3	3.6	96.4
JWH−022	0.993	85.3	4.9	100.3	4.8	97.8	4.2	94.5
JWH−073	0.994	89.6	6.5	99.4	6.6	97.6	4.9	95.5
XLR−11	0.993	101.4	10.4	99.6	2.8	99.7	5.0	100.2
JWH−203	0.990	82.1	12.2	96.1	12.2	94.6	9.3	91.0
JWH−018	0.994	88.4	2.9	97.2	3.9	98.8	3.6	94.8
RCS−8	0.992	94.3	2.6	101.9	4.6	99.4	4.7	98.5
UR−I44	0.994	85.1	5.4	97.0	6.7	99.2	3.7	93.8
JWH−210	0.994	92.7	6.4	96.3	4.5	95.6	5.3	94.8
AB 001	0.992	84.4	8.1	101.0	4.7	100.2	10.6	95.2
AKB 48	0.992	92.8	9.9	98.5	4.8	97.7	8.4	96.4
	진도의 평균값	89.4		100.2		99.5		

도 QC 샘플(7.5ng/mL)에 대한 진도는 79.0~104.4%의 범위에서 평균값이 89.4%였다. 중 및 고농도 QC 샘플의 결과는 모든 분석종에서 뛰어나 정확도는 기대값 10% 이내였다. 분석 정밀도도 상대 표준편차(% RSD)는 거의 10% 이하로, 13%를 넘는 것은 없었다. 저, 중, 고의 모든 농도에서의 평균 회수율은 89.5~101.7%의 범위였다.

[6] 결론

합성 칸나비노이드 및 그 대사물 22종류를 전혈로부터 추출해 UPLC/MS/MS로 분석했다. 모든 분석종은 2~500 ng/mL의 범위에서 탁월한 직선성을 나타내 분리가 어려운 아이소바릭(동중체) 피크 페어의 바탕선 분리도 포함해 모든 분석종을 단시간에 분리할 수 있다. 이 기술은 향후 나타나는 다양한 신규 합성 칸나비노이드에도 대응 가능하다고 생각되고 전혈 중의 위법 약물 측정의 강력한 기구가 될 수 있을 것으로 기대된다.

➡ 7.2.5 MS/MS의 화학물질 연속 모니터링 장치에의 응용

[1] 서론

LC/MS(/MS)의 하이퍼네이션 기술-LC의 탁월한 혼합물 분리능과 MS의 고감도, 고선택적 정량(定量)의 동시 실현 효과는 LC×MS×MS라고 하는 곱셈으로 표현하는 편이 오히려 적절할지도 모른다. 이 책에서는 LC를 이용하지 않는다는 점에서 차이가 있지만 MS/MS를 이용한 화학물질 연속 모니터링 장치와 그 응용 예에 대해 개요를 소개한다. 필자는 LC/MS 여명기의 1980년대 후반에 MS 연구를 전공하였고 그 후 LC/MS, GC/MS의 개발에 종사했다. LC/MS 개발사의 일단을 필자의 경험에 근거한 의견을 개관한 후에 주제로 옮겨가고 싶다.

MS에는 다른 분석 장치와 크게 다른 코어 기술이 얼마든지 존재한다. 첫째로 질량 분리부에 대해서는 이중 수속(收束)형이나 사중극형 등에서 근래에는 고도의 이온궤도 제어기술을 구사하는 3차원 사중극형(이온 트랩형이라고도 부른다)까지 다방면에 걸치는 장족의 진보를 이루고 있다. 두 번째로 이온화법에 대해서는 LC/MS 최대의 곤란한 기술이라고 할 수 있을 정도로 많은 이온원(LC와 MS의 인터페이스)이 나타났다가 사라진 영고성쇠의 역사가 있다. 이온원에 도입되는 액체 시료는 대기압하에서 천 배 이상으로 체적 팽창하는 것, LC에 제공되는 시료는 열적 불안정성이나 비휘발성 화합물이 많은 것 등에서 분자를 부수지 않고 이온 검출할 수 있는 소프트웨어로 고효율의 이온화와 중성 기체 분자로부터의 이온 추출이 큰 과제가 되고 있었다. LC/MS 인터페이스의 실용화 과정이 험난함은 1980년대 초두에 개최된 워크샵에서 "물 속의 금붕어(LC)를 상징하는 하늘을 나는 작은 새(MS)"라는 희화에 잘 상징되어 있다. 그러나 방전 현상이나 고전계(高電界)를 이용한 이온화법 등이 돌파구가 되어 LC/MS 전성시대가 단번에 개화한 것이다.

사용자가 분석 장치에 요구하는 성능으로는 신속, 고감도, 간편, throughput(단위시간 또는 코스트당 정보량을 포함해), 보수·견고성 등 많이 있지만 MS는 이러한 여러 가지 요구에 대답을 내고 있는 것처럼 보인다. 일렉트로닉스의 발전을 배경으로 진공기술, 소프트웨어(제어 및 데이터 처리). 이온 신호 증폭 디바이스 등 MS에는 일일이 언급할 틈 없이 고도로 정밀하고 치밀한 기술이 집합하고 있다.

그러면 주제의 화학물질 연속 모니터링 장치로 이야기를 옮기겠다. 이 장치는 LC 컬럼을 이용하지 않고 다이렉트로 시료를 MS 이온원에 도입해 분석하는 온라인 리얼 타임 모니터이다. 다단계 MS(MS^n)에 의해 분석에 방해가 되는 불순물 성분 안에 파묻혀 존재하는 ppb~ppt 레벨의 미량의 타깃 성분을 추출하여 검출한다. 즉, 대상 이온(페어런트 이온)을 기체 중성 분자와의 충돌로 해리시켜 생긴 분해 이온(프로덕트 이온)을 검출하는 방법을 이용한다. 이 방법으로부터 얻은 높은 선택적 검출 능력이 LC의 분리 컬럼에 의한 혼합물의 분리능의 역할을 하고 있다고 생각해도 좋을 것이다. LC에 불가결한 분리 조건의 고려가 불필요하고 배치식이 아니고 연속식인 것이 LC/MS와의 큰 차이점이라고 생각된다.

이 방식의 최적인 응용 분야의 하나가 환경 모니터링이다. 일본에서는 「환경 호르몬」을 시작으로 하는 유해 화학물질의 건강 영향의 염려와 대책의 필요성이 커짐에 따라 1990년대 후반부터 환경 관련 법률, 기준, 측정법 매뉴얼의 제정, 정비가 급속히 진행되었다. 쓰레기 소각 시설의 배기가스 중 다이옥신 농도 규제도 강화되었다. 다이옥신 발생 저감을 목표로 한 최적의 연소 운전 관리 지표를 확립하기 위해서는 다이옥신류 선구체(다이옥신류 생성의 중간 물질)인 클로로페놀 등의 유기 염소 화합물의 모니터가 유효한 방법이다.[20), 21)] 이 목적을 위해 개발된 히타치(日立) 다이옥신 전구체 모니터(CP-2000)에 대해 다음 항에서 원리, 장치 구성 등을 살펴본다.

[2] 히타치 다이옥신 전구체 모니터의 원리 및 장치 구성

히타치(日立) 다이옥신 전구체 모니터(CP-2000)의 장치 구성을 〈그림 7.46〉에 나타내었다. 현장 설치형으로 소각 설비의 화기 통로로부터 직접 연소 배기가스를 주입해 다이옥신 전구체를 측정한다. 흡인 펌프에 의해 화기 통로로부터 샘플링된 배기가스는 소각재 제거 장치 등을 거쳐 가열 배관을 통해 장치 내에 유입된다. 배기가스 중의 시료는 APCI 이온원에서의 코로나 방전에 의해 이온화되어 3차원 사중극형 MS로 질량 전하비(m/z)마다 검출된다.

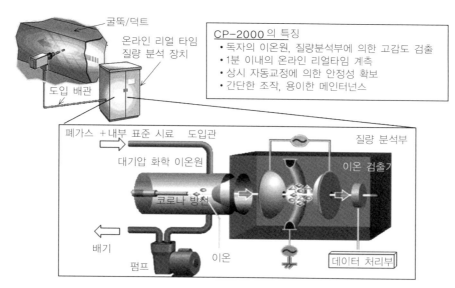

〈그림 7.46〉 히타치(日立) 다이옥신 전구체 모니터(CP-2000)의 장치 구성

(자료 제공 : (주) 히타치 하이테크 솔루션즈 제품 카탈로그)

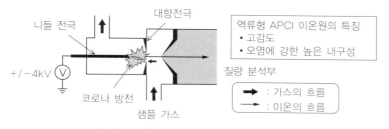

〈그림 7.47〉 대기압 화학 이온화법(APCI)의 이온원

이 장치의 APCI 이온원을 〈그림 7.47〉에 나타내었다. 시료 가스의 도입 방향과 이온의 인출 방향이 대향하는 역류형 이온원으로 오염에 강하고 고감도이다. 또, 양(+), 음(−) 양이온 모드의 측정이 가능하다. APCI에서의 이온 생성 메커니즘을 식 (7.1)~식 (7.4)에 나타내었다.

(a) 음(−)이온 측정 (트리클로로페놀(TCP) 등)

니들 전극에 음(−)의 고전압을 인가하면 니들 전극과 대향 전극 사이에 코로나 방전이 발생해 O_2^-가 생성된다(식 (7.1)). O_2^-는 TCP와 충돌해 2차 이온화가 진행된다(식 (7.2)).

1차 반응(코로나 방전에 의한 비선택적 반응)

$$O_2 + e^- \rightarrow O_2^- \qquad (7.1)$$

2차 반응(이온−분자 반응에 의한 선택적 반응)

$$TCP + O_2^- \rightarrow (TCP - H)^- + HO_2 \qquad (7.2)$$

(b) 양(+)이온 측정 (디클로로벤젠(DCB) 등)

니들 전극에 양(+)의 고전압을 인가하면 니들 전극과 대향 전극 사이에 코로나 방전이 발생한다. 1차 이온화로 공기중에 포함되는 수분으로부터 물 이온, 물 클러스터 이온이 생성된다(식 (7.3)). 물 클러스터 이온은 DCB와 충돌해 2차 이온화가 진행된다(식 (7.4)).

1차 반응(코로나 방전에 의한 비선택적 반응)

$$\text{코로나 방전} \rightarrow H^+(H_2O)_n \qquad (7.3)$$

3차 반응(이온−분자 반응에 의한 선택적 반응)

$$H^+(H_2O)_n + DCB \rightarrow DCB^+ \qquad (7.4)$$

다단 질량분석법 MS/MS의 원리도를 〈그림 7.48〉에 나타내었다. 최초로 불순물 성분을 포함한 넓은 범위의 m/z의 이온이 링 전극과 엔드캡 전극으로 둘러싸인 공간에 트랩된다. 다음에 대상 이온을 포함한 좁은 범위의 m/z의 이온을 좁혀 트랩한다. 마지막으로 He 가스와 이러한 이온종을 충돌 해리시켜 대상 이온 유래의 분해 이온만 검출해 정량(定量)한다. 이 장치는 TCP의 측정으로 정량 하한 $0.5 \mu g/m^3N$의 고감도를 실현했다.

[3] 정리

MS/MS를 이용한 화학물질의 연속 모니터링 장치에 대해 LC/MS와 비교하면서 원

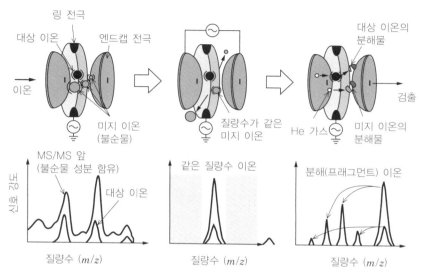

〈그림 7.48〉 다단 질량분석법 MS/MS(3차원 사중극형 이온원)의 원리도
(자료제공 : (주) 히타치 하이테크 솔루션즈 제품 카탈로그)

리, 장치 구성에 대해 개략을 살펴봤다. 그 가능성은 넓고, 소각로 배기가스 중의 다이옥신류 전구체뿐만 아니라 PCB 및 프로세스 가스 온라인 모니터에도 응용되어 제품화되고 있다. 이 항이 독자의 질량분석법을 이용한 화학물질 연속 모니터링 장치에 대한 흥미와 이해에 도움이 되길 바란다.

➤ 7.2.6 생약의 LC/MS, LC/MS/MS 분석

[1] 생약이란?

생약이란 일반적으로는 식물, 동물 및 광물 등 천연물에서 얻는 것으로, 약으로 이용할 수 있는 것이다. 그렇지만 천연물이라는 특성 때문에 그 품질은 기원이나 산지, 재배 환경, 야생품과 재배품, 등급, 수확 후의 가공 조제 조건 등에 따라 크게 변화한다고 생각된다. 성분 차이의 정보는 품질을 평가하는 데 필요할 뿐만 아니라 대단히 중요하다. 또 한방 처방으로 쓰이는 생약은 식물을 기원으로 한 생약이 90% 정도를 차지한다. 식물의 성분은 저극성 화합물부터 고극성 화합물까지 광범위한 성분이 함유되어 있기 때문에 그것들을 망라하여 분석하는 데 매우 곤란하다. 생약 성분의 분석에

273

LC/MS를 사용하는 것은 오래 전부터 행해지고 있는 것이지만 그 생약성분의 성질을 이해한 후 조건을 반드시 검토해야 한다. 이 항에서는 이와 같은 다성분계를 갖는 생약의 LC/MS(/MS) 분석이나 그 응용에 대하여 실시 예를 중심으로 살펴본다.

[2] 생약성분의 LC/MS(/MS)에 관하여

(a) 생약성분에 의해

생약은 예를 들어 식물에서 유래한 경우라면 꽃, 뿌리, 나무껍질, 과실, 종자 등 여러 가지 부위를 이용하지만 그 부위에 따라 주요 성분이 달라진다. 예를 들어 주로 잎부분을 이용하는 생약의 경우, 휘발성 정유(精油) 성분이 많이 포함된 것이 있다. 식물의 성분은 잎에 많이 포함된 클로로필이나 플라보노이드, 테르페노이드 외에 꽃에는 안토시아닌, 나무 껍질에는 페놀성 화합물, 뿌리에는 배당체인 사포닌 등이 많이 포함되어 있고, 광범위한 극성을 갖는 성분이 함유되어 있다. 예를 들어 꿀풀과나 마나리과 같은 식물은 정유(精油)가 많다. 허브를 예로 들어 말하면 꿀풀, 타임, 라벤더, 회향풀이라고 하는 것이 있고 또 근류 생약으로는 신선초, 천궁, 생강, 강황 등도 향수의 원료 성분을 많이 포함하고 있다.이러한 정유 성분에 관해 필자들은 APCI법(대기압 화학 이온화법)을 이용하고 이온화시키는 방법을 취하고 있다. 또 뿌리류 생약에는 다당류나 사포닌 등의 배당체 등의 고극성 성분이 많이 포함된 경우도 있다. 그러한 생약의 경우 ESI법(일렉트로 스프레이 이온화법)을 이용한다.

(b) 생약성분의 LC/MS

LC/MS의 측정이 구조해석에 유효한 천연물의 예로 사포닌 등의 배당체류가 있다. 사포닌은 스테로이드 또는 토리텔펜의 골격에 올리고당이 결합한 것이지만 그 결합 양식의 결정에 유효하다. 예를 들어 글루코오스가 당사슬 말단에 결합해 있는 경우 그 화합물의 LC/MS에 대해 M-162가, 또 크실로오스의 경우 M-132라고 하는 프래그먼트가 관측된다. 글루코오스와 갈락토오스와 같은 디아스테레오머의 경우는 LC/MS로부터는 판별할 수 없지만 통상은 가수분해해서 얻은 단당을 표준품과 비교해 종류를 결정한다. 일례로 페루산 생약으로부터 얻은 스테로이드 사포닌의 LC/MS 데이터와 그 프래그먼트에 의한 해석 결과를 〈그림 7.49〉에 나타내었다.[22] 이 경우 당의 결합위치(예를 들어 당사슬 말단의 글루코오스의 1위가 안쪽의 글루코오스의 2위에 결합하고 있는 등)까지는 LC/MS에서는 결정할 수 없기 때문에 화학반응, NMR이라고 하는 방

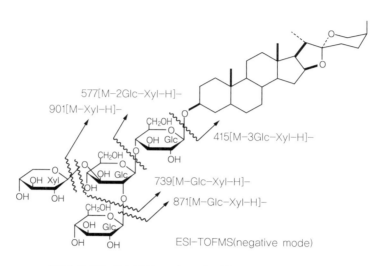

〈그림 7.49〉 사포닌의 LC/MS에 의한 당사슬 구조의 추정

법에 의해 최종적으로 구조의 결정에 이른다.

그 이외의 천연 유기 화합물의 구조 결정에도 LC/MS(/MS)가 유효한 예는 많이 있지만 지면의 사정으로 생략하므로 여러 가지 참고서적을 참고하기 바란다. 또 최근 Orbitrap-MS 등의 보급에 의해 초고분해능 질량 분석이 가능하게 되었기 때문에 천연 유기 화합물의 구조 추정이 더욱 용이하게 되었다. 식물성분에는 알칼로이드라고 하는 함질소 복소환(含窒素複素環)을 가지는 화합물이 있으므로 고분해능 질량 분석에 있어 질소의 존재가 의심되면 알칼로이드의 가능성을 시사하는 것이라 할 수 있다.

(c) LC/MS를 이용한 생약의 메타볼롬 해석

앞에서 설명한 것과 같이 생약은 천연 생산품이기 때문에 전혀 같은 품질의 것은 존재하지 않지만 품질 평가상으로는 기원식물, 산지. 조제법 등에 의한 성분의 차이 또는 그 성분 차이와 생물 활성의 비교를 상세하게 검증할 필요가 있다.

최근 필자 등은 일본 내 시장에 유통되고 있는 생약을 모델 시료로 그러한 화학 성분이나 생물활성을 생약의 로트마다 해석을 하고 있다.[23~25] 많은 변수로부터 어떤 가설에 근거해 관련성을 발견하거나 혹은 규칙성을 가져오는 요인을 추정하는 통계적 방법으로 다변량 해석이 있지만 필자 등은 LC/MS 데이터를 변수로서 이용한 다변량 해석을 통하여 산지나 가공 조제법의 차이를 발견하는 마커 화합물 혹은 생물 활성 화합물을

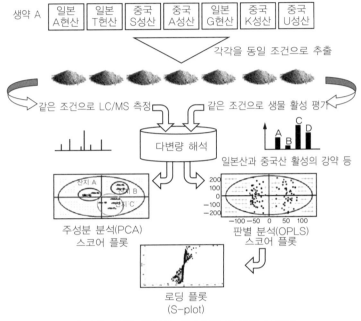

〈그림 7.50〉 생약에 메타볼롬 해석의 흐름도

추정하고 있으므로 소개한다(그림 7.50).

(1) 산지에 따른 마커 화합물의 검출

생약 오우렌(黃連)은 많은 한방약으로 처방되는 중요 생약의 하나로, 그 기원 식물은 4종류가 일본약전에 규정되어 있다. 오우렌의 주된 산지는 일본과 중국으로 각각의 기원이 다른 것으로 알려져 있다. 10종류의 오우렌(일본산 2종, 중국산 8종)의 열수 추출물의 LC/MS/MS를 측정했다. 다음에 개개의 데이터의 미묘한 머무름 시간의 차이를 교정하는 얼라인먼트(alignment, 정렬) 처리를 실시하지만 이 과정이 가장 중요하고 통상은 LC/MS/MS까지의 데이터를 고려해 가까운 머무름 시간에 같은 분자량을 나타내는 피크를 구별해 얼라인먼트를 실시한다. 이것을 소홀히 하면 완전히 다른 결과가 나오므로 주의가 필요하다. '머무름 시간-m/z'와 '강도'의 조합에 의해 데이터를 내어 산지(일본산과 중국산)에 따른 비교가 가능한 판별 분석(OPLS-DA)을 실시한다(그림 7.51). 우리는 다변량 해석에 Umetrics사 SIMCA-P+를 이용하고 있다. S-plot

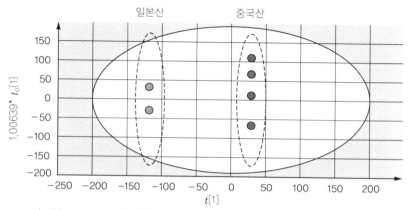

〈그림 7.51〉 오우렌(黃連)의 산지 간 판별 분석(OPLS-DA) 스코어 플롯

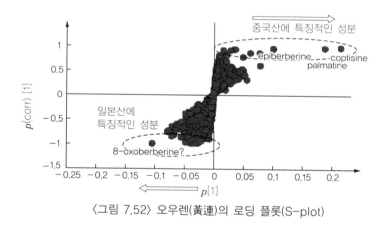

〈그림 7.52〉 오우렌(黃連)의 로딩 플롯(S-plot)

(SIMCA-P+의 표시법)(그림 7.52)으로부터 용이하게 산지에 의한 마커 화합물을 추정할 수 있다. 이 방법에 의해 양 산지의 특징적(어떤 산지에 함량이 많다, 혹은 한편에는 전혀 없다)인 마커 화합물을 시각적으로 용이하게 판단할 수 있었다.

(2) 생리 활성 화합물의 추정[24]

우리가 입수한 생약 워곤(wogon) 15종류의 일본 내 유통품에 대해 그 일산화질소 생산 억제 작용(항염증 작용의 평가법 중 하나)은 시료마다 큰 차이가 있었다. 어느 시료도 같은 조건으로 열수 추출 엑기스를 만든 후 LC/MS/MS를 측정해, 얼라이먼트 처

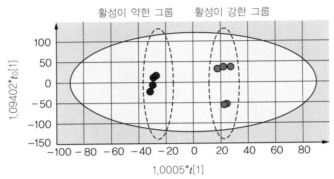

〈그림 7.53〉 워곤(wogon) 생물 활성의 스코어 플롯(OPLS-DA)

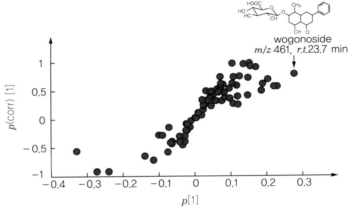

〈그림 7.54〉 워곤(wogon) 생물 활성의 로딩 플롯(S-plot)과 활성 화합물

리를 실시해 일산화질소 생산 억제 활성값과의 다변량 해석을 실시했다. 활성이 특히 강한 그룹과 특히 약한 그룹의 둘로 나누어 판별 분석(OPLS-DA)(그림 7.53)을 실시했다. 이 경우의 활성이 강한 그룹의 마커 화합물은 활성 화합물이 된다. 똑같이 S-plot (그림 7.54)에 의해 해석하면 마커 화합물이라고 생각되는 m/z와 머무름 시간의 조합으로부터 화합물을 특정해 최종적으로 〈그림 7.54〉에 나타내는 워고노시드(wogonoside)를 활성 본체로 결정했다. 이 화합물은 농도 의존적으로 일산화질소 생성을 억제해 판별 분석에 의한 해석 결과가 올바르다는 것이 증명되었다.

[3] 맺음말

이와 같이 LC/MS/MS의 생약에의 응용 범위는 넓고, 단순한 구조해석뿐만 아니라 메타볼롬 해석에도 응용이 가능하고 향후 기기의 진보에 수반해 한층 더 발전해 나갈 것으로 기대된다.

■ 인용문헌

1) 潜在的発がんリスクを低減するための医薬品中 DNA 反応性（変異原性）不純物の評価及び管理（ICH M7 step 4），日米 EU 医薬品規制調和国際会議（2014）

2) P.R. Kakadiya, B. Pratapa Reddy, V. Singh, S. Ganguly, T. G. Chandrashekhar and D.K. Singh : Low level determinations of methyl methanesulfonate and ethyl methanesulfonate impurities in Lopinavir and Ritonavir Active pharmaceutical ingredients by LC/MS/MS using electrospray ionization, *J. Pharm. Biomed. Anal.* 55, pp.379-384（2011）

3) A. Mosca, I. Goodall, T. Hoshino, J. O. Jeppsson, W. G. John, R. R. Little, K. Miedema, G. L. Myers, H. Reinauer, D. B. Sacks and C. W. Weykamp : Global standardization of glycated hemoglobin measurement : the position of the IFCC Working Group, *Clin Chem Lab Med*, 45, 8, pp.1077-1080（2007）

4) Approved Reference Measurement Procedure for HbA1c Based on Peptide Mapping-Standard Operating Procedure-Version 6.0

5) 武井泉，岡橋美貴子，桑克彦，菱沼義寛，星野忠夫，谷渉，梅本雅夫，宮下徹夫，石橋みどり，富永真琴，中山年正，三家登喜夫，五十嵐雅彦，高加国夫，渥美義仁，雨宮伸，須郷秋恵，永峰康孝：HbA1c 測定のための JSCC/JDS 基準操作手順書，臨床化学，38，2，pp.163-176（2009）

6) 化学物質・汚染物質評価書食品中のヒ素，食品安全委員会（2013）.

7) Preliminary Report On International Validation Of Analytical Method To Determine Inorganic Arsenic In Rice, CCCF 17th Session agenda item 14, CODEX（2013）

8) 中里哲也：有機ヒ素のスペシエーション分析法，*Biomed. Res. Trace Elements*，18，1，pp.63-72（2007）

9) K. Shimbo, A. Yahashi, K. Hirayama, M. Nakazawa and H. Miyano : *Anal. Chem.*, 81, pp.5172-5179（2009）

10) H. Yoshida, T. Mizukoshi, K. Hirayama and H. Miyano : *J. Agric. Food Chem.*, 55, pp.551-560（2007）

11) 大庭理一郎，五十嵐喜治，津久井亜紀夫編著：アントシアニン－食品の色と健康－，建帛社（2000）

12) 津久井亜紀夫，鈴木敦子，小巻克己，寺原典彦，山川理，林一也：さつまいもアントシアニン色素の組成比と安定性，日本食品科学工学会誌，46，3，pp.148-154（1999）

13) K. Harada, M. Kano, T. Takayanagi, O. Yamakawa and F. Ishikawa : Absorption of Acylated Anthocyanins in Rats and Humans after Ingesting an Extract of Ipomoea batatas Purple Sweet Potato Tuber, *Biosci. Biotechnol. Biochem.*, 63, pp.537-541（1999）

14) C-Y J. Lee, A. M. Jenner and B. Halliwell : Rapid preparation of human urine and plasma samples for analysis of F2-isoprostanes by gas chromatography-mass spectrometry, *Biochemical and Biophysical Research Communications*, 320, pp.696-702（2004）

15) 医薬品開発における生体試料中薬物濃度分析法のバリデーションに関するガイドライン，厚生労働省（2013）

16) G. G. Glenner and C. W. Wong : *Biochem. Biophys. Res. Commun.*, 120（3），885（1984）

17) M. Lame, E. Chambers and M. Blatnik：*Analytical Biochemistry*, 419, 133（2011）

18) A. Wohlfarth, and W. Weinmann：*Bioanalysis*, 2（5），965（2010）

19) K. A. Seely, J. Lapoint, J. H. Moran and L. Fattore：*Progress in Neuro-Psychopharmacology and Biological Psychiatry*, 39（2），234（2012）

20) 橋本雄一郎，山田益義，管正男，木村宏一，坂入実，田中真二，水本守，阪本将三：分析化学，49，49（2000）

21) 橋本宏明，山田益義，齊藤拓，阪本将三：環境システム計測制御学会誌，7，2，pp.269-272（2002）

22) H. Fuchino, S. Sekita, K. Mori, Kawahara, M. Satake and F. Kiuchi：A New Leishmanicidal Saponin from *Brunfelsia grandiflora*, *Chem. Pharm. Bull.*, 56, pp.93-96（2008）

23) 大根谷章浩，渕野裕之，高橋豊，合田幸広，川原信夫：ショウキョウ国内市場品の一酸化窒素産生抑制活性と LC/MS メタボローム解析，生薬学雑誌，67，pp.1-6（2013）

24) 大根谷章浩，渕野裕之，新井玲子，高橋　豊，和田浩志，合田幸広，川原信夫：生薬「オウゴン」国内市場品の一酸化窒素産生抑制活性と LC/MS メタボローム解析，生薬学雑誌，67，35-4（2013）

25) 渕野裕之：LCMS を用いた生薬の評価について，特産種苗，No.16，63-69，公益財団法人日本特殊農作物種苗協会（2013）

■ 참고문헌

［1］ 望月直樹，須賀啓子，化学と生物，48，pp.201-209（2010）

［2］ 望月直樹，食品衛生学雑誌，54，pp.251-258（2013）

［3］ 食品に残留する農薬，飼料添加物又は動物用医薬品の成分である物質の試験法
http://www.mhlw.go.jp/topics/bukyoku/iyaku/syoku-anzen/zanryu3/siken.html

［4］ 食品中に残留する農薬等に関する試験法の妥当性評価ガイドラインの一部改正について（平成 22 年 12 月 24 日付け食安発 1224 第 1 号）　http//kouseikyoku.mhlw.go.jp/kyushu/gyomu/bu_ka/shokuhin/documents/shokuan_no1115003.pdf

［5］ 総アフラトキシンの試験法（平成 23 年 8 月 16 日付け食安発 0816 第 2 号）　http://www.maff.go.jp/j/seisan/boeki/beibaku_anzen/kabikabidokukensa_surveillance/pdf/110816-3af.pdf

찾아보기

ㅎ